「手探りプロジェクト」を賢く乗り切る

PMBOKが教えない成功の法則

プロマネが
すぐ使える
テクニック満載！

ITコンサルタント
本園 明史 Toshifumi Motozono

日経BP社

はじめに

「暗闇プロジェクト」を任されたあなた、おめでとうございます

　IT（情報技術）関連プロジェクトの中でも、先が見えない「手探りプロジェクト」をいかにうまく乗り切るか――。これが本書のテーマです。この種のプロジェクトを本書では「暗闇プロジェクト」と呼び、マネジャーやリーダーに向けて「暗闇」を進むために役立ちそうなテクニックを「セオリー」として具体的に説明しています。

今どきのプロジェクトはどれも「暗闇」

　暗闇プロジェクトは通常のプロジェクトと何が違うのでしょうか。大まかにいうと、通常のプロジェクトはゴールが明確でスタート時に先行きの計画を立案でき、教科書や過去のノウハウを生かしやすいという特徴があります。当然、多くの問題が発生しますが、その多くは解決可能

図　通常のプロジェクトと手探り（暗闇）プロジェクトの違い

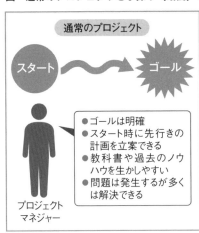

なものです。

　これに対し、暗闇プロジェクトはゴールが曖昧で、スタート時に先行きの計画を立案するのはほぼ不可能です。計画を作ったとしても、途中で大幅に変更せざるを得なくなります。想定していない問題が絶えず発生しますが、教科書や過去のノウハウはほとんど生かせず、多くは解決が困難になります。

　もしかすると暗闇プロジェクトはめったに発生しない、特別なものだと感じられるかもしれません。でも、ちょっと考えてみましょう。IoT（インターネット・オブ・シングズ、モノのインターネット）、AI（人工知能）、デジタル・トランスフォーメーションといった先端ITの導入、新たな製品やサービスの立ち上げ──。これらは多くの場合、暗闇プロジェクトになります。未知の分野に挑むわけですから、あらかじめ綿密な計画は立てられず、手探りでプロジェクトを進めざるを得なくなります。

　通常のプロジェクトが突然、「暗闇」になるケースも珍しくありません。順調に進んでいたのに方針が急に変わる、予想もしなかったステークホルダー（利害関係者）から横やりが入る…。ちょっとした出来事でプロジェクトは突然、真っ暗闇に放り込まれてしまいます。

　今どきのシステム構築・刷新プロジェクトは短納期・低予算で人もギリギリ。事業と密に関わっているので、ステークホルダーは多種多様。こんな状況では、通常のプロジェクトが「暗闇」化する可能性は決して低くありません。

　暗闇プロジェクトを通常のプロジェクトと対比して見てきましたが、実は暗闇プロジェクトは珍しいものではなく、むしろ今どきのプロジェクトの典型であるといっても過言ではないでしょう。

変化し続ける状況に、いかに臨機応変に対応するか

　PMBOK（プロジェクトマネジメント知識体系）をはじめ、プロジェクトマネジメントの教科書や参考書は数多く存在します。これらの教科

書や参考書はプロジェクトを担うマネジャーやリーダーが備えるべき基本知識を習得するうえで役立ちます。

　問題は、今どきのプロジェクトである「暗闇プロジェクト」では、こうした一般化された教科書の知識がほとんど頼りにならないことです。常に変化し続ける状況にいかに臨機応変に対応するか。「地雷」を避けつつ、いかに具体的なアクションをひねり出していけるか。「暗闇」を歩む際に求められるこれらのテクニックは、残念ながら教科書はほとんど教えてくれません。

　本書『PMBOKが教えない成功の法則』は暗闇プロジェクトに焦点を当てて、プロジェクトを乗りこなすコツを109のセオリーとして紹介しています。

　筆者は派遣プログラマーから2ケタ億円プロジェクトのプロジェクトマネジャー、3ケタ億円プロジェクトのコンサルタントまで幅広くITプロジェクトを経験してきました。一貫して現場にこだわり、現在も日々奮闘しています。

　その過程で、数多くの暗闇プロジェクトを経験しました。様々な失敗事例やその要因を現場の肌感覚に基づいて収集・分析し、建て前論や理想論を完全に排除した現実的な事前防止策と事後対応策を日々研究した成果をまとめたのが本書です。

　第1章　「ダメに決まっている」が前提（11〜88ページ）ではプロジェクトの立ち上げと計画立案時の留意点を取り上げます。**第2章　意思決定の99％は理屈でなく「感情」**（89〜178ページ）では、プロジェクト初期の要求定義に関するポイントを紹介します。

　暗闇プロジェクトでは上層部やプロジェクトメンバーなど、社内関係者をいかにコントロールするかが鍵を握ります。**第3章　言行不一致こそ良いマネジメント**（179〜272ページ）ではこのテーマに関するテクニックを説明します。**第4章　問題は無くすのではなく「やり繰り」する**（273〜357ページ）では緊急事態への対処法を中心に見ていきます。

各章は大まかに時系列で構成していますが、セオリーは基本的に独立しており、どこからでもお読みいただけます。まずは目次を見て、ピンとくるセオリーからお読みください。最低限の情報システム構築の知識をお持ちのマネジャーやリーダークラスの方を主な対象としていますが、ITの知識がなくても読み進められるよう配慮しています。

　本書で紹介するセオリーの中には「そんなやり方、アリ？」と思われるものも少なくありません。人材評価や社内政治に関わるものなど、通常のプロジェクトマネジメントの範囲から外れたトピックもあえて取り上げています。多くはいわゆるユーザー企業（発注者）を支援するベンダー（受注者）の視点で書かれていますが、視点を置き換えればどの立場の方にも参考になると思います。

　暗闇プロジェクトを担うマネジャーに問われるのは、教科書や参考書が教える形式知やノウハウを「当たり前の知識」として尊重しつつ、その場面でしか通用しない「オリジナルのノウハウ」を自ら創り出す姿勢です。本書が紹介するセオリーを手がかりにして、ぜひ皆さんでオリジナルのノウハウを創り上げてほしいと思います。

　本書をお読みの皆さんが暗闇プロジェクトに関わろうとしている、または既に関わっているのであれば、心から「おめでとうございます」と言いたいと思います。その経験が皆さんのキャリアにプラスになると確信しているからです。最近は以前に比べて派手な大規模プロジェクトが少なくなっており、今後を担う若手マネジャーの多くは、様々な要素が複雑に絡み合う混乱した現場の経験を積む機会に恵まれていないのが現状です。

　「暗闇」に臆することなくプロジェクトを賢く乗り切り、皆さんの成長の糧としていく一助に本書がなれば幸いです。

2017年7月吉日　本園 明史

はじめに
「暗闇プロジェクト」を任されたあなた、おめでとうございます ………… 2

第1章 「ダメに決まっている」が前提
~プロジェクトの立ち上げと計画立案時の留意点 ………… 11

1.1 不確実性と折り合う ………… 12
- セオリー1　プロジェクトが支離滅裂でも慌てない
- セオリー2　三つの不確実性を意識する
- セオリー3　品質、納期、費用、機能のどれかをバッサリ切る
- セオリー4　「ダメに決まっている」との声に臆するなかれ

1.2 トラブルを避け未踏峰を歩むコツ ………… 25
- セオリー1　精緻な計画を立てるのは工数の無駄遣い
- セオリー2　参考書を手当たり次第に手に取り、無視する
- セオリー3　役立つのは「高い専門家」よりも「安い素人」

1.3 「無計画」を計画し、徘徊・放浪する ………… 34
- セオリー1　「曖昧さ」はプロジェクトを前に進める重要な方便
- セオリー2　「順次戦略」と「累積戦略」を計画化する
- セオリー3　徘徊戦略をひそかに計画に組み込む
- セオリー4　「見る前に跳べ」「構え・撃て・狙え」を実践する

1.4 「暗闇」ならでは計画の立て方 ………… 48
- セオリー1　計画書の「名詞」を「動詞」に翻訳する
- セオリー2　「共有する」「合意する」「徹底する」は禁句
- セオリー3　メンバーさえそろえば、プロジェクトは折り返し地点
- セオリー4　プロジェクト計画の策定者と実行者を分ける

1.5 方法論やフレームワークの賢い生かし方 ………… 58
- セオリー1　美しい理論は実績ゼロでも採用される
- セオリー2　方法論は「正しいかどうか」ではなく「使えるかどうか」で判断する
- セオリー3　プロマネの教科書がカバーするのは「扱える領域」だけ
- セオリー4　成功したやり方を、次のプロジェクトであえて捨てる

1.6 「暗闇」を仕切るマネジャーが持つべき資質とスキル …… 68
- セオリー1　幸運の女神には前髪しかない
- セオリー2　ジャイアン、スネ夫、のび太の誰を目指すかを考える
- セオリー3　「雨が降った」ことも「タイヤがパンクした」こともマネジャーの責任
- セオリー4　時に相手をだましてもいいが、だまされるな
- セオリー5　マネジメント研修には眉につばをつけて臨む
- セオリー6　スキルの向上とパフォーマンスの向上は別物

第2章 意思決定の99％は理屈でなく「感情」
〜ヒアリング/要求定義のポイント …… 89

2.1 最初が肝心、現場ヒアリングの心得 …… 90
- セオリー1　「ヒアリングの相手が分からない」前提で始める
- セオリー2　ヒアリングの際に「なぜ」は禁句
- セオリー3　矛盾している回答を「歓迎」する
- セオリー4　専門的なことは現場の素人に聞く

2.2 数字に振り回されない調査結果の整理・分析術 …… 101
- セオリー1　「客観的なデータ」は幻想
- セオリー2　無価値な定量データが、価値ある定性データを駆逐する
- セオリー3　無理矢理にでも定量データを作る
- セオリー4　パターンが見えた、と思ったら危険

2.3 要求仕様を創作し、合意に持ち込むテクニック …… 112
- セオリー1　予期せぬ危機に事前に手を打つ
- セオリー2　報告書は「行ったつもり」で事前に書く
- セオリー3　時に因果関係を「構築・合意」する

2.4 「二枚腰」で現場をコントロールする …… 123
- セオリー1　時間をかけて流れを変える
- セオリー2　決定事項を「ひっくり返す」決断も大切
- セオリー3　決定が「ひっくり返される」場合もある
- セオリー4　「プロセスを順守している」で追及をかわす

2.5 会議の回し方で乗り切るコツ …… 134
- セオリー1　込み入った議案は別枠を設けて飛ばす

セオリー2　重要な案件は会議で決めない
　　　セオリー3　「問い」を安易に考えてはならない
　　　セオリー4　ツッコミ屋には「おとり」を用意

2.6 重要な提案ほどカタチにこだわる　……………… 145
　　　セオリー1　表現を誤ると、通るものも通らなくなる
　　　セオリー2　「正しい解決策だから受け入れられる」は子供の考え
　　　セオリー3　選ばれるのは正しい提案ではなく、「理解できる」提案

2.7 ユーザーとの密接な関係づくりの秘訣　……………… 153
　　　セオリー1　システムの目的より
　　　　　　　　「個人の目的」が優先される場合もある
　　　セオリー2　「理系」と「文系」は話が合わない点に要注意
　　　セオリー3　顧客満足度は主体的に高めよ

2.8 合意醸成の基本姿勢と小手先テクニック　……………… 165
　　　セオリー1　顧客の意思決定プロセスを
　　　　　　　　「把握できた」と考えるのは大甘
　　　セオリー2　人間関係のトラブルがテクニックで
　　　　　　　　何とかなると考えるのは間違い
　　　セオリー3　「合理性」は企業ごとに異なる
　　　セオリー4　「理屈」の人でも意思決定の99％は「感情」で行う

第3章　言行不一致こそ良いマネジメント
　　　　〜社内コントロールの極意　……………… 179

3.1 エンジニア出身マネジャーはここに注意　……………… 180
　　　セオリー1　マネジャーは自信満々に嘘をつくべき
　　　セオリー2　「原因追究は表面的に済ます」がマネジャーの流儀
　　　セオリー3　現場から「確固たる前提条件」を撤廃する
　　　セオリー4　「顧客満足度」を自分なりに解釈してメンバーに伝える

3.2 上層部への説明につまずかないテクニック　……………… 193
　　　セオリー1　「暗闇」でも詳細な計画作りは必要だと割り切る
　　　セオリー2　正直に報告すると、トラブルはかえって広がる
　　　セオリー3　上司の矛盾や間違った判断にあえて従う
　　　セオリー4　上司のおもりにかかる工数もバッファーに含める

3.3 部下とのすれ違いを克服するコツ …… 207
- セオリー1　メンバーはメンバーの論理で考える
- セオリー2　指示が意図した通りにメンバーに伝わったら、むしろ驚け
- セオリー3　言行不一致こそ良いマネジメント
- セオリー4　意見の一致など、はなから期待しない

3.4 チームリスクの芽を早期に摘み取る …… 222
- セオリー1　メンバーに「所感・課題・対策」を書かせる
- セオリー2　メンバーが「何を重視しているか」でリスクの芽をつかむ
- セオリー3　役割分担がチーム内で議論になったら危機のサイン
- セオリー4　「できる、できない」と「やりたい、やりたくない」を混同しない
- セオリー5　現場からの報告は矛盾しているのが当たり前

3.5 現場での問題解決に不可欠なマネジャーの心得 …… 241
- セオリー1　マネジャーにとって最も大切な仕事は社会的・文化的問題の処理
- セオリー2　メンバーが成果を上げられなければ「相性」を疑え
- セオリー3　部下の言い訳は大いに受け入れ、注意深く分析する
- セオリー4　メンバーの品質・生産性低下は「プライベート」を疑え
- セオリー5　「ルールを変更して問題児を縛る」姿勢はかえって逆効果

3.6 情報不足の中で意思決定を進める勘所 …… 255
- セオリー1　効果の定量化は難しくても、食らいつく姿勢が不可欠
- セオリー2　美しいロジックに当てはまる数字は、まず収集できない
- セオリー3　根拠に基づいた正確かつ合理的で論理的な推進計画を疑え
- セオリー4　楽観的な行動力は大事だが、限度をわきまえる
- セオリー5　どちらを選んでも「負け」という場面で結果を受け入れる

第4章 問題は無くすのではなく「やり繰り」する
～緊急事態への対処術 …… 273

4.1 突然降りかかる難問への対処法 …… 274
- セオリー1　難問にぶち当たったら、むしろ安心せよ
- セオリー2　必要なら、あえてちゃぶ台をひっくり返す
- セオリー3　「自分が原因」と捉えて問題解決に当たる
- セオリー4　「対策を立てろ」は無能なマネジャーの常套句
- セオリー5　問題は無くすのは不可能、「やり繰り」を目指せ

4.2 問題解決の無駄な労力を減らす ……………………………… 285
- セオリー1　昨日の問題が今日も同じだと考えるのは大間違い
- セオリー2　ケアレスミスの原因を真面目に追究しても無駄
- セオリー3　「ロジカル問題解決」では問題を解決できない
- セオリー4　「正しい情報が得られれば意思決定の精度は上がる」は大きな誤解
- セオリー5　問題の収集を阻むのは「主導権争い」
- セオリー6　マネジャーはとにかく謙虚であれ

4.3 問題解決のカギを握る事前対策 ……………………………… 305
- セオリー1　抜本的な対策の効果は長続きしない
- セオリー2　問題に対する最初の打ち手は必ず失敗する
- セオリー3　問題発生前に解の在庫を蓄えておく
- セオリー4　「それは無理」と言われる案が本当の解決策
- セオリー5　トラブルの原因分析は時間の無駄
- セオリー6　上層部が決定した「大々的」な解決策では問題は解決しない

4.4 一筋縄でいかない問題にどう立ち向かうか ……………… 331
- セオリー1　「問題である」と軽々しくラベリングするのは厳禁
- セオリー2　扱えない問題を「できない」とするのは御法度
- セオリー3　タイミングをずらして危機をスルーする
- セオリー4　共有したくない情報こそ共有すべき
- セオリー5　「何でも反対」屋には問題解決の権限を与える
- セオリー6　意思決定者のために根拠と理由づけを用意する

4.5 危機的状況のやり過ごし方・生かし方 ……………………… 345
- セオリー1　会議で「もめそうな議題」を最初に持ってくるのは厳禁
- セオリー2　多忙な時こそ会議を増やす
- セオリー3　報告せずに事後承諾で進める
- セオリー4　「最適化作業」を目指さず全力で当たる

おわりに ……………………………………………………………… 358
初出・筆者プロフィール …………………………………………… 359

第1章
「ダメに決まっている」が前提
～プロジェクトの立ち上げと計画立案時の留意点

1.1 不確実性と折り合う

どうせダメに決まっている——先が見えない暗闇プロジェクトに対して、多くの関係者が最初から冷たい視線を浴びせる。この状態からプロジェクトをいかにスムーズに立ち上げていくか。最初期の準備・構想段階における心得を見ていく。

プロジェクトが支離滅裂でも慌てない

　システム開発の多くは、森の中のけもの道を歩くようなものだ。アブに刺されたりヒルに血を吸われたりするくらいは当たり前。当初の計画通りに進まないという事態が日常茶飯事に起こる。

　ゴールにたどり着いたなら、まずは成功と呼べる。計画した期間や予算内にゴールできたのであれば大成功とみなせる。

　そこに個別・具体的なノウハウは存在しない。PMBOK（プロジェクトマネジメント知識体系）のように「サバイバルマニュアル」と呼べるものは存在するが、それに従ったからといって、ゴールにたどり着ける保証は全くない。状況に合わせて、臨機応変に使い方を変えていく必要がある。

ゴールに至る道は書かれていない

　通常のプロジェクトでさえこのような状況なのだから、暗闇プロジェクトにはより多くの困難が伴う。けもの道すらなく、誰も通ったことの

図1-1　暗闇プロジェクトは「大航海時代」の冒険家に近い

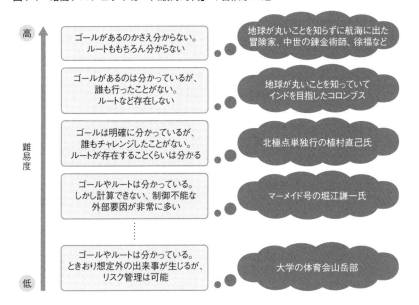

ない道を切り開いていかなければならない。当然、マニュアルなど存在しない。

　例えるなら未踏峰へのチャレンジかもしれないが、筆者は違和感を覚える。未踏峰であっても、頂上に至るまでのルートは計算できるからだ。むしろイメージは、大航海時代の冒険家たちによる挑戦に近い。計画策定や実行の際に頼るべきものは何もない。

　「新大陸を探せ」という命令が下った。さあ、どうするか。あらかじめ計画を立てようがない。チームも団結している状態には程遠い。参画しているメンバーの考えも、抱いているイメージもバラバラである。

　航海が始まってからも、船長の指示は場当たり的で、行動は支離滅裂。北極星を頼りに船を進めるくらいしかできない。同じ航路を繰り返し通ることを避けるだけで精いっぱいである。

　プロジェクトが支離滅裂であっても慌てない。「暗闇」ではそれが当

たり前であると捉える必要がある。これがセオリーの一つめだ。

体制図に名前もなかった人が「最重要人物」となる

　暗闇プロジェクトにおいてありがちな支離滅裂なシーンは、例えば以下のようなものである。

- いつもは頭脳明晰で理路整然、首尾一貫している切れ者上司の指示が、場当たり的で一貫性がなくなる。「そのときにたまたま吹いた風」によって左右される
- 1週間徹夜してヘトヘトになって作成した資料が、1回も日の目を見ることなくお蔵入りになる
- 何の計画もなくジャストアイデアで作成したペーパーが、ふと誰かの目にとまり、プロジェクトで最も重要な成果物となる
- プロジェクトの目的が途中で変わる
- 最初は体制図に名前もなかった人が「最重要人物」としてプロジェクトに頻繁に出入りするようになる。自由奔放な思いつきの発言によって、現場の人間が振り回される
- メンバー全員がこき使われて疲れ果て、その多くがプロジェクトを絶望視する。マネジャーからはボロクソに言われ、皆がひたすら自己保身に走るようになる。ところがある日を境に状況が一転し、メンバーに対する態度が非常に良くなる

「先達の知見」は存在しない

　暗闇プロジェクトが支離滅裂であると捉える以前に、自分が参加しているプロジェクトが「暗闇」であるにもかかわらず、そのことに気づかないケースがある。これはプロジェクトの破綻につながりかねない。

暗闇プロジェクトであるという自覚がないと、「どこかに答えが書いてあるだろう」と期待し、既存の参考書に頼ったりする。もちろん、そこにゴールに至る道など書かれていない。間違った地図を片手に、そうとも知らずに頭を抱えることになるのは火を見るよりも明らかだ。
　「暗闇」であると気づいているにもかかわらず、既存の参考書に頼ろうとするケースもある。こういうマネジャーは、「世の中には正解に至るルートやベストプラクティス、先達の知見などが存在しない世界がある」点を認識すべきである。参考書の知識は全て理解したうえで、あえてそこから離れて行動する姿勢が求められる。
　暗闇プロジェクトは支離滅裂だが、支離滅裂に陥っているプロジェクトが全て「暗闇」であるわけではない点にも注意が必要だ。けもの道程度なら存在するプロジェクトであっても、マネジャーのスキルが低いと支離滅裂な状況に陥ってしまう。

三つの不確実性を意識する

　暗闇プロジェクトは不確実性に満ちている。このため、将来が不確実であることを前提として、計画を策定しなければならない。
　ところが意識しているかしていないかはともかく、「自分（自組織）は不確実性の外部にいる」と誤解するケースが少なくない。そのような人は、自分（自組織）が目指す道は明確であり、不確実な世界をいかに制御すべきかを考えさえすればよいと捉えているようだ。
　実際のところ、「暗闇」で先が読めないのは外部環境だけではない。環境変化に対して自分（自組織）がどのような反応を示すかも分かっているようで分かっていない。不確実性は自分の中にもあるということだ。

暗闇プロジェクトで生じる不確実性を意識するというのが、二つめのセオリーである。

不確実性は大きく三つある。

1. 状況の不確実性：想定外の事象が次々と発生

IT企業に勤めるA氏は、手順や成果物をかっちりと定めた「重量級」の開発プロセスを適用していく計画駆動型のプロジェクトでマネジャーを務める。重量級のプロセスは顧客の要望に基づいて採用したものだ。

あるとき、顧客企業で人事異動があった。通常、この時期に異動はないはずだ。顧客企業の内部でも様々な噂が飛び交っているが、正確なところは分からない。A氏が理由を知る由もない。

幸い、その異動はプロジェクトとは全く関係がない事業部で起こった。A氏は特に気にとめることもなく、粛々とプロジェクトを進めた。

2. 影響の不確実性：自組織にも関係する想定外の事象が発生

影響はほとんどないはず、と高をくくっていたA氏だったが、しばらくしてその見方が誤りであることが分かってきた。プロジェクトにも深刻な影響を及ぼす異動だったのである。

当該部門の組織体制には特に変化はない。ところが異動により、部門間のパワーバランスが大きく崩れたのだ。パワーバランスの崩れは予算に直結し、来期以降の計画に大きく影響を与える。

影響を受けたのはプロジェクトだけではない。プロジェクトで蓄積したノウハウを基に将来の事業の柱を育てていこうとする中期的な計画まで、修正を考えざるを得なくなる事態に陥った。

3. 反応の不確実性：想定外の事象に自組織が思いもかけない行動に

状況はA氏の予想を超えて悪化していく。客先の異動によって部門間のパワーバランスが崩れた結果、来期以降の予算削減が既定路線となっ

た。現在進めているプロジェクトも存続自体が危ぶまれていた。

　貧すれば鈍す。プロジェクトはまさにこの状態だ。顧客企業は「今年度に詰め込めるだけ詰め込もう」と考え、来期に実現する予定だった機能を今期に押し込もうとする。プロジェクトのスコープ管理が次第に困難になっていく。

　当然、しわ寄せは現場にくる。作業が増えた以上、現場は一つの作業単位にかける時間を短縮するしかない。そうなると品質の低下は避けられない。

　このプロジェクトは重量級の開発プロセスを順守しており、品質や進捗に関する評価基準や、基準に満たない場合のアクションを明確に規定している。A氏は基準に満たないのでアクションを実行しようとしたところ、顧客は「その必要はない」と拒んだ。「今回は例外的な事象が発生したのでやむを得ない」というのが理由だ。

　顧客企業はそれまで、どんなに苦しくても、どれだけ赤字を覚悟してでも、きっちりプロセスを順守するよう努めてきた。そうした安定しているはずの組織でも、事象によっては判断が不確実性にさらされることを示している。

不確実性の過小評価も過大評価も禁物

　プロジェクトの不確実性に対しては、過小評価も過大評価も禁物だ。

　自信家のマネジャーは、自分が策定した計画につい固執しがちになる。こうした人は不確実性を過小評価する傾向にあり、問題への対策が遅れてしまう。

　だからといって、不確実性を過大評価しすぎるとプロジェクトを始めることができず、新たな価値を獲得するチャンスが失われてしまう。プロジェクトを進める価値と不確実性を適切に評価することが重要になる。

　不確実性の存在を認識する力も大切だ。人によって視点や考え方は違うので、「視力」の異なるメンバーを集めることが成功のポイントの一

つとなる。

　ちなみにリスクと不確実性は別物なので、きっちり区別したい。リスクはその結果や可能性を推測できるのに対し、不確実性は結果や可能性を推測できない。暗闇プロジェクトで問題視すべきは後者である。

品質、納期、費用、機能のどれかをバッサリ切る

　暗闇プロジェクトが、自社の実験的なパイロットプロジェクトとして始まるとは限らない。通常の契約形態のプロジェクトが「暗闇」となる場合もある。

　開発を請け負うシステムインテグレータにとって、契約の内容次第では非常にリスクが大きいプロジェクトとなる。ユーザー企業P社の案件は諸事情により、「暗闇」でも受けざるを得なかった。

　暗闇プロジェクトには「多くのステークホルダー（利害関係者）が絡む」「ステークホルダーの全容が見えない」といった共通点がある。このプロジェクトも例外ではない。

プロジェクト途中で赤字に、何を捨てるか？

　プロジェクトのタスクは大きく「人間系のコミュニティーづくり」と「システム系のモノづくり」がある。このうち、モノ作りは極めて順調に進んだ。多少の追加変更要求は生じたが、1カ月に2％に満たないレベルであり、現場レベルの調整だけで十分に対応できた。

　ひと筋縄でいかないのはコミュニティー系のタスクだ。新たなステークホルダーが登場するたびに追加要件が増えていく、というのはプロジェクトでよく見られるパターンである。P社のプロジェクトもステー

クホルダーが徐々に増えていったが、要件が増えるという問題は生じなかった。

　ステークホルダーは皆、モノ自体に関心を持たなかった。そのおかげでモノ作りは順調で、システム系だけを見ると収支の面でも問題なく進んだ。

　問題は人間系のほうだ。ステークホルダー間で、メンツや仁義、政治、縄張り、積年の恨みといった、訳の分からない問題が次々に発生し、タスクは混乱を極める。ゴタゴタを収拾するために、想定外の工数を注ぎ込む羽目に陥った。

　このため、プロジェクト全体としての収支は早くも厳しい状態になる。システムインテグレータ側でプロジェクトマネジャーを務めるC氏は、品質、納期、費用、機能のどれかをバッサリ切らなければならない状況に追い込まれた。

　納期と費用は契約で決められており、変更は難しい。品質を確保するための工数を削る選択肢もあるが、契約には瑕疵担保責任も含まれている。C氏は結局、機能を削減することに決めた。

　契約書には機能一覧も記載しているが、大項目レベルにとどまっている。そこで中項目または小項目レベルで、可能な限り機能を削っていく。本番稼働後に問題となるのは分かっていたが「この手しかない」とC氏は割り切った。

真面目に顧客第一で進める姿勢を保つ

　開発メンバーはC氏の決定に不安や疑問を持った。しかし、C氏はそれほど不安視していない。このような事態に備えて、意識的にP社との関係を築いてきたからだ。P社とはプロジェクトの課題を共有すると同時に、課題の根本原因に関する認識合わせを進めてきた。加えて、真面目に顧客第一で進める姿勢を保つよう心がけた。

　システムの機能を大幅に削減すると、顧客満足度に影響を与えかねな

い。C氏はP社に対して、以下のように言った。

「われわれも、この機能があれば御社のユーザーの皆さんが喜ぶのはよく分かっています。ただ堅苦しいことを言わせていただければ、この機能は契約上はスコープ外となります。通常はスコープ外の機能でも、必要であれば対応していますが、今回はこういう状況（人間系のゴタゴタ状態）であり、ただでさえ赤字で進めざるを得なくなっている点をご理解いただければ幸いです」

　プロジェクトの混乱が生じた理由を最も理解しているのは、P社自身である。機能を削ったことに一部から不満の声が上がったものの、C氏の説明と、これまで真摯に対応してきた姿勢により、最終的には十分な顧客満足度を勝ち取ることができた。
　本稼働後も不満の声はゼロではない。問題を抱えつつ運用中のシステムだが、顧客満足度は一定の合格点を保っている。

優先順位を決め、自分の中にとどめておく

　この例のように、**品質、納期、費用、機能のどれかをバッサリ切る**というのがセオリーの三つめである。
　プロジェクトのリソースが限られている以上、優先順位の話は避けて通れない。作業の総量が読めない暗闇プロジェクトではなおさら、品質、納期、費用、機能、さらに顧客満足度のうち、どれを優先するか、あるいはしないかをあらかじめ決めておく必要がある。
　問題はいつも突然起こるものだ。多くの場合、問題が生じた際は緊急対応が求められる。問題が発生してから優先順位を考えていたのでは遅すぎる。
　優先順位を決める際に、通常のプロジェクトでは捨てない価値も場合によっては捨てる覚悟をしておく必要がある。品質、コスト、納期、要

求、現場の満足はいずれも捨てがたい。その中であえて落とすとしたらどれにするかを、少なくともマネジャーの心の中では決めておくべきである。

　いざというときに迅速な判断を下せるよう、マネジャーの中で明確に優先順位を決めたら、その結果は自分の中にとどめておく。上司やメンバーに言う必要はない。伝えることによる弊害のほうが大きいからだ。

「ダメに決まっている」との声に臆するなかれ

　プロジェクトが「暗闇」であるかどうかは開始前の周囲の声でも分かる。「ダメに決まってる」「そんなことは不可能だ」「お手並み拝見だな」「そんな事例は聞いたこともない」「同じことを試したヤツがいたが、うまくいかなかった」「そんなに簡単にできるなら誰も苦労しない」「もう少し経験を積めば君も分かるさ」「もっと現実的になれ」――。

　こうした**「ダメに決まってる」という声に臆してはいけない**。これがセオリーの四つめである。こうした声こそが暗闇プロジェクトの証しだからだ。プロジェクトマネジャーが「暗闇」だと思っているのに、こうした声が一切聞こえてこないのであれば、「暗闇」だと思っているのは当人だけ、という可能性が高い。

守りの姿勢に入った複数のベンダーが参加

　多くのベンダーが絡んでいるプロジェクトも「暗闇」候補となる。各社の得意分野が異なり、役割分担が明確で互いに利害が絡まないようであれば、ベンダー間の調整はそれほど難しくない。大変なのは役割分担が曖昧で得意分野が重複しており、互いにライバル関係にある複数のベ

ンダーが参加するプロジェクトだ。

　役割分担が曖昧だと、必ずグレーゾーンが生じる。このグレーゾーンでの各ベンダーの対応が失敗プロジェクトの引き金になりやすい。役割分担の境界線にあるタスクを押し付け合ったりもする。

　さらに担当が不明確な「浮いた」タスクの存在に気づいているにもかかわらず、課題として報告せず放置したままにするベンダーもある。本番稼働直前になって初めて発覚し、大問題につながるおそれもある。

　ユーザー企業であるQ社のプロジェクトには複数のベンダーが参加している。当初から社内外の関係者に「失敗することが分かりきっている」と酷評されており、参加したベンダーの多くは「自分の責任範囲だけを無難にこなして、お金だけもらえればよい」と、もっぱら自らの保身を考えている。プロジェクトが成功するかどうかには関心を払っていない様子だ。

　それですらリスクだと捉えるベンダーは、プロジェクトへの参加を断った。「どうせ失敗するんでしょう？」と、プロジェクトマネジャーに面と向かって言い放つベンダーもいた。結果的に、守りの姿勢に入った複数のベンダーが参加してプロジェクトは始動した。

IT業界に無知だったことが奏功

　ところが周囲の予想に反して、プロジェクトは順調に進む。小さなトラブルはあったものの、深刻な危機は発生しない。無事に本番稼働を迎えたあとは、成功プロジェクトの代表的事例として紹介されたほどだ。

　Q社のプロジェクトはなぜうまくいったのか。担当したプロジェクトマネジャーが「ダメだとは思わなかった」というのが大きな理由だ。

　このマネジャーはIT業界やベンダー同士の事情に通じておらず、システム構築をマルチベンダーで進める際の困難さも理解していない。これがかえって奏功した。マネジャーが業界に関する知識があれば、周囲から言われる前に「ダメに決まっている」と判断を下した可能性が高

図1-2　暗闇プロジェクトで、マネジャーはあきらめてはならない

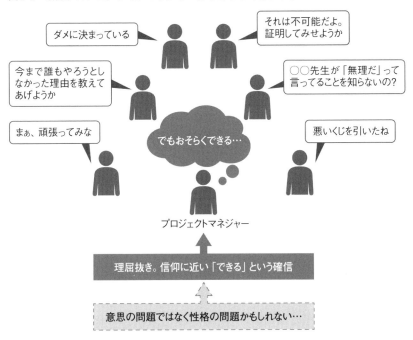

い。「知っている人」であれば、失敗する理由を10も20も挙げられるプロジェクトだったのである。

　今回はマネジャーが"無知"だったのが幸いした。「どうせ無理だろう」といった心理的な壁を作らず、目の前の課題をクリアすることに集中できた。

成功率が50％超なら「暗闇」ではない

　暗闇プロジェクトであれば「ダメに決まっている」と言われるのが当たり前。それを気にしていると、「ダメに決まっている」という言葉が現実のものとなってしまう。

　試しに、周りのメンバーにプロジェクトの成功確率を尋ねてほしい。

50％を超えるようなら、それは「暗闇」ではなく通常のプロジェクトだ。上層部が「高リスクでかまわないので、新たな価値のある成果」を望んでいるのに、成功率50％超の計画を作成したら、そのマネジャーは「君は私のやりたいことが分かっていない」「そんなに成功する確率が高いのであれば、成功した際に得られる効果はあまり望めないな」などと叱責されるかもしれない。

　保守的な考え方のマネジャーは「失敗してもいいから」と言われても、失敗を避けようと最大限の努力をするものだ。そのこと自体に問題はないが、「失敗を避ける努力」が「新しい価値を生み出す努力」を上回ってしまうのは避けたい。組織として暗闇プロジェクトにチャレンジするのであれば、周囲の「ダメに決まっている」という声を励みにするような性格の人物をマネジャーに据えるべきだろう。

1.2 トラブルを避け未踏峰を歩むコツ

暗闇プロジェクトではプロジェクトを通じて苦労を強いられる。とりわけ企画・計画段階からつまずくケースが少なくない。このフェーズをうまく進めるためのセオリーを紹介する。

精緻な計画を立てるのは工数の無駄遣い

　ユーザー企業S社の大規模プロジェクト。運営組織は多くの専門チームで構成しており、その一つに計画の作成・更新を担うチームがある。予実管理は各チームが担当するので、計画チームの役割は計画の作成・更新だけ。計画を作成するまでは大変だが、一旦作成したらあとは暇になるだろう。計画チームのメンバーはこう考えていたが、実際は違った。

　S社のプロジェクトはウォーターフォールモデルの開発プロセスにのっとり、あらかじめきっちりと決めた計画に沿って手堅く進めるはずだった。ところが、何しろ常時200人が同時に作業する大規模プロジェクトである。あまりの複雑さに、プロジェクトはだんだん「暗闇」と化していく。

　前提条件が覆る。新たな制約条件が見つかる。「とても偉い人」が突然現れ、言いたいことを言って去っていく。発言に振り回されるマネジャー——。

計画更新のために相次ぎ増員

　計画チームは、毎日のように発生する計画の修正に追われる。ただでさえ負担が大きいのに、計画のフォーマットが細かすぎることが負担を一層重くしている。フォーマットは日単位で管理できる精緻なもので、タスク割りも細かい。そのレベルで多くのチーム間の整合性を取っていくのは大変な手間を要する。

　当初は、計画の更新作業はマネジャーと主任級の２人体制で十分だと考えていた。ところが負担があまりに大きく、メンバーを１人追加せざるを得なくなる。作業が単純なわりに計画メンバーの単価が高いので、できれば増員を避けたかったがそうも言っていられない。

　それどころか３人体制でも回らず、メンバーをさらに１人追加する。結果的に計画更新のためだけに、４人が常時張り付く羽目に陥った。

　プロジェクトはどうなったか。まず本番稼働が半年遅れる。それでも全面稼働に至らず、「もう遅らせることはできない」と一部稼働でお茶を濁す。全面稼働したのは、さらに半年後のことだ。

　はたして精緻に計画を立てる必要があったのだろうか。もっとざっくりとした計画でも、状況は変わらなかったのではないか。計画メンバーに限らず、プロジェクトに参加した誰もがこんな感想を抱いた。

上層部を突破できる最低限の粒度で作成

　精緻で複雑な計画を立て、その通りに実行できるのであれば効果は大きい。曖昧さが少ない計画を見ると、将来の確実さを約束してくれる気がして、安心感が得られる。

　当初の前提条件や周囲の環境条件がプロジェクトの最初から最後まで基本的に変わらないのであれば、精緻な計画を立てることに意味があるだろう。だが「暗闇」では**精緻な計画は役に立たず、むしろ工数の無駄遣いだと自覚する必要がある**。これがセオリーの一つめだ。

　計画の前提条件が日々変化していくからこそ「暗闇」なのである。精

緻な計画を立てようとして頭を使ったり、各種の調査を行ったりすることに意味はあるにしても、メンテナンスの義務がある計画に落とし込む必要はない。S社の事例のように、メンテナンスに多くの工数を要するわりに役立たずで終わってしまう可能性が高い。

「暗闇」であることを理解できない上層部を説得する必要があるのなら、突破できる最低限の粒度で計画を作成すればよい。最初に立てた計画を頻繁に更新することを前提に、極力メンテナンスが楽なフォーマットで作成する。

敵は上層部だけとは限らず、きっちりした計画がなければ動かないメンバーや協力会社がいるケースもある。この問題に対する一般解はないが、文句を言うメンバーがいるのであれば、将来のマネジャー研修の一環として自分で書かせてみる手もある。

暗闇プロジェクトで作成する計画は、「実行するため」のものではない。近い将来、少しでも精度の高い計画を立てるために「学習するため」のものだと捉えるべきである。このような考えで計画を利用するうえで、プロジェクトの目的を明確にしておくことが重要だ。できれば目標まで設定しておきたい。どうしても達成したい「プラスの目標」と、

図1-3　暗闇プロジェクトで計画を作る目的は複数ある

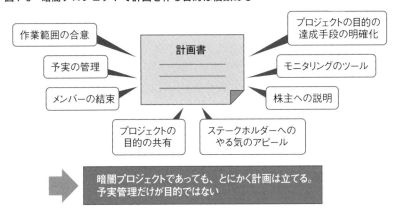

絶対に避けるべき「マイナスの目標」を設定するのが望ましい。

参考書を手当たり次第に手に取り、無視する

　ユーザー企業T社のシステム構築プロジェクト。現在は企画フェーズで、どのように計画を立てていくのか、そのために何が必要か、何を基本方針とするのかを議論している。

　マネジャー陣は、今回のプロジェクトが「暗闇」であると理解している。その前提で計画を立てるべく検討を続けた。

　会議に参加しているメンバーの一人に、コンサルティング会社から中途入社したばかりのB氏がいる。プロジェクトの場数はあまり踏んでいないが、プロジェクトマネジメントの方法論やフレームワークについては前職でかなり学んでいる。

　B氏がT社の会議に参加するのは、これが初めて。話を聞いていて、「この人たちは方法論も知らないのか」「フレームワークを使わずに話しているから、議論が発散しているじゃないか」と、むず痒い思いにかられる。

　しばらくは発言を遠慮していたが、ついに我慢できなくなる。「こういうやり方で進めていけばいいのではないでしょうか」「私の前の会社では…」「既存の方法論をカスタマイズした、こういうフレームワークがありますよ」と発言した。

　B氏の発言にマネジャー陣は戸惑う。「何を言いだすんだ？　そんな方法論は百も承知だ。それらが役立たないという前提で議論しているというのに」とみな心の中でつぶやく。

ベストプラクティスを捨て去る

　まずは参考書に載った先達のベストプラクティス（方法論やフレームワーク）を棚卸しして、机に広げる。そのうえで、どれも選ばない。これが暗闇プロジェクトに対応する際の基本スタンスであるというのが、セオリーの二つめだ。

　ベストプラクティスに基づくプロセスを使えば、プロジェクトがうまく回るのであれば、それに越したことはない。プロセスが正しいことはお墨付きで、上司や顧客にも説明しやすい。「今回の個別事情に合わせてこの部分をこのように調整します」くらいの説明で、承認されるだろう。

　ベストプラクティスを捨ててプロジェクトを進めようとすると、マネジャーが抱えるリスクが大きくなり、上司や顧客に説明する際に工夫が求められる。方法論を意図的に採用しなかったにもかかわらず、「方法論の基礎すら知らないのか」といった批判にもさらされる。

　それでも「暗闇」では先達の知恵に頼らず、現実的な計画を立てていかなければならない。外部からの突っ込みへの考慮も必要だ。T社のマネジャー陣はこうしたことを踏まえつつ、はたから見ると訳が分からない議論を重ねていた。経験が少なく参考書の知識が強みのB氏は、その意図をくみ取れない。

最低でも100冊読む

　プロジェクトが「暗闇」であってもなくても、先達の知見や常識が不要になるわけではない点に注意が必要だ。通常プロジェクトで「これは避けるべき」というポイントは、暗闇プロジェクトでも避ける必要がある。

　重要なのは、これらの知見や常識を踏まえたうえで、そのまま適用することはしないというスタンスである。先達の知見や常識に、新たな知見を自ら上積みしていくわけだ。

　あとで捨て去るにしても、まずは勉強することが大切である。最低でも、書籍を100冊は読んでおきたい。目安は200冊。300冊読めば、B

氏のように利いたふうな口をたたいても許されるだろう。プロジェクトが始まってから勉強しても遅いのだが、やらないよりははるかにマシである。

こうした机上の勉強に加えて、現場の経験を積んでいくと、方法論やいわゆるノウハウというものの限界が見えてくる。

300冊分の知識と、それ相応の経験があるにもかかわらず、計画を立てるのに難儀するようであれば、そのプロジェクトは「暗闇」である可能性が高い。そこで必要なのは、過去の経験から導き出された先達の知恵（方法論）ではない。先達はいないからだ。ここで参考書を捨てる行為が求められることになる。

役立つのは「高い専門家」よりも「安い素人」

ユーザー企業V社のC部長の発案でスタートした新規事業プロジェクト。社内コンペティションで「新奇性が高い」との評価を受け、プロジェクト化を勝ち取った。

コンペでは攻めの姿勢を貫いていたC部長だが、プロジェクトの立ち上げが決まり、マネジャーを選定する段階になって急に不安になった。プロジェクトを任せられそうな経験者が社内にいないことに気づいたからだ。前例がないのだから当たり前だが、それを今さら思い知ったのである。

プロジェクトマネジャーのF氏をはじめ、社内のチーム体制を何とか固めたものの、C部長の不安な気持ちは収まらない。そこで外部から専門家チームを呼び、参加させることにした。

「それは自分たちの仕事ではない」

　F氏はマネジャーに任命された当初、「どうせ分からないのだから、がむしゃらに現場を回り、足でノウハウを稼いでいくしかない」と考えていた。そのために単価の安い素人同然のメンバーを集めて、数で勝負しようとしていた。

　C部長が専門家チームを入れたことで、その思惑は崩れた。C部長の不安は幾分解消されたようだが、Fマネジャーの不安は広がる一方だ。

　専門家チームは高いプライドを持っているが、実は専門家でも何でもなく、自分たちと同じかそれ以下のノウハウしか持っていない。Fマネジャーはこのことにすぐ気づく。

　しかも、法外な単価を支払っている。一人当たりの単価で、通常の協力会社であれば3人を雇えるほどだ。これはプロジェクトリスクに直結する。ただでさえ工数がかさみがちな「暗闇」を、通常よりも少ないチーム体制で進めなければならないことを意味するからだ。

　不安は的中する。Fマネジャーが策定した計画に専門家チームはダメ出しばかり。なのに、自分たちで代替の計画を策定しようとせず、「それは自分たちの仕事ではない」との態度を貫く。

　「現場を回らないと分からないではないか」とFマネジャーは主張したが、専門家チームは「そんな非効率なことをやっていては終わらない」と返す。理屈ではかなわず、「いいからやってほしい」と言うのが精一杯だった。

未知のことに対しては誰もが素人

　「暗闇」のように誰も手がけたことがないプロジェクトに、専門家などいるはずがない。経験者すらいないのである。そんなときに**役立つのは「高い専門家」よりも「安い素人」**だ。これがセオリーの三つめである。

　先の例で、C部長は人脈をたどって専門家を連れてきた。長いこと現場から離れており、何をどうすればよいのか分からないという不安を鎮

めるために専門家が必要だったのである。実際のところ、「暗闇」のノウハウは社内だけでなく外部にも存在しないのだが、C部長は「まだ専門家のほうが解に近い」と考えていたようだ。

専門家が有するのは既知の事柄に関する専門知識である。未知の事柄に関する専門家は存在しない。暗闇プロジェクトで誰が解に最も近いのかは分かりようがない。

そうであれば高い金をかけて専門家を雇うよりも、Fマネジャーが考えていたように何も知らない新人など単価が安い素人を大量に動員し、足でノウハウを稼ぐほうが良い結果につながる可能性が高いと言える。「無知ならではの行動力」はしばしば、存在すら気づかなかった、そして頭で考えれば絶対にたどり着けなかったであろう、隠れた扉の存在を明らかにすることがある。

図I-4 「暗闇」では時に素人のほうが役立つ

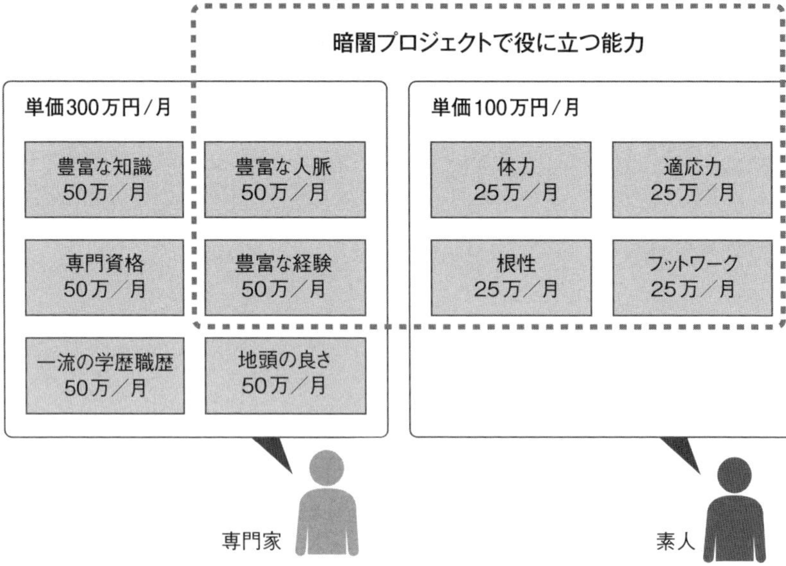

```
暗闇プロジェクトで役に立つ能力

専門家（単価300万円/月）
- 豊富な知識 50万/月
- 豊富な人脈 50万/月
- 専門資格 50万/月
- 豊富な経験 50万/月
- 一流の学歴職歴 50万/月
- 地頭の良さ 50万/月

素人（単価100万円/月）
- 体力 25万/月
- 適応力 25万/月
- 根性 25万/月
- フットワーク 25万/月
```

どんなベテランでも、大きなプロジェクトは10も経験していないものだ。その中で新奇性の高いプロジェクトがいくつあったのかは容易に想像できる。経験値は言われるほど大したものではない。もし、その人がプロジェクトを100も経験したと主張しているのであれば、きっとどれも表面をなぞったものにすぎないだろう。

　机上の専門家の言うことは参考意見として聞いておけばいいし、未知のことに対しては誰もが素人である。臆することはない。

1.3 「無計画」を計画し、徘徊・放浪する

プロジェクトの計画というと多くの場合、かっちりとした隙のないものを想像しがちだ。だが、そのような計画は先が見えない暗闇プロジェクトではかえって逆効果になる。どのように進めるべきか、セオリーを見ていく。

「曖昧さ」はプロジェクトを前に進める重要な方便

　新たにプロジェクトマネジャーに任命された、システムインテグレータのA氏。現場主義をモットーとしており、できる限り現場に接していたいと考えているが、なかなかそうはいかない。想定外の様々な割り込み作業が入ってくるうえに、面倒な事務や報告の作業をこなす必要があるからだ。現場に対して、10分程度の最低限のフォローしかできない日も珍しくない。

　そんなある日、Aマネジャーは久々にまとまった時間を取ることができ、たまりにたまったドキュメントにひと通り目を通した。ドキュメントの確認を進めていくうちに、Aマネジャーはだんだんと不安になってくる。「ここに記述された内容を、担当者は事前にきちんとレビューしたのだろうか？」

「余計なことはしないでほしい」

　Aマネジャーは早速、担当のSEを呼んで確認すると、こう答える。

「ああ、その部分ですか。顧客には『自分たちで考えるから、関与しなくていい』と言われました」

　この回答を聞いても、Aマネジャーの不安は解消されない。これまで幾度となく、こうした場面で担当者の言うことを信用し、あとで痛い目に遭ってきたからだ。Aマネジャーは顧客に自ら足を運び、担当者に直接確認することにした。

　Aマネジャーが懸念している箇所は顧客担当者の所属部門だけで意思決定できるわけではなく、△△システムを管理する○○部門との調整が必要なはずだ。ところがAマネジャーが確認したところ、○○部門とは調整していない。この点を指摘すると、顧客の担当者は「連携が必要なのは理解していますが、今は気にしなくていいですよ。御社に関与していただく必要はありません」と語る。

　Aマネジャーの不安はさらに大きくなる。あとになって突然、「やはりこれでやってほしい」などと、顧客から仕様変更の要求が出てきたらたまったものではない。これもよくあるケースだ。顧客自身が語っているからといって、その言葉を必ずしも信用できるわけではないことは、これまでの経験でよく分かっている。

　顧客の担当者に対し、Aマネジャーはさらに食い下がる。「この箇所にあとでNGが出たら、設計からやり直しになってしまいます。それでもよろしいのでしょうか」

　しかし顧客の担当者は折れない。「大丈夫、問題ありません」との返事を繰り返す。納得のいかないAマネジャーはしまいに、「それでは、私が直接○○部門に直接確認しにいきます。それでよろしいでしょうか」と承認を求めた。

　すると、初めて顧客の担当者の顔色が変わり、厳しい口調でこう言う。

　「余計なことはしないでください。下手に調整などをすると、かえって面倒な事態を招いてしまいます。△△課長には何か聞かれても適当にはぐらかして、間違っても正直に答えないでほしい。『こっちの課長に

聞いてください』といった答えでごまかしておくようにお願いします」

リスクを軽減するために提言したはずが、逆に顧客からくぎを刺されてしまった。

ほとんどのケースで「反対」の立場を取る

なぜ顧客の担当者は、関連部署との調整をかたくなに拒んだのか。Ａマネジャーはその答えをあとで知った。

○○部の△△課長は「とにかく話が通じない人」というもっぱらの評判である。どうでもいい枝葉にこだわりがちで、打ち合わせではいつも膨大な時間が無駄に費やされるという。

それだけならまだしも、相談ごとではほとんどのケースで「反対」の立場を取るそうだ。そこから相手の考えを「賛成」に転じて、承認にまでこぎ着けようとすると、多大な労力と時間を要する。当然、プロジェクトの進捗にも大きな影響を及ぼす。

さらに△△課長は、昨日と今日で話の結論が違うといったことも日常茶飯事。全てを正直に話すと、とんでもない結果になってしまうとのことである。

顧客の担当者はこの点を理解していた。先方の課長に相談せずに事を進めて事後承諾を仰ぐ、という進め方が正解だったのだ。「顧客の内部はどうなっているのか分からない。顧客対応は本当に難しいものだ」。ため息をつくＡマネジャーだった。

プロジェクトの完全な合理化は困難

仕様を決める際に曖昧さはできるだけ排除すべき、とよく言われる。だが、システム開発の場面では**曖昧さがプロジェクトを前に進める重要な方便となる**。これが一つめのセオリーだ。

要件をきっちり固めつつ、仕様書の文言は可能な限り誤解が生じないよう詳細に記述する。決定事項は明確な言葉で表現し、ステークホル

ダー（利害関係者）間で相互に認識を合わせる。これらがきちんとできれば文句はないが、残念ながら理想論に近く、厳密に進めていくのは容易でない。

　一般に、システム開発での曖昧さはトラブルを引き起こす主要な原因で、何としても排除すべき存在である。確かに、仕様が曖昧なままでは設計は進まず、プログラムも書けない。要求（要件）定義や設計、さらにそれ以降のフェーズで曖昧さをいかに排除するか。大昔から、この問題に対する数多くの手法や技法が作られてきた。

　問題は、曖昧さをなくそうとして理想にのっとりプロジェクトを進めようとすると、一向に前に進まなくなってしまうことだ。プロジェクトは多様な価値観を持つ人たちがそれぞれの利害関係を抱えつつ、複雑に絡み合いながら進める。感情を伴う人間が複数絡んでいる以上、プロジェクトを完全に合理的に進めていくことはできないのである。

　プロジェクトで発生する齟齬や矛盾は、細かなものまで挙げるとキリがない。円滑に推進するうえで重要な要である「プロジェクトの目的」「システムの目的」でさえ、よくよく確認してみるとメンバーそれぞれの認識が異なっていたりする。

　要求定義フェーズで収集した要求を取捨選択する際も、本来ならプロジェクトの目的に照らし合わせて、整合性を取りつつ決めていくのが望ましい。メンバーが論理的で合理的な判断をする人ばかりであれば、作業は問題なく進むだろう。

　しかし実際には、そのような「できた人間」はめったにいない。ステークホルダー同士の利害が絡んだりして、理屈通りには進まなくなる。

　新たに導入するシステムによって、自分の仕事の内容がガラリと変わる。あるいは、これまで持っていた既得権益がどうなるか分からなくなってしまう。このような人に「理屈だから」と言っても、受け入れてもらえない。まして、「声の大きい意思決定者」が感情的になると、誰も正論で抑えられなくなる。

こうした個人的な利害ややっかいなしがらみを完全に排除できれば、プロジェクトは理想的な環境になる。だが大学の研究者ならともかく、現場のマネジャーがそれを望むのは現実的ではない。マネジャーは様々な不合理と格闘しつつ、プロジェクトを前に進めていく必要がある。

「玉虫色の決着」が望ましいケースも

曖昧さを排除するのでなく、使いこなす。現場のマネジャーはこの点を意識したい。政治の世界ではよく「玉虫色の決着」という言い方をする。システム開発プロジェクトでも、玉虫色で決着するのが望ましい場面が少なくない。

玉虫色がコンピュータに通じるわけではなく、いずれは取り除くべきではある。だが、当面のプロジェクトを前に進めるために、難しい決定事項を曖昧にしておくほうがよいケースもあるということだ。

あるステークホルダーにとっては重要なテーマだが、プロジェクト全体から見れば枝葉にすぎない。そのような場合、プロジェクトを理想論の通りにきっちりと進めようとすると、「声の大きい人」が枝葉のテーマに異論を唱えるおそれがある。

ここではあえて「軽く」扱うのが望ましい。テーマについて未決定・未検討の事項が残っていても、あえて表面化させずに曖昧なまま放置しておくわけだ。先ほどの例で、顧客の担当者は△△課長に対してこのような態度を取った。その代わりに、プロジェクトの貴重なリソースをもっと重要な議題に重点的に割り当てたのである。

テーマを曖昧なままにしておくためには、それなりの工夫が要る。「声の大きい人」がその存在に気づくと、会議のテーブルに乗せようとするに違いない。それを防ぐ手立てとして、情報の遮断あるいは抽象化がある。情報を大枠で伝え、詳細は伝えないということだ。

ここで嘘をつくのは論外であり、かえって逆効果になる。あくまで概要レベルの説明や検討にとどめておく。いずれは正式な議論の場で検討

しなければならなくなるにしても、貴重なリソースを早々に費やす事態は避けられる。

「順次戦略」と「累積戦略」を計画化する

　複数の企業で構成するコンソーシアムで、幹事企業が事業化とシステム構築のプロジェクトを企画している。上司は担当のC氏に対し、プロジェクトに対して経営陣の承認を得るための活動計画を出すよう命じた。

　どのような活動計画を作ればいいのか。計画を実行に移すには、ユーザー候補となるそれぞれの会員企業から同意書をもらう必要がある。C氏がまず考えたのは、会員企業の多くが所属している団体のトップを務める理事長に話を持っていくことだった。

　この理事長は、かなりのワンマンであるとの噂だ。理事長が計画に同意しない限り、前に進まないのは目に見えている。まずは理事長を押さえる。次に理事全員を押さえる。そのうえで、一気に会員企業の同意を得ていくという手順を想定した。

　そのためには周到な準備が必要になる。理事長が書いたものから、考え方の癖や好み、支持政党、生まれや学歴、交流関係までを調べる。理事長に会うのが難しいのであれば、理事長にどうすればアクセスできるのか、可能な道筋を考える。その道筋をたどるには誰にアプローチすればいいのかを調べる。まず理事を攻めるのが望ましい。

　C氏はこうした内容の活動計画を立て、上司の了承を得て活動を開始する。予想通り、理事長に会うのは難しい。予想外だったのは、理事への接触さえも困難なことだ。時間はあるから何とかなるとC氏は考えているが、状況はなかなか先に進まない。次第に打つ手もなくなっ

てくる。

　メンバーの間にあきらめムードが漂い始めたころ、思わぬ朗報が飛び込んでくる。C氏のもとに一本の電話が入った。相手は理事長の秘書だ。「理事長がお会いしたいと言っています。ご都合はいかがでしょうか」

　攻めあぐんでいたところ、何と理事長のほうから連絡が来てアポが取れたのである。当初の計画通りではなかったものの、結果オーライだ。

　C氏は秘書に理事長がなぜ会う気になったのかを尋ねたが、理由は教えてくれない。理事長に会うための様々な活動を通じて、C氏をはじめとするメンバーは200人を超える人たちと接触していた。そうした活動の様子が、いつしか理事長の耳に入るようになった。それで会う気になったのだろう。C氏はこう推測した。

「順次戦略」だけで成功させるのは困難

　C氏らの行動は「順次戦略」と「累積戦略」の結果と言える。**順次戦略と累積戦略を計画化する**というのが、セオリーの二つめだ。

　順次戦略と累積戦略はともに、書籍『戦略論の原点』（J・C・ワイリー 著）で示された戦略の概念である。

　順次戦略とは順々に事を進める戦略を指す。第二次世界大戦における、米国の対日戦略がその一例だ。ミッドウェー島、ソロモン諸島、マリアナ諸島、レイテ島、硫黄島、沖縄と、日本本土を最終目標として順次進めていった。

　順次戦略は目標や達成度を明確にしやすく、計画に対する進捗度合いの測定も容易である。達成するために何をすべきかなど、今後の計画も立てやすい。

　これに対し、累積戦略は計画性が薄い。何らかの効果を狙って様々な活動を実施するが、個々の効果を測定するのが難しい。だが、それらが積み重なると、ある時点から大きな効果を発揮するようになる戦略である。第二次世界大戦で言えば、潜水艦による無差別攻撃が該当する。

図1-5　順次戦略と累積戦略

順次戦略

すごろく戦略。一つひとつステップを踏みながら、順序立ててロジカルに、結果を測定しながら進めていく

累積戦略

場当たり戦略。役に立ちそうなことが見つかり次第、すぐに実行する。成果との因果関係を証明するのが困難なケースもある

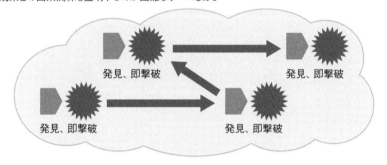

　累積戦略は効果が見えにくく、成果に対する進捗管理も困難だ。上司や顧客が納得するように計画を策定するのは容易でない。

　順次戦略に基づいた計画のほうが上司や顧客の受けがいいのは言うまでもない。順次戦略では作戦行動と結果の関係を明らかにできるのに対し、累積戦略では計画らしい計画を策定するのが難しく、効果も予測しにくい。工学的手法が望ましいとする空気が支配するなかで、累積戦略に基づく計画が承認される見込みは小さい。

　しかし順次戦略に基づくロジカルな計画だけで、暗闇プロジェクトを成功させるのは困難である。そもそも「暗闇」を進める計画にロジカルな根拠は存在しないので、累積戦略に基づかざるを得ないのだが、それ

では承認される可能性は低い。

ではどうするか。有効なのは「外向けには、順次戦略に基づいたロジカルな計画を提示する。実際は順次戦略のタスクとともに、累積戦略に基づいたタスクを並行して進める」というやり方である。

実はC氏らの勝因は順次戦略と累積戦略を併用したことだけではない。この点について、次のセオリーで説明する。

徘徊戦略をひそかに計画に組み込む

セオリー2のエピソードで、担当者のC氏をはじめとするチームメンバーはキーパーソンとなる理事長に接触するために、事前に立てた計画に基づいて行動したものの、事がうまく運ばなかった。そうしているうちに、先方から「会ってもいい」との返事が舞い込んでくる。

メンバーは当初、順次戦略に基づいて行動したが、理事長に会うことはできなかった。それが、場当たり的にでも多くの関係者と接触を続けたことが奏功して、先方とのアポを取り付けた。メンバーが取ったのは累積戦略だと言える。

では、理事長のアポを取れたのは累積戦略の効果であると言い切れるだろうか。確かに200人以上の関係者に会っていなかったら、C氏らのことは理事長の耳に入らなかった。この意味で累積戦略の効果はあったともみなせる。

ただ理事長は当初、C氏と会うつもりは全くなかったとのことだ。C氏らの活動は確かに理事長の耳に入っていたが、良い情報ばかりではない。メンバーは猛烈な勢いで関係者と接触していただけに、ややおざなりな対応になる場合があった。そのことに関するネガティブな声も理事

長は聞いている。

　にもかかわらず、なぜ理事長は会おうと思ったのか。順次戦略と累積戦略はどちらもそれなりに効果はあったが、決め手となったのは徘徊戦略、すなわち「とりあえず動いてみる」ことだった。この**徘徊戦略をひそかに計画に組み込む**というのが三つめのセオリーである。

「面談はさっさと切り上げて、次のステップに進め」

　徘徊戦略を取ったのは、チームメンバーのG氏だ。計画では「理事長との面談」が目的であり、様々な関係者と接触するのは目的を達成するための一つのステップであると位置づけていた。

　上司はチームメンバーに対し、「面談はさっさと切り上げて、早く次のステップに進め」と檄を飛ばした。上司にとって面談相手は次のステップに進むための手段にすぎなかったわけだ。この言葉通りに行動したために、時に相手への対応がおざなりになるケースもあった。

　G氏はこの方針を理解していたものの、その通りに行動しなかった。目の前の物事に全力投球するタイプで、目の前の相手と面談するのが自分の目的であると捉えていた。

　プロジェクトの目的を説明すると、相手によっては「もっと聞かせてほしい」と言われる。G氏はそんなとき、時間を取ってまた会いに行く。理事長につながるルートとは直接の関係がない人であっても、「そのプロジェクトは面白そうですね。話を聞かせてもらえませんか」と言われたら、断らずに訪問した。

　G氏のスケジュールは、上司から見ると計画を進めるうえで不要な面談で埋まっている。当然、ノルマはこなせない。「その面談は必要ない。行くな」と上司は言ったが、G氏は隙を見ては活動を続けていた。

　すると、G氏が真摯に相手をした一人から、「理事長に会いたいんだろう？　だったら〇〇氏を紹介してあげるよ」と言われる。理事や副理事といった組織のつながりではなく、全く個人的なルートである。順次

戦略や累積戦略だけでアプローチするのは不可能だった。

「数撃てば当たる」という姿勢が欠かせない

　徘徊戦略は累積戦略と異なり、計画性はない。なので厳密には「戦略」とは異なる。

　順次戦略や累積戦略は計画を策定できるが、徘徊戦略はそもそも計画できない。「効果があるかもしれない」程度の見込みであっても、とにかく手当たり次第に、あるいは場当たり的に動き回るという、戦略とは言えないような代物である。

　オフィシャルな計画に徘徊戦略を組み込むことはできない。経営層にも説明できないので、承認も何もない。この戦略は内緒で進める必要がある。

　それでも暗闇プロジェクトでは、順次戦略、累積戦略に徘徊戦略を加えた三つの側面からアプローチしていくことを意識すべきだろう。複雑な要因が絡み合う「暗闇」では、偶然が支配するところが大きい。「あのとき偶然、あの人に会わなかったらと考えるとぞっとする」といった運を無視できない。

　問題を解決するきっかけがどこにあるのかは分からない以上、とにかく動き回るしかない。「数撃てば当たる」という姿勢が、暗闇プロジェクトでは欠かせないのである。

　書籍『クラウゼヴィッツの戦略思考』（ティーハ・フォン・ギーツィーなど著）には、以下の一節が出てくる。「戦争の勝利が一般的な原因で決まることはない。勝利を決めるのは特殊な、その場に居合わせた人でなければ分からないような原因であることが多いものだ」

第1章 「ダメに決まっている」が前提

「見る前に跳べ」「構え・撃て・狙え」を実践する

　ある大手企業のプロジェクト。メンバーはエリートぞろいなのに、なかなか前に進まない。「暗闇」であるにもかかわらず、精緻な計画を立てようと四苦八苦していたのだ。1週間たっても、A4判の紙1、2枚程度のアウトプットしか出てこない。

　状況を見かねたマネジャーのF氏は「お前ら、どれだけ自分が頭がいいと思っているんだ」とあきれつつ、「ハチの思考とハエの思考」の話を紹介した。

　口が開いた瓶を横にして、ハチとハエを入れる。底の部分に光を当てると、賢いハチは光が当たって明るい瓶の底を目指す。普通は明るいほうに出口があるからだ。

　一方、愚かなハエはただひたすら動き回る。あちこち瓶の壁にぶつかりながら、（ハエは自覚していないだろうが）様々な試行錯誤を繰り返

図1-6　ハチの思考とハエの思考

「明るい方が出口」という知識を持つ賢いハチ
→ビンから出られず、最後には力尽きる

「明るい方が出口」という知識を持たない愚かなハエ
→闇雲に飛び回って、やがてビンの出口から外に出る

45

していく。

　数分もすると、ハエは瓶から脱出できる。ところがハチは明るい瓶の底から離れることができず、やがて死んでしまう。

　この話の真偽のほどは分からない。ただ暗闇プロジェクトでは、「いつもの勝ちパターン」にしがみつくのはむしろ危険であると言える。

　「明るいほうに出口がある」というのは、ハチにとってのベストプラクティスである。暗闇プロジェクトでは、こうしたベストプラクティスが必ずしも通用しない。我々がハチと同じ末路をたどる可能性も十分ある。

　愚かなハエのような試行錯誤を繰り返す。さらに、そのスピードを上げていく。これが「暗闇」で取るべき唯一の戦略だろう。Fマネジャーが説明したあと、プロジェクトはようやく動き始めたそうだ。

跳んでみれば、自分の場所が分かる

　この事例で挙げたハエの思考は、前のセオリーで取り上げた徘徊戦略に他ならない。この戦略はとにかく動き回ることが大切だ。「見る前に跳べ」「構え・撃て・狙え」というフレーズは、それを端的に言い表している。これらを実践するというのがセオリーの四つめだ。

　跳んでみれば、跳ぶ前に自分がどの場所にいたかが分かる。もちろん、跳んだあとの場所も分かる。

　理屈で考えても分からなかったり、参考書をあさっても何も書いていなかったりする場合は、まず撃つ。撃てば、風や距離、次に狙うべき位置が分かる。

　暗闇プロジェクトでは、とにかくアクションを起こすことが決定的に重要になる。分からないと悩み続けていても、悩みはさらに深まるばかりだ。アクションを起こして初めて、自分のいる場所や周囲の状況を把握できるようになる。「暗闇」に慣れたベテランにとって、これらは常識である。

　どこから動けばいいのかが分からなければ、サイコロを振って決めれ

ばよい。どうせ考えても分からないのである。考えてもアクションにつながらないのであれば、とにかくサイコロを振ってアクションにつなげたほうがよほどマシだ。

上司には「こじつけの理屈」を提供
　自分の役職が上がるにつれて、あからさまな徘徊戦略は取りづらくなる。社内外のステークホルダーに対する説明責任が増してくるので、単に「結果だけを見てほしい」というのでなく、そこに至る計画や道筋をきちんと説明しなければならないからだ。

　そうなると、部下に対して「ハエになれ」とは言いいづらい。そのうちに「この計画は根拠が薄いな」といったしか指摘しかしなくなる。

　優れたリーダーは、そこもお見通しである。メンバーにはハエになるよう指示し、自分もハエになる。一方で、上司にはこじつけの理屈を提供する。何かが起きた場合は、あと付けの理屈を使って説明する。経営層に対して説明するにはそれで十分である。

1.4 「暗闇」ならではの計画の立て方

プロジェクト計画はちょっとした気遣いで、伝わりやすくなったり、伝わりにくくなったりする。どんな言葉を使うか、どんな体制を取るか、何を重視するかなどポイントは様々ある。

計画書の「名詞」を「動詞」に翻訳する

　プロジェクト計画書に出てくる「名詞」を「動詞」に翻訳する。暗闇プロジェクトではこの姿勢が欠かせない。これがセオリーの一つめである。

　例えば「体制」「会議体」といった名詞からは、動きや変化は感じられない。「計画」にも固定化したイメージしかなく、変化するという意味合いは含まれていないように感じられる。だからこそ「計画は修正されるべき」といった言い方になる。

　だが実際のところ、イメージ通りに動きや変化がないかというと、むしろその逆である。

計画を修正するタイミングを逃し、現場が苦労する

　プロジェクトの立ち上げ時。マイルストーン（主要な管理ポイント）やスケジュール表、プロジェクト体制図、役割分担表、会議体、成果物一覧、各種管理標準や管理フローなど、プロジェクト計画のドキュメントは膨大になる。ほとんどの場合、時間がないなかでこれらを準備しなければならず、プロジェクトマネジャーの負荷は非常に高い。

ようやく計画書を作成した。プロジェクトは始まっていないが、多くのマネジャーはこの時点でほとんどプロジェクトが終わったかのような気になる。「あとはメンバーに作業を任せておけばよい。マネジャーの仕事は確認と管理くらいだ」などと考える。

　だが1カ月もすると、状況は一変する。計画通りにコトが進まないケースが多発するのだ。プロジェクトは生き物であり、環境は常に変化している。ところが計画は1カ月前のまま、何も変わっていない。

　当初は計画に合わせようとメンバーが努力し、何とかなっていた。プロジェクトの初期段階では、計画と現実の矛盾を埋め合わせられる余力があるからだ。

　しかしプロジェクトが進むにつれて余力はなくなり、計画に合わせようとするモチベーション（やる気）も下がってくる。残業に次ぐ残業で、現場は疲弊する一方。どうしようもなくなった時点で「リスケ（再スケジューリング）しましょう」との声が上がる。よくあるパターンだ。

　最近では「計画は定期的に修正すべき」「計画修正のタスクを、最初から計画に組み込んでおくべき」といった考え方が常識になっている。にもかかわらず、計画を修正するタイミングを逃し、現場が苦労するケースはあとを絶たない。

体制、会議体、計画は「日々修正され、変化する」

　「名詞」を「動詞」に翻訳するというのは、こうした問題への対応策となり得る。計画を定期的に修正すべきだと分かっているのにそのタイミングを逃すのは、「計画」という言葉に変化のニュアンスが含まれていないことが一因だと考えられるからだ。

　もし、計画という言葉に「日々修正され、変化する」とのニュアンスが含まれていれば、心理的なハードルがなくなり、計画を修正するのにそれほど苦労しなくなるはずだ。

　残念ながら、そのようなニュアンスを持つ言葉はない。であれば、自

分の頭の中で翻訳するしかない。

体制、会議体、計画、さらにスケジュールや成果物など、プロジェクト計画書に記述されている名詞はことごとく動詞であると考えて問題はない。いずれも、プロジェクトが進むにつれて変わっていくのが当たり前ということだ。

契約事項を勝手に読み替えるわけにはいかないにしても、頭の中では「日々変化している対象」と捉えるくらいでちょうどよい。このように意識しないと、体制や計画といった言葉に固定したイメージを持ってしまう。意識して動詞に翻訳して、「常に動いている対象」として接するべきである。

「共有する」「合意する」「徹底する」は禁句

計画は、現場で発生しがちな問題を事前に予防するための道具である。先達の苦労を繰り返さないようにするのが狙いだ。

一見、計画書は分厚いほうが望ましいように思える。厚ければ厚いほど、そのぶん過去のノウハウが詰まっており、リスクの範囲も広くカバーできるからだ。

だからといって、分厚いプロジェクト計画書の品質が必ずしも高いとは限らない点に注意が必要だ。確かに先達のノウハウは多く含まれているかもしれない。だが、そのノウハウが実際に「現場を動かす」「現場のアクションに影響を与える」ものでなければ、薄い計画書と同じ効果しか生み出さないことになる。

効果が出ない理由として考えられるのは、セオリー1と同様に言葉の問題だ。タスクを表す際に、「共有する」「合意する」「徹底する」は禁

句とするというのが二つめのセオリーである。

聞きなれた言葉を無条件・無批判に受け入れる
　「共有する」という言葉を例に取ろう。プロジェクトの作業工程を決めていく際に、気の利いたSEであれば「共有する」というタスクを挙げるだろう。確かに、情報を共有せずにあとで痛い思いをした経験をお持ちの方は多いはずだ。

　ただ、「共有する」というタスクを実施したからといって、本当に共有されたかどうかは分からない。「共有のための会議や説明会を実施した」という満足感を得るだけで終わってしまう可能性もある。

　というのも、「共有する」という言葉は「これからすること」ではなく、「したこと」すなわち結果を意味しているからだ。達成したことしか意味していないのだから、この言葉を計画に用いるのは適切ではない。「合意する」「徹底する」といった言葉も同様である。

　こうした用語を計画書の目次で使うぶんには問題ないが、内容を記述する際に使用すると、計画として機能しなくなってしまうことが多々ある。しかも、これらは多くの人にとって聞きなれた言葉であり、無条件・無批判に受け入れてしまう可能性が高い。

　計画にこれらのタスクを盛り込むのであれば、言葉を聞いただけで満足し納得してしまわないようにしたい。実際に何を表しているのか、何を動かすのかが伝わるよう、これからすることを具体的に記述する必要がある。

　『問題解決の全体観』（中川邦夫著）という書籍に言い換えの例が出てくる。共有する（書籍では「共有化する」）は「サービス戦略について従業員・協力会社に理解させ、x月までにサービス施策について全員が実行できるようにする」、徹底するは「年間を通して、給与支払い業務において基本的ミスを生じさせない」といった具合だ。

　この本は他にも様々な例を挙げている。作成したプロジェクト計画書で、禁句が使われていないかどうか確認してみてはいかがだろうか。

図I-7　用語の言い換え例

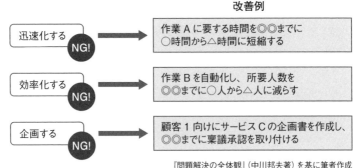

『問題解決の全体観』(中川邦夫著) を基に筆者作成

メンバーさえそろえば、プロジェクトは折り返し地点

　絶えず状況が変化する暗闇プロジェクトでは、綿密に計画を立てても信頼性は思うように上がらない。計画書は当てにできないということだ（ただし、計画を策定する行為は非常に重要である）。
　実は、「暗闇」のプロジェクト計画書の中で唯一、当てにできる項目がある。体制、つまりどんなメンバーが参加するかということだ。
　暗闇プロジェクトの成否はマネジャーやリーダー、担当者といったメンバーによって決まる。**メンバーさえそろえば、プロジェクトは折り返し地点に到達したと言ってもよい**。これがセオリーの三つめである。

行き過ぎたくらいの目的意識でちょうどいい
　暗闇プロジェクトで、どのようなメンバーを選ぶべきか。選定のポイントは大きく2点ある。

- 強い目的意識を持っているか
- 強い責任感を持っているか

　頭が良い、実績がある、体力がある、様々な資格を持つ、経験豊富である。メンバーがこれらを備えているのであれば、それに越したことはない。それでも、いま挙げた2点が欠けているようだと、暗闇プロジェクトには力不足だと言わざるを得ない。

　中でも大切なのは、強い目的意識を持っているかどうかである。行き過ぎたくらいでちょうどよい。

　いま暗闇プロジェクトで、軽微ではあるがコンプライアンス（法令順守）上、ルール違反をせざるを得ない状況に遭遇しているとする。マネジャーはどう判断すべきだろうか。取り得る道はただ一つ。上司に相談せずに進める、ということだ。

　上司に逐一確認を取る、そこまでいかなくても自らの保身を考えて上司の意見を伺うようなマネジャーは「暗闇」に向いていない。上司はNGを出すに決まっているからだ。

　上司は保守的な態度を取るのが常であり、「コンプライアンスを無視してもよい」という指示や許可を出すわけがない。上司にお伺いを立てた結果、マネジャーはゴールに至るまでの数少ないルートを自ら閉ざしてしまうおそれもある。

　こうした事態を避けるには、マネジャーは上司に相談せずに進めるしかない。その際に、行き過ぎたくらいの目的意識が欠かせない。プロジェクトを絶対に成功させるとの覚悟を抱き、ゴールの達成を何よりも優先させる。

　もちろんリスクは大きい。ルール違反が発覚して問題になったとしても言い逃れはできない。上司の援護も期待できない。

図 I-8　様々な壁に負けない目的意識を抱くことが大切

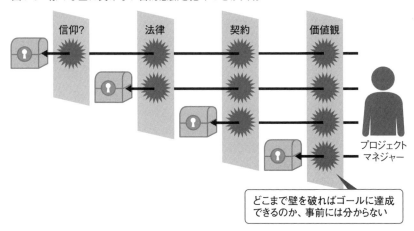

　ここではマネジャーの性格も重要だ。「成功するだろう」という確信を無条件に持っていない限り、「絶対に成功させなければならない」というプレッシャーには耐えられない。言い方は悪いが、根拠なく成功を確信できる「鈍感さ」がなければ務まらないと言える。

　行き過ぎたくらいの目的意識を持っていれば、もう一つのポイントである責任感はおのずと付いてくるはずだ。プロジェクトがうまくいかなかったときに、すぐ言い訳をしたり、原因分析に終始したりするマネジャーがいる。たとえそれが100％正論であったとしても、そのような人に「暗闇」を引っ張る馬力は期待できない。

プロジェクト計画の策定者と実行者を分ける

　あるベンチャー企業のプロジェクトで、本来は一人であるべきプロジェクトマネジャーとしてA氏とB氏の二人を配置した。「ダブルPM」の体制である。

　A氏は数々の資格を持ち、肩書きや経歴も申し分ない。文書や資料の品質も頭抜けている。これに対し、B氏は無資格で肩書きや学歴に特筆すべき点はない。文書や資料を作成するのもあまり得意ではない。ただ、マネジャーとして関わったプロジェクトを全て成功に導いてきた。

　この好対照の両者によるマネジメントは非常にうまく機能している。A氏が作成した顧客への報告や資料は見やすくロジカルで、説得力がある。厳しい突っ込みにもエビデンス（事実データに基づく根拠）を基に計画と実績の乖離、その原因と背景、対策、今後の見通しを示しつつ、正確に回答していく。成果物とその品質評価項目、評価基準、契約書との突合、覚書の整理といった監査対応も隙がない。

　一方のB氏は計画書には表れないような面倒だが重要なタスクや、契約にはないが重要なタスクをこなしていく。「歴史的な背景」「個別の込み入った事情」など、ステークホルダーに絡む複雑な調整も辛抱強く進める。突発的な課題への対応、顧客からの突然のリクエストなど、当初の計画にはない事態も多く発生したが、そのたびにつぶしていった。

マネジャーの役割は真の意味での「マネジメント」

　通常は、計画策定と実行は共にプロジェクトマネジャーの仕事である。この**計画の策定者と実行者を分ける**というのがセオリーの四つめだ。

　計画策定と実行では求められる能力が異なる。刀鍛治と侍の違いを考えてみればよい。道具を作る能力と使う能力は全くの別物である。

顧客は当初、時間をかけて精緻でしっかりとした内容の計画書を作り上げるマネジャーを「頼もしい」と思うだろう。しかし、プロジェクトは計画通りには進まない。「暗闇」ならなおさらである。
　進捗や品質を計画通りに進められるのは最初のうちだけだ。やがて、「工数が足らない」「このままでは納期に間に合わない」といった事実が明らかになる。その際に、「物理的に不可能です」などと客観的事実を提示して、追加費用がかかることを説明するだけでは、顧客からの信頼を一気に失ってしまう。
　ここで大切なのは、プロジェクトを真の意味でマネジメントすることだ。「manage」を辞書で引いてみると「何とかして成し遂げる」「どうにかして〜する」「やりくりする」「切り抜ける」といった意味が並ぶ。これこそ、プロジェクトマネジャーに求められる仕事である。
　暗闇プロジェクトにおけるプロジェクトマネジメントは、当初想定していなかったタスクのマネジメントが全てといっても過言ではない。限られたリソースの中で、それを「何とかやりくりする」のがマネジャーの役割となる。

実質的なマネジメントを誰が担うか

　manageの仕事に求められる能力が、計画策定に求められる能力と異なるのは容易に理解できるだろう。先の例ではダブルPMと言いつつ、実質的にプロジェクトマネジメントを担当しているのはB氏だ。
　もともとB氏のマネジメント能力には定評がある。ただ、物事をルール通りにきっちりと進めていく緻密さに欠けており、顧客からしばしばその点を指摘されていた。そこでA氏とのダブルPM体制にして、細かい事務的な対応が苦手なB氏からその作業を解放することで、プロジェクトを成功させたのである。
　ちなみにこの会社では、別のプロジェクトでもダブルPM体制を取ったが、そのときはうまくいかなかった。このプロジェクトでは、A氏の

役割を務めたマネジャーがB氏の役割を務めたマネジャーよりもベテランで、社内の役職も上だった。このため、A氏役のマネジャーがプロジェクトを仕切ってしまい、B氏役のマネジャーの能力を全く生かせなかったという。

1.5 方法論やフレームワークの賢い生かし方

プロジェクトマネジメントの世界には、様々な方法論やフレームワークが存在する。これらの使い方を誤ると、暗闇プロジェクトはかえって混乱を招く。そうならないためのセオリーを紹介する。

セオリー1 美しい理論は実績ゼロでも採用される

　かつて、多くのIT企業が要求（要件）定義をはじめとするソフトウエア開発の上流工程に関する工学的手法の確立を真剣に模索していた時期があった。CMM（能力成熟度モデル）/CMMI（同統合）が流行ったのは一つの表れだ。「レベルいくつを獲得した」ということを前面に押し出してPRする企業が目立った。

　現場の多くは、こうした取り組みを眉唾ものとして眺めていたが、続発するソフトウエア開発の問題への対策に頭を悩ませていた上層部はこぞって飛びついた。これらを「解」「ベストプラクティス」だと本気で信じ込んでいた人も相当数いたようだ。

　実際のところ、CMM/CMMIが大いに持てはやされていた当時でさえ、有効性を確認できるだけの実証データは存在しないに等しい（公にされていない個別の検証データはあったかもしれない）。机上の世界にすぎなかったわけだ。

　にもかかわらず、その有効性に疑いの声は上がらなかった。美しく体系的に整理された「理論（ノウハウ）や方法論」は、理屈好きで論理的

に考える人たちを引きつけ、「これが正解」だと思い込ませる。思い込みであるがゆえに、実証などは必要としない。

役に立たない理論が現場に押し込まれる

　美しい理論は実績ゼロでも信用される。効果が現場で証明されていなくても、上層部が理屈で納得すれば採用される。この点に要注意というのがセオリーの一つめだ。

　現場の人間は、そのような理論が現場では通用しないことを理解している。ただ、その理解は各個人の経験に基づいており、理屈では反論できない。結果的に、現場に対して役に立たない理論が押し込まれることになる。

　残念ながら、この「実験」（上層部は決してそう思っていないが）はうまくいかない。2倍の労力をかけても、せいぜい1.5倍の効果しか得られない。

　これはシステム開発の方法論に限らない。経営トップがセミナーで感化されて、組織改革に突然動き出すのも同じパターンである。トップが勉強した結果、多角化や選択と集中に動き出すのも同じだ。

　セミナーや教科書で語られる事例の背景には、一時的な外部要因を含めてそれぞれ特殊な事情がある。しかし受け取る側はその特殊性を意識することなく、頭の中で一般化する。このようにして、理屈ベースのルールが現場に押しつけられることになる。

人間的要素の影響度合いを確認する

　マネジャーは暗闇プロジェクトを前に進めるために、役に立たない理論に対抗していかなければならない。理屈に反論するのは容易でないし、反論しても理屈で跳ね返されるかもしれない。それでも結果に責任を持つマネジャーとして、簡単に妥協するのは禁物だ。

　現場を知らない上層部や外部から理論で攻められ、本能的に「違う」

と思いつつ反論できない場合は、人間的要素の影響度合いを確認するのが有効である。その理論は多くの場合、人間系の難しい領域をカバーしていないだろう。

　影響度合いを確認できたら、その後はどうすればよいか。ここから先は注意深く進める必要がある。くれぐれも、「プロジェクトで一番やっかいな人間系の課題が解決できなければ役に立たない」とか「メリットもあるかもしれないが、トータルで考えると適用負荷のデメリットの方が大きい」などと正論で突破しようとしてはいけない。上層部としても「これでやれ」と言った以上、簡単にそれをひっこめるわけにはいかない。

　しかし「人間系の課題が一番難しい」ことは上層部だって自らの経験から分かっているはずだ。だから人間系の課題の実例を挙げながら、それを思い出してもらう。そうすれば、「確かにその課題はこの方法論では難しいな」と理解することになる。

　このように腹落ちさせたうえで、方法論やルールの適用負荷が極限まで下がるように持っていく。使えるところだけを使って、あとは骨抜きにすることを考えるのだ。これによって、現場から見て明らかに無駄でしかないドキュメントの作成や管理・報告などの業務の免除・軽減を相談・調整していくことが可能になる。

方法論は「正しいかどうか」ではなく「使えるかどうか」で判断する

　ユーザー企業A社のシステム構築プロジェクト。ベンダーが納品する成果物全てに対して、事実に基づくエビデンスを求めた。結論の根拠となる出典は何か。独自の根拠であれば、どんな実績があり、正しいこと

をどう証明するか。A社はこれらを常に要求した。
　当然、プロジェクトの生産性は上がらない。だが、A社の担当者は「完璧な仕事をしている」と自負している。アウトプットの少なさ（生産性の低さ）はA社から開発を受託しているベンダーの責任であり、その点では発注側に落ち度はない。

「顧客は本質的な作業を望んでいない」

　ベンダーは当初、プロジェクトの目的を見据えて「本質的な作業」を中心に進めるとともに、顧客に説明するために「本質的でない作業」をこなしていた。本質的でない作業とは、A社が求めるエビデンスを収集・創作することを指す。ベンダーとしてはできれば避けたい作業である。

　しばらくして、ベンダーは仕事の進め方を変えた。エビデンスすなわち「お墨付き」のある既存の事実や方法論を前提として、作業を進めることにしたのである。「A社は本質的な作業を望んでいるわけではない」と気づいたからだ。

　A社が重視していたのはプロジェクトで本質的な価値を出すことではなく、「ミスや誤りがなく、自身の仕事を遂行した」という事実である。極端な話、プロジェクトで成果が出なかったとしても、ミスなく仕事をしていることが証明できれば、おとがめがない組織だった。

　現場は、既存の事実や既存の方法論を補強するデータを集めれば十分。メンバーにとっては今一つ面白みのない仕事ではあるが、A社はむしろそうした仕事を奨励した。

納期・費用・品質の順守を期待するのは非現実的

　プロジェクトで使う方法論は、必ずしも正しくなくてよい。大切なのは「使えるかどうか」だ。これがセオリーの二つめである。複雑な現実に対して正しい方法論が存在すると考えること自体、そもそも非現実的

と言える。

　暗闇プロジェクトが方法論に求める使い勝手とはずばり、説得に使う資料として有用かどうかを意味する。顧客を説得する、チームメンバーの結束を強める、上司に説明するといった用途に使えるかどうかが大切になる。

　方法論は、特に現場を知らない人たちへの説明資料にお墨付きを与える役割を果たす。A社の例はまさにこれだ。

　納期を守る、費用を守る、品質を守る——。こうした役割を方法論に求めてはならない。納期、費用、品質については方法論などに期待したり依存したりせず、マネジャー自身が苦労して厳守するのが基本だ。

図1-9　方法論は説明資料にお墨付きを与える

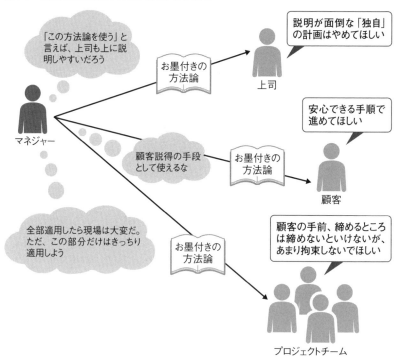

セオリー 3 プロマネの教科書がカバーするのは「扱える領域」だけ

　プロジェクトマネジメントの知識体系を整理した「PMBOKガイド」をはじめ、教科書と呼べるものは数多く存在している。

　これらの教科書はプロジェクト運営に必要な要素を全て網羅している印象を受けるが、必ずしもそうではない。**教科書がカバーするのは「扱える領域」と捉えるべき**だ。これがセオリーの三つめである。

ステークホルダーが成否の鍵を握る

　教科書があまり扱わない典型例がステークホルダーマネジメントだ。

　プロジェクトが成功するかどうかの鍵をステークホルダーが握るのは言うまでもない。だが一口にステークホルダーと言っても、考え方から目的までそれぞれ異なる。ステークホルダー間の意見がまとまらず、プロジェクト運営に支障が生じることも珍しくない。

　ユーザー側の意向で要求が膨らんだり、仕様の追加変更が頻繁に生じたりする。承認者がプロセスの変更や自分への影響度合いに敏感で、すぐに「俺は聞いていない」「それは筋が違うのではないか」などと言い出す。システムを導入すると、自らの権限が縮小されるおそれがある社内の利害関係者が異を唱える──。こうした経験をお持ちの方もいるのではないだろうか。

　ステークホルダー同士の関係もトラブルのもとになり得る。単なる相性の問題もあれば、過去から長く引きずる複雑な人間関係もある。

　ステークホルダーマネジメントは、こうしたステークホルダーに関わるトラブルを未然に防いだり、トラブルが生じた場合の影響をできるだけ小さくしたりして、プロジェクトを円滑に進めることを目指すものだ。

　プロジェクトを遂行するうえで障害になりそうな人物をどう扱うか。人間系の「計算できない領域」をいかに小さくして、プロジェクトを制

御しやすく予測可能な状態にしていくか。プロジェクトマネジャーは、こうしたステークホルダーマネジメントの作業に多くの時間と労力を割いている。

ステークホルダーマネジメントはPMBOKガイドの5％以下

　PMBOKガイドでは、ステークホルダーマネジメントをどの程度説明しているのだろうか。第5版日本語版は索引まで含めると589ページあるが、「プロジェクト・ステークホルダー・マネジメント」は25ページで、全体の5％に満たない。プロジェクトの結果への影響度合いが最も大きい領域にもかかわらず、教科書が提供できるノウハウはこの程度のボリュームにすぎないわけだ。

　同書は人間関係のスキルとして「信頼の構築」「コンフリクトの解消」「積極的傾聴」「変化への抵抗の克服」の四つを挙げている。それらの詳細に関する記述はない。

　現場のマネジャーが最も知りたいのは、信頼をどのように構築すればいいのか、コンフリクト（衝突）をどうすれば解消できるのかといったことだ。それらはPMBOKガイドが扱う領域ではなく、各分野の専門書籍などを当たってほしいということだろう。

　教科書がなくてもそこそこうまくやっていける領域については詳細に記述しているのに、プロジェクトの成否を左右する難しい領域についてはあっさりとしか記述していない。PMBOKガイドに限らず、プロジェクトマネジメントに関する教科書の多くについてこんな印象を受ける。

　プロジェクトマネジメントの教科書が、人間系のスキルを軽視しているわけではない。記述が薄いのは理論化が困難だからだ。

　工学の教科書を利用する要領でプロジェクトマネジメントの教科書を利用しようとすると失敗するので注意したい。プロジェクトでは人間や社会、コンセンサス（合意）といった、教科書では記述が少ない領域に目を配ることが非常に重要になる。

第1章 「ダメに決まっている」が前提

　ではPMBOKで記述が少ない人間系の領域を、分厚い専門書で補おうとするのはどうか。無駄とは言わないが、あまりお勧めしない。人間系や社会科学の専門書の多くが提供しているのは、人々の「知りたい」という欲求に応えるためのストーリーであり、何らかの理論武装が欲しい人のための（仮説を基にした）論理展開であるからだ。決して、普遍的な事実を提供しているわけではない。

成功したやり方を、次のプロジェクトであえて捨てる

　あるベンダーが顧客企業E社とシステム構築に関する請負契約を結んだ。請負契約でベンダーが問われるのは結果責任であり、本来なら途中経過に対してあれこれ口出しされるいわれはない。

　しかし、E社は成果物に対しては結果責任を求め、1年間の瑕疵担保を課す一方で、準委任契約のように業務遂行状況に関する定例報告を求めた。時には派遣契約のような指揮命令を出すことさえあった。今のように契約違反を厳しく問われる以前の話である。

　開発現場は「これが請負か」と思うほどガチガチに管理され、現場は疲弊した。当初は計画になかった報告業務に相応の追加コストをかける必要があり、マネジメント面にも影響が生じた。幸い火を吹かずに完了したものの、ベンダーにとっては疲弊するプロジェクトだった。

本来なら楽ができるプロジェクトのはずが…
　ベンダーは続いて、顧客企業F社と請負契約を結ぶ。同じ契約形態だが、ベンダーに対する態度がE社とは大きく異なっている。
　F社はベンダーに対し、細かいことは何も言わない。成果物の定義や

65

品質基準はベンダーに全て一任。報告の様式や頻度もお任せで、ベンダーはプロジェクトを希望通りに進めることができる。

　F社は何も考えずにベンダーに丸投げしたわけではない。F社の担当者は6カ月をかけて、ベンダーのマネジャーはもちろんプロジェクトメンバー全員と面談し、「任せても大丈夫」との確信を得たうえで判断した。

　ベンダー側のマネジャーはこの点を理解しており、顧客を裏切ることのないよう高いモチベーションで臨んだ。

　問題はベンダーの上層部だ。「顧客ときちんと握れている」という現場の感覚を共有していないことに加えて、E社のプロジェクトで懲りた経験が記憶に残っている。現場に対し、「〜をせよ」「〜を準備せよ」といった指示を連発した。

　マネジャーは「このプロジェクトでは不要です」「この点は顧客と認識を合わせています」と説明するが、「また同じように〜が生じたらどうするのか」「きっちり準備しておけ」との指示が撤回されることはない。

　本来なら楽なプロジェクトのはずなのに、意味がない作業に工数を割かれ、いつもの大変なプロジェクトと化してしまった。

前回の成功要因が今回は通用しない可能性が高い

　前回成功したやり方を、次のプロジェクトであえて捨てる。意識して逆のやり方で計画を立ててみる。これがセオリーの四つめだ。

　プロジェクトは基本的に1回きりである。前回のプロジェクトの失敗要因が、今回のプロジェクトでも同じとは限らない。うまくいったやり方についても同様で、前回の進め方が今回のプロジェクトでもうまくいくかどうかは分からない。

　筆者の経験で言うと、前回の失敗要因が今回も同じになる可能性は低い。成功要因についても、前回のやり方が今回は通用しない可能性が高いということだ。

　だったら、前回成功したやり方を意識して捨てて、今回は逆のやり方

図1-10　前回の進め方が今回もうまくいくとは限らない

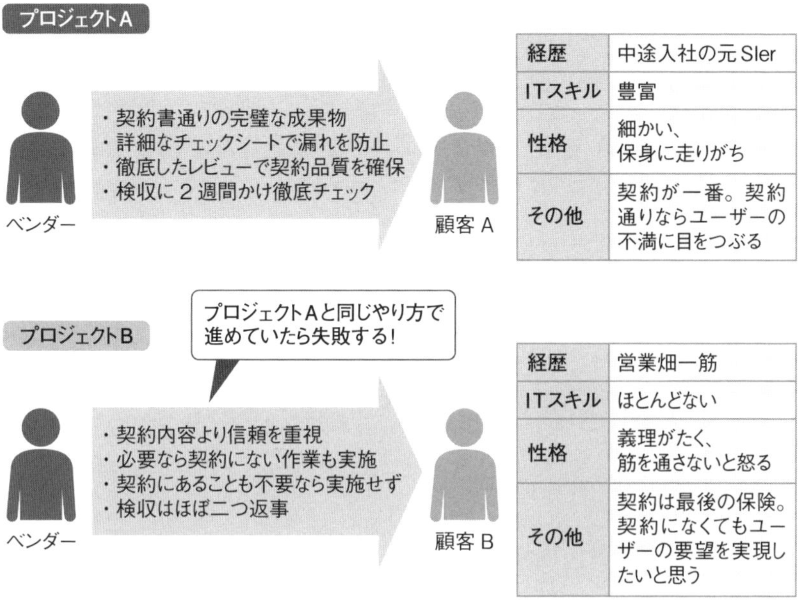

プロジェクトA

ベンダー

・契約書通りの完璧な成果物
・詳細なチェックシートで漏れを防止
・徹底したレビューで契約品質を確保
・検収に2週間かけ徹底チェック

顧客A

経歴	中途入社の元SIer
ITスキル	豊富
性格	細かい、保身に走りがち
その他	契約が一番。契約通りならユーザーの不満に目をつぶる

プロジェクトB

ベンダー

プロジェクトAと同じやり方で進めていたら失敗する！

・契約内容より信頼を重視
・必要なら契約にない作業も実施
・契約にあることも不要なら実施せず
・検収はほぼ二つ返事

顧客B

経歴	営業畑一筋
ITスキル	ほとんどない
性格	義理がたく、筋を通さないと怒る
その他	契約は最後の保険。契約になくてもユーザーの要望を実現したいと思う

で計画を立ててみてはどうか。このように言うと、「前回と今回のプロジェクトの間には何の関係もないではないか」と思うかもしれない。

　ここに理屈や根拠などはない。両プロジェクトの外部環境やメンバー、プロジェクトの目的、業種、プロジェクトの属性情報などの違いは全て無視して、とにかく前回成功したやり方を捨てる。

　ある意味、無茶苦茶なノウハウであり、強くは薦めない。それでも「理屈抜きで、前回のやり方を捨てればよかった」と、あとで分かるはずだ。

1.6 「暗闇」を仕切るマネジャーが持つべき資質とスキル

暗闇プロジェクトを仕切るマネジャーには、どんな資質やマネジメントスキルが必要なのか。どんな人を目指すべきか。これらに関するスキルを見ていこう。

幸運の女神には前髪しかない

「幸運の女神には前髪しかない」。これはレオナルド・ダ・ヴィンチの言葉だとされる。これがセオリーの一つめだ。

チャンスは一瞬しかない。うかうかしていたり、慎重に考えていたりすると女神は走り去ってしまう。あわてて捕まえようとしても後ろ髪がなく、つかめない。

チャンスをつかむには、素早く行動しなければならないということだ。まさに暗闇プロジェクト向けの教訓と言えるだろう。

「今日の午後4時までに見積もりが欲しい」

ベンダーが正式な見積もりを顧客に提出する際には通常、社内での稟議が必要になる。顧客もその点はわきまえており、「今日中に見積もりを出してほしい」などと無茶な要求を出すケースはめったにない。少なくとも1週間程度の期間を与えるものだ。

だが、例外もある。自治体のような官僚的な組織では、「明日までに必要」「明後日までに必要」といった指示が日常茶飯事となる場合があ

図1-11　チャンスをつかむには、素早く行動しなければならない

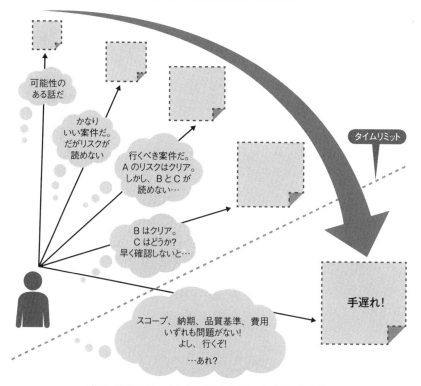

リスクがゼロになったとき、得られるリターンもゼロになる

る。上層部は余裕を見て指示を出しているにもかかわらず、伝言ゲームをしている間に、当事者に届くころには「明日までに」という無茶な要求になってしまうようだ。

　「今日の午後4時までに見積もりが欲しい」。あるベンダーは顧客企業P社からこんな要求を受けた。時刻は午後3時。猶予は1時間しかない。

　ベンダーはP社に半年以上通い詰めて、営業活動を進めていた。それだけの時間をかける価値のある案件だったからだ。受注に向けて、周辺のキーパーソンの同意も固めつつあった。

急な見積もりの要求を受けたのは、そんな矢先だ。普通に考えるとまず無理である。担当者はすぐに上司に相談したところ、「そんなに急に見積もりは出せない。少し待ってもらうよう、先方と調整してほしい」という常識的な指示が返ってくる。
　だが、その旨をP社に伝えたところ、返事は「待てない」。P社は官僚的な組織であり、かなりの上層部からの指示であるはずだ。ベンダーとの窓口を務めるP社の担当者自身が「待つ」「待てない」を判断するのは難しい。まして、相手に頼まれたからといって上層部に再考を依頼するのはまず不可能だ。
　見積もりを強引にでも出すべきか、今回は見送るか。ベンダー担当者は考えた末に、前者を選んだ。「見積もりをすぐに出せないというなら、私が見積もりを出します」と上司を説得したのだ。
　通常なら無謀な行為である。だが担当者は、P社担当者の青ざめた顔色を見て、「この場で見積もりを出さないと、案件自体がなくなる可能性が高い」と直感していた。
　ベンダー担当者は、「上司の判断」という形で大至急、見積もりの作成に取りかかった。見積もりの作成後、ベンダー内での正式な稟議を通さずにP社に見積もりを提示した。担当者の雰囲気を感じ取った上司が、自身の責任でOKを出した。
　無事にP社から受注したベンダー担当者があとで聞いた話によると、「あのときに見積もりを出せなかったら、おそらく予算化されず、案件自体がなくなっていた」とのことだ。
　ベンダー担当者の勘は当たっていた。「1時間以内に見積もりを出せ」という無茶な要求に対し、躊躇していたら幸運の女神は捕まえられなかった。

前髪がカツラである場合も

　前髪をつかむのは確かに大切である。ただ、つかんでみたらカツラで

あるケースもあるので注意が必要だ。

「この予算を使って〇〇事業を推進するために、補助金を申請してほしい」。Q大学は自治体からこんな打診を受けた。

「お金を使ってほしい」という要求を断る理由はなさそうだが、Q大学は迷っている。これまで「補助金を出すから」という誘いに応じて様々な事業を手がけてきたが、トラブルが起こると必ずと言っていいほど自治体は逃げてしまい、尻拭いを押しつけられてきたのである。

この話をベンダーA社が聞きつけてきた。その事業はA社が得意とする分野であり、Q大学に対して「ぜひやるべきだ」とたき付ける。当然、A社がその事業を受託することを見込んでの提案である。

しかし、Q大学は慎重な態度を崩さない。補助金は一時的なもので、継続して出るものではない。ひとたび事業を始めたら、補助金がどうであれ続けていく必要がある。事業を継続するための運営や維持管理にかかる費用をどう捻出するかは、Q大学が自ら考えなければならない。

補助金申請の締め切りが迫り、A社は必死に説得を続ける。事業継続が可能かどうかを心配するQ大学に対し、方法論やノウハウを提供すると約束。申請書を代理で書くことも申し入れた。

そんなとき、A社はQ大学から別件の相談を受ける。相談というよりも、作業の手伝いの依頼といったものだ。

契約も何もなく、タダ働きとなるのが目に見えている。内容もA社が推していた事業とは無関係で、A社として引き受ける筋合いはない。

にもかかわらず、A社はQ大学の依頼を引き受け、きっちりと仕上げる。成果物の品質に対し、Q大学からお褒めの言葉をもらった。

しかし結果として、Q大学は補助金の申請をせず、A社の頑張りは無駄骨に終わる。Q大学が申請していれば、この事業をA社が受注したに違いない。そうなれば、億単位の金額がA社に入ってくる見込みだった。だからこそ、原価が100万円を超える規模のタダ働きも、進んで行ったのである。

事業化が約束されていないなかで、自腹を即決で切ってまで積極的に動いたＡ社の行動は、まさに女神の前髪をつかみにいくものだった。ただ残念ながら、その前髪はカツラだった。

　　　　　◇　　　　　◇　　　　　◇

　前髪をつかみさえすれば必ず成功するのであれば、誰もためらったりしない。それでもためらうのは、見送ったほうが正解であるケースも多いからである。
　どんなときに、前髪をつかみにいくべきか。ここは教科書やマニュアルが通用しない世界だ。自分の勘を100％信じられる人だけが、この問題をクリアする権利を与えられる。

ジャイアン、スネ夫、のび太の誰を目指すかを考える

　プロジェクトを成功させるにはどうすればいいのか。マネジャーとして長年プロジェクトの経験を積み、常に勉強を続けてきたベテランでもなかなか答えは出せないものだ。
　経験が浅いうちは、「こうすればうまくいく」というベストプラクティスの存在を信じるが、プロジェクトの経験を積むうちにそれではうまくいかないと悟るようになる。成功のための肝だと思っていた教訓やノウハウのいくつかが、逆に「絶対にやってはいけない」ものだと分かったりもする。
　こうして試行錯誤を繰り返すうちに、マネジャーに対して「ここは間違っているのではないか」と思うようになり、やがて「マネジャーはこ

うあるべき」との意見を持つようになる。

　試しに、藤子・F・不二雄氏の人気コミック「ドラえもん」のキャラクターになぞらえて、**ジャイアン、スネ夫、のび太の誰を目指すべきかを考えてみよう**。これがセオリーの二つめだ。考えるための材料として、三つの例を紹介する。

例1 ジャイアン型マネジャーのA氏

　「社内の雰囲気が緩んでいる」と感じた某IT企業の部長。外部からコワモテのマネジャーA氏を連れてきた。

　周囲はA氏に対して「とにかく怖い」との印象を抱く。怒鳴り散らすからだけではない。頭の回転の速さや知識の豊富さで、かなう者がいないからだ。社内はこれまでにない緊張感に包まれる。

　それでも、A氏が率いるプロジェクトは大成功を収める。A氏が細かくチェックしたことに加えて、A氏を恐れて生産性が1.2倍になったからである。ただし、メンバーの残業時間は1.5倍に増えた。

　この結果に気をよくした部長は、三つの大きなプロジェクトのマネジャーをA氏に任せることにする。いずれも億単位の規模である。

　結果は大失敗で、三つのプロジェクトはいずれも大赤字で終わる。手遅れになるまで悪いニュースが上がらなかったことが理由だ。

　事前に情報が上がっていれば、打つ手はいくらでもあった。だが、チームメンバーはA氏を恐れて、悪い情報を報告できなかった。どれだけ優れたマネジャーであっても、現場の状況が分からなければ翼をもがれたも同然で、マネジメントは不可能になる。

　もちろん、情報を上げなかったチームメンバーにも非はある。だが、結果に対して責任を持ち、結果で評価されるのがマネジャーである。人心をつかめなかったマネジャーの責任が最も大きい。

　A氏のようなジャイアン型マネジャーは、恐怖でメンバーを支配する。しかしこのやり方は、マネジャーを裸の王様にしてしまう。メンバーは

まずい情報を隠して、極力内々で処理しようとし、状況がにっちもさっちもいかなくなって初めて問題が発覚する。

そのときには既に手遅れだ。それを知ったジャイアン＝A氏の怒りの凄まじさは、想像に難くない。こうして、プロジェクトのたびにメンバーの誰かがスケープゴート（いけにえ）にされて辞めていく。こんなプロジェクトが成功するはずはない。

例2 スネ夫型マネジャーのB氏

マネジャーB氏は頭が回転が早く、論理的で説明がうまい。人当たりが良く、顧客受けも悪くない。このため上司はB氏を高く評価している。

ところが部下からの評判は最悪だ。自己中心的すぎるのである。

仕事上の失敗は、いつの間にか全てが部下のせいになっている。マネジャーが全ての権限を持つ以上、B氏にも責任はあるはずだが、責められるのは常に部下である。頭が良いので「全ては部下のせい」とするロジック（論理）を簡単に作り出す。それも顧客や部長が100％納得するようなロジックである。

実際のところ、プロジェクトで大きな成果をほとんど上げることができず、常に可もなく不可もなくだった。それでもB氏に対する上司の評価は変わらない。失敗しても、上司は「今回は運が悪かったね」とかばう。

この状況が4年以上続き、上司はようやく「おかしい」と感じるようになった。B氏の下で、部下が全く育たないからだ。

B氏の部下の退職率は、他のマネジャーの部下と比べて非常に高い。部下の半数以上が会社を去っていった。残りの部下も他部署への異動希望を出し、やがていなくなる。

顧客や上司に取り入って、うまく収める。こうしたスネ夫のやり方は、往々にして誰かの犠牲の上に成り立つ。プロジェクトでは、それはチームメンバーに他ならない。

例3 のび太型マネジャーのC氏

　以前のプロジェクトで、ジャイアン型マネジャーの下で非常に苦労した経験を持つC氏。「自分がマネジャーになったら、絶対にああはならないぞ」と固く誓った。

　マネジャーになってからも、C氏の思いは変わらない。チーム内の風通しの良さを重視し、メンバーとは何でも言える関係を作ることを目指した。本人の性格もあってチーム内の風通しは良くなり、ちょっとした課題や懸念がメンバーからすぐに上がるようになった。

　マネジャーの仕事は想像以上に忙しくなったが、早期の対応が可能になり、プロジェクトはほぼ計画通りに進む。いくつかの問題は生じたものの、「解決が不可能」と思われる状況にはならずに済んだ。

　こうしてプロジェクトは無事完了した。新人マネジャーとしては上々の出来である。

　C氏はすぐに、次のプロジェクトを任せられる。チームメンバーは前回のプロジェクトとほぼ同じである。マネジャーとしてのC氏の態度も変わらない。だがチームの雰囲気は前回とやや異なる。全体的に雰囲気が緩んでいるのだ。

　メンバーはC氏に対し、時にくだけた口調や態度を見せる。C氏の指示を守らずに、自分の考えで行動するケースも散見される。C氏はこうしたメンバーの態度に気づいているものの、風通しの良さを重視しているので、急に締め付けることはできない。

　リーダーシップやマネジメントの観点では、「誰でもいつでも何でも言える」ような関係性は両刃の剣となる。マネジャーの威厳がなくなり、収拾がつかないほどの混乱に陥る可能性がある。

　自立したメンバーぞろいのチームであれば、適度の緩さがあるほうが良い結果を出しやすい。自由な発想や自発的な行動が可能になり、成果物の質や量の向上につながるからだ。ただ、自立したメンバーぞろいになることはめったにない。すると緩さが甘えや怠けにつながり、良い結

果をもたらさなくなる。C氏の二つめのプロジェクトがどんな結果だったかは容易に想像できるだろう。

三者のいいところ取りが有効

いま紹介したのは、ジャイアン型、スネ夫型、のび太型マネジャーのネガティブな面に焦点を当てた例である。これだけだと「いずれも目指すべきモデルではない」と感じるかもしれない。

実際には、全てがダメなわけではない。ナイフが便利な道具にも危険な武器にもなるのと同様、同じ性格でも時と場合、環境によってプラスにもマイナスにも働く。

ジャイアン型の度が過ぎるとマイナス面が多いが、リーダーシップが必要な場面ではあえてジャイアン型の行動を取る必要が出てくる。スネ夫型で責任を下に押し付けるのは論外だが、ロジックを組み立てて説得力のある説明ができる能力はマネジャーに欠かせない。のび太型が目指す風通しの良さは、プロジェクト運営を円滑にするうえで大いに役立

図Ⅰ-12　ジャイアン型、スネ夫型、のび太型マネジメントを使い分ける

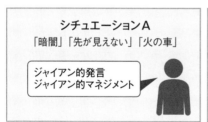
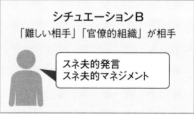
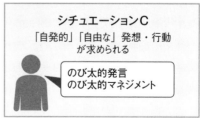

無理にキャラクターを装っても、かえってぎこちなくなるので、まずは心の中でキャラクターを心がけてみる

つ。状況に応じて三者のいいところ取りを目指していく。これがセオリーの二つめである。

「雨が降った」ことも「タイヤがパンクした」こともマネジャーの責任

あるIT企業の若手のD氏。いわゆる優等生タイプで、与えられた仕事はきっちりこなす。仕事ぶりが認められ、すぐに主任になる。マネジャーはそれを機に、「考える作業」を少しずつ任せるようになった。

D氏は成果物をきっちり出し続ける。2度3度のレビューは欠かせないにしても、多忙なマネジャーとしては大いに助かっている。

マネジャーが少し引っかかったのは、D氏の言い訳である。レビューでの指摘事項に対して逐一、「それはこういう意味でした」「こういう指示があったからです」「こう習ったことがあります」などと説明する。マネジャーには言い訳にしか聞こえない。

だが、マネジャーはその点を特に指摘はしなかった。D氏は人当たりの良いキャラクターの持ち主で、D氏の行動は「自分の意見や判断の根拠をしっかりと説明できる」と、どちらかというとポジティブに評価されているからだ。

「マネジャーマインド」には程遠い

しばらくして、マネジャーはD氏に2人の部下をつけて、小さなプロジェクトを任せることにした。D氏の管理や教育の能力は未知数だったが、面倒見は悪くない。部下を持つのは初めてであるだけに、指示の出し方から成果物の管理の仕方まで各所に甘さが見えるが、マネジャーの想定範囲内である。

プロジェクトが始まって1カ月ほどたったころには、「つきっきりで見ていたり、日報で管理したりしなくても、ある程度はD氏に任せられそうだ」と思っていた。その矢先に、ある問題が生じる。

　納期まで2週間を切る時期になって、部下の一人がインフルエンザにかかった。マネジャーとしては、それほど慌てる事態ではない。納期を守れなかった場合に事態を収束させるにはどうすればよいか、といった様々な対応策を即座に検討した。

　そのことはD氏に話さなかった。こうした緊急事態にD氏がどのように対応するかを見たかったからだ。

　今回もD氏は説明すなわち言い訳に終始する。「部下がインフルエンザにかかったのは私の責任ではない」「プロジェクトが遅延するのは不可抗力である」「すぐに代替要員を準備するのはマネジャーの仕事である」というものだ。

　一つひとつの言い分は間違っていない。問題は、視点や論点が全て「自分は間違っていない」「自分の対応に瑕疵はない」「自分に責任はない」という主張に終始しており、「ではこれからプロジェクトをどうしていくのか」という観点が全く抜け落ちていることにあった。

　マネジャーが「君が間違っていないという主張は分かった。で、これからどうするのか」と問いかけても、D氏から危機を脱出するためのアイデアは出てこない。事態を収束させるのはマネジャーの責任、という態度を取り続ける。

　期待はしているが、さらなる昇進を目指すにはまだ時間はかかりそうだ、とマネジャーは感じる。D氏はまだ「担当者マインド」のままで、「マネジャーマインド」には程遠かったのである。

マネジャーは結果が全て

　マネジャーは結果が全てだ。結果を出すまでのプロセスが全て正しくても、結果が出なければ評価されることはない。

「雨が降って電車が遅れた」「タイヤがパンクして、直すのに時間がかかった」——。自分ではなく部下がこう言ったのかもしれないし、不可抗力でどうしようもなかったのかもしれない。それでも、**これらによって結果が悪かったのであれば、責任はマネジャーが取らなければならない**。これがセオリーの三つめである。

こうしたマネジャーマインドは、どのプロジェクトでも求められる。まして、先が見えない暗闇プロジェクトでは必須と言える。うまくいかない原因を自分の外に求めた時点で、「暗闇」のマネジャーとしては失格である。

「電車が遅れて遅刻しました」などとマネジャーが言い訳するのは論外なのは言うまでもない。マネジャーである以上、電車の遅延に遭遇しても慌てないように、30分や1時間の余裕をもって出勤すべきだ。

常にこうした意識を持つことで初めて、10年間あるいは20年間、「顧客との打ち合わせでの遅刻ゼロ」を実現できる。

セオリー4 時に相手をだましてもいいが、だまされるな

だますな、だまされるな。これは日本の総合商社における古くからの教訓だという。商売を続けるうえで、人から信用されることは非常に重要である。一方で、信用されてもだまされているばかりでは商売が続かない、という意味だ。

ある雀士は学生時代、徹底的にイカサマの手法を学んだという。自分がだますためというより、相手がだましているかどうかを見破るためだ。

プロジェクトマネジメントではどうか。イカサマの例を四つ挙げてみよう。

イカサマ１ **ドキュメントを作ったふりをする**

あるプロジェクトでは、進捗度合いを以下のように数値化して把握している。

```
着手：10％
（自己判断での）半分完成：30％
作成完了：60％
内部レビュー：70％
外部レビュー：80％
最終修正完了：90％
定例会承認：100％
```

プロジェクトでは、成果物として30種類のドキュメントを作成する。一つのドキュメントの作成に10人日の工数を要すると仮定すると、合計して300人日の作業となる。進捗10％で30人日分の作業が完了したことになる。

ただ、プロジェクトの初期段階は様々な要因により、生産性がなかなか上がらないのが常だ。規定にまともに従うと、プロジェクトが開始したばかりなのに遅延報告ばかりになり、格好がつかない。

そこでマネジャーのＡ氏は、30種類のドキュメントの表紙だけを作成し、それをもって「着手完了すなわち進捗10％」と報告した。トータルで10分もかからない簡単な作業である。

イカサマ２ **「サマリー報告」で事実を丸めて伝える**

それなりに大規模のプロジェクトでは、500行、1000行にも及ぶ詳細なスケジュール管理表を作成し、それで進捗を管理することが多い。

顧客に説明する際には、このスケジュールのサマリー版を利用する。このサマリー報告を、都合の悪い事実を隠すための隠れ蓑として使うケースがある。

　あるプロジェクトで、10個のモジュールで構成するサブシステムを開発している。その中の重要なモジュールで問題が発生し、進捗率が30％にとどまっている。その他の九つのモジュールは開発が順調に進み、進捗率は90％に達する。10個のモジュールの平均進捗率は84％である。

　マネジャーのB氏はこの段階で顧客に対し、「サブシステムの進捗は84％で順調です」と報告した。イカサマのテクニックを知っている顧客であれば、個々のモジュールについて進捗率を確認し、その中の一つに問題が発生していることを知れば原因を問いただすだろう。

　だが、ベンダーに作業を丸投げするような顧客であれば、報告を素直に受け取るに違いない。多少疑問を持つことがあっても、ベンダーは適当な理由をつけて質問をかわすだろう。

　「遅延なし」との報告も同様である。全てのタスクで遅延が発生していない場合もあるだろうが、前倒しで進んでいる「簡単な作業」と遅れている「難しい作業」の平均を取って、「全体として遅延なし」としている可能性もある。

イカサマ3　メンバーの追加投入を約束

　プロジェクトの進捗が遅れ、顧客に呼びつけられたベンダーのC部長。「遅延の回復に向けて、精鋭メンバーを3人投入します」とその場で約束する。

　C部長は現場の詳細を把握して語ったわけではなく、その場しのぎの発言にすぎない。この言葉が通ってしまうのであれば、立派なイカサマだろう。

　同じ3人月の作業でも「3人×1カ月」の作業と「1人×3カ月」の作

業とでは、様相が大きく異なる。そもそも遅延を挽回する手段として、人海戦術は有効なのか。非常に専門的かつ属人的な領域がボトルネックになっており、100人が束になって支援しても解決できない可能性だってある。

「遅れているプロジェクトに人を投入するとさらに遅れる」というブルックスの法則は、今も健在である。ベンダーが進捗遅れへの対策としてメンバーの追加投入を提案してきたら、眉につばをつけるくらいの心持ちで聞くくらいでちょうどいい。

イカサマ4 「原因調査 ➡ 分析」という計画を示す

プロジェクトが遅延し、ベンダーのマネジャーD氏は顧客にリカバリー（復旧）計画を提示する。作業手順は以下のようになっている。

- 遅延の原因調査
- 分析
- 対策立案
- 実行

この計画もイカサマと言わざるを得ない。「遅延の再発防止策」であれば問題ないが、「遅延に対するリカバリー策」としている点に大きな問題がある。

遅延は既に生じているのであり、過去にさかのぼって原因を分析しても、現在の遅延を回復するための策は出てこない。プロジェクトが遅延した原因が「メンバーが急病にかかり、離脱した」ことにあるからといって、メンバーの健康増進策を打ち出しても遅れを取り戻せるわけではない。

本当にリカバリーにつながるかどうかは、計画の目次を見ればある程度分かるものだ。面倒くさがりのシステム担当者は、このことを百も承知で「原因調査→分析」という流れの計画を平気で出してくる。顧客からその点を指摘されると、恐縮しつつ「ばれたか」と裏で舌を出しているものだ。

いま紹介したイカサマのテクニックが全て悪いわけではない。実際、自分が使う必要があるケースもあるし、相手が使っていることをわざと見逃す場合もある。

言えるのは、これらのテクニックで**時にだましてもいいが、だまされてはならない**ということだ。これがセオリーの四つめである。

テクニックをいつ、どんな場面で使ったほうがいいかは状況に依存しており、簡単に場合分けはできない。ただ、使っていいか悪いかを判断できない場合は使ってはならないという点に注意が必要だ。

マネジメント研修には眉につばをつけて臨む

ピーターの法則をご存知だろうか。会社で実績を上げたり能力が認められたりすると昇進する。そこでも実績を上げると、さらに昇進する。そこでもさらに実績を上げると、より昇進していく。

やがて実績を上げられなくなり、「無能レベル」に達する。それ以上の昇進はなくなる。このようにして、組織の各階層は無能レベルの人だらけになるというものだ。

この法則はIT業界にも当てはまる。プログラマーとしては優秀だった人材が、部下を持つようになった途端に結果を出せなくなる。チームリーダーとしては優秀なのに、マネジャーになると力を発揮できない。こんな例は枚挙にいとまがない。

対応策として、多くの企業が実施しているのがマネジメント研修だ。役職が上がったときに無能レベルに陥らないよう、将来有望な人材に対してリーダー研修やマネジャー研修などを施す。

これらのマネジメント研修はある面では有用だが、「暗闇」を前提に考えると眉につばをつけて臨むべきだ。これが五つめのセオリーである。

効果は「共通言語」が身につく程度

「どのような効果を得られるか」という観点で研修を分類すると、以下のようになる。

- 現場での効果が上がる研修
- 「共通言語」は身につくが、現場での効果は小さい研修
- 「共通言語」が身につくだけの研修

現場での効果が上がる研修とは、再現性や予測可能性が担保された「人が絡まない領域」の研修を主に指す。典型例はプログラミング研修だ。個人差はあるにしても、まず間違いなく研修の効果が得られる。

これに対し、再現性や予測可能性が担保されない「人が絡む領域」の研修は、現場での効果を保証するのが難しい。「要求定義」「プロジェクトマネジメント」などのマネジメント研修は、その代表と言える。

プロジェクトマネジメントの領域はルール化や形式化、パターン化による効果が限定的である。「暗闇」では、むしろ弊害をもたらすケースが

第1章 「ダメに決まっている」が前提

図1-13 研修によって得られる効果は異なる

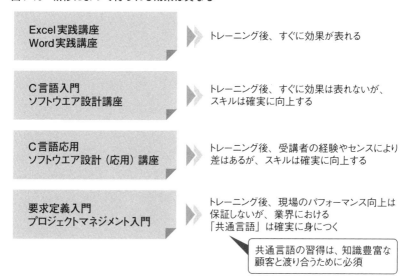

多々あるのは、ここまで見てきた通りだ。この分野のセミナーを担当した経験を持つ筆者も、効果を約束する難しさを実感している。

効果が得られたとしても、せいぜい「共通言語」の習得までだ。研修の卒業テストで10回連続満点を取ったとしても、実際に現場で結果を出せるレベルに達するのは困難だろう。

スキルの向上とパフォーマンスの向上は別物

暗闇プロジェクトでは「適材適所」という言葉が重要な意味を持つ。各人の自発的な行動が決定的な要素となるからだ。苦手な人間に苦手なことをさせておく余裕はない。経営学者のピーター・ドラッカー氏も

「強みだけに着目せよ」と言っている。

　G社のプロジェクトには、よく言えば個性派ぞろいのメンバーが集まっている。別のプロジェクトでは「問題児」とされていた人たちだ。

　いくら人が足りないとはいえ、通常は問題児ばかりのメンバー構成は避けるものである。しかし、G社の経営層は「当たればもうけもの」くらいに考えて、プロジェクトにゴーサインを出した。問題児ばかりではなく、前のプロジェクトが終わったばかりの優秀なメンバーも参画している。

　マネジャーを務めたP氏は考えたすえ、問題児たちの短所や欠点には目をつぶり、彼らの得意分野や興味がある分野に作業を集中させることにした。問題児とはいえ、いずれも厳しい中途入社の試験をパスしてきたメンバーばかりで、スキルは十分ある。個性と自己主張が強すぎて、これまでのプロジェクトではパフォーマンスを十分に発揮できていなかったのである。

　ここで普通のメンバーに出すような普通の指示を出しても、反発を食らうだけだ。そこでPマネジャーは問題児たちに対し、好きなように行動させることにした。

「普通のメンバー」にしわ寄せがいく

　結果は、Pマネジャーのもくろみ通りとなる。問題児たちは、他のプロジェクトではあり得ないほどのパフォーマンスを発揮する。

　問題は、他の普通のメンバーにしわ寄せがいくことだ。問題児たちが苦手としたり、興味がなかったりする作業は、本来は彼らが担当すべきなのに他のメンバーが代わりに担当せざるを得ない。「なぜ彼らだけ特別扱いするのか」「自己主張すれば通るということか」と、Pマネジャーは他のメンバーから突き上げをくらった。

　ここで問題児の特別扱いを止めると、彼らのパフォーマンスが低下するのは目に見えている。Pマネジャーは他のメンバーに対し、正直にマ

ネジメントの方針を伝え、「プロジェクトの成果の観点から考えてほしい」と訴えた。しかし、他のメンバーは理屈では理解できても、感情では納得していない。

Pマネジャーは解決策を見いだせず、最後までメンバーをなだめ続けることしかできない。問題児たちは特別扱いされているにもかかわらず、さらなる要求を突き付けてくる。幸い、プロジェクトはメンバー全員が爆発寸前のところで無事に終わった。

スキルを発揮できる環境を整備する

暗闇プロジェクトでは、**スキルが向上したからといって、作業のパフォーマンスが必ず上がるとは限らない。むしろ両者は別物と捉えるべきだ**。これがセオリーの六つめである。

プログラミングをはじめとするマニュアルや手法が存在する世界では、スキルが向上すれば、パフォーマンスがそのぶん向上することが多

図1-14　スキルがパフォーマンスにつながる環境が大切

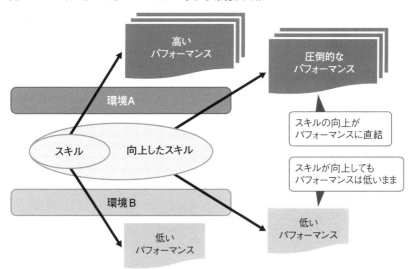

い。この場合は「スキルを磨いて、結果を出せるようにせよ」という指示は間違っていない。

　実際、「組織のパフォーマンスが上がらないのは、メンバーのスキルが不足しているからだ」と考えるマネジャーもいる。問題の原因は自分以外にあると思い込んでいるからかもしれない。

　メンバー各人のスキルは確かに大切だ。だが、組織のパフォーマンスを上げたいのであれば、「それぞれがスキルを発揮できる環境をいかに整備するか」を考慮しなければならない。それまでなかなか結果を出せなかった人が、チームや顧客、プロジェクトが変わっただけで大活躍する例もある。

　問題児と言われる人材であっても、個々のスキルを発揮できる環境を整えてあげればパフォーマンスを出せることをＧ社の事例は示している。そうした環境を整備することもマネジャーの大きな役割である。

第2章
意思決定の99％は理屈でなく「感情」
~ヒアリング/要求定義のポイント

2.1 最初が肝心、現場ヒアリングの心得

どんなシステム構築プロジェクトでも、成否のカギを握るのが要求（要件）定義だ。先が見えない暗闇プロジェクトでは、特に難易度が高い。現場における要求ヒアリングの心得に焦点を当てて、うまく進めるためのセオリーを紹介しよう。

「ヒアリングの相手が分からない」前提で始める

　要求定義はシステム企画を具現化するための最初のステップであり、システム開発プロジェクトの基本である。中でも要件のヒアリングは非常に重要な作業の一つだ。この作業が不十分だとシステムの品質に大きな問題が生じ、プロジェクトの最後の最後まで尾を引くことになる。
　暗闇プロジェクトでは、「そもそも誰に何をヒアリングすればよいのかすら分からない」ところからスタートせざるを得ないケースがある。情報システム子会社A社はこの問題に直面した。

「トップが勝手におたくを入れたんだ」
　A社は親会社からの圧力もあり、外販志向を強めている。親会社はそれなりの規模であり、親会社向けとはいえ規模の大きなプロジェクトの経験を通じてノウハウや知識を蓄積している。こうした知見を、外部の顧客に対するコンサルティングや開発に生かすことを狙った。
　このタイミングで、B社向けプロジェクトの話が持ち上がる。A社の

トップが個人的な人脈を駆使して取ってきた案件である。B社はA社の親会社との資本関係はなく、A社にとって初の外向けの仕事となる。

A社の担当者は、これまで名乗ったことがないコンサルタントという肩書きでB社を訪問する。ところがB社の現場には「外部からコンサルタントが来る」という情報がほとんど伝わっていない。不快な表情で「何しに来たの？」と尋ねるマネジャーもいる。現場からは「あの話、本当だったのか」といった声も聞こえてくる。

B社によくよく事情を聞いてみると、「現場は困っていないのに、うちのトップが勝手におたくを入れたんだ」とのこと。A社とB社のトップ会談で合意したものの、部長・課長レベルでも何も知らないという典型的なパターンである。

A社の担当者は不安を抱えたまま自社に戻り、詳細を確認した。B社のトップが依頼したのは「プロジェクトを成功に導いてほしい」というざっくりとした内容で、「おたくのノウハウをうちの馬鹿マネジャーに教えてやってくれ」とまで言ったそうだ。A社のトップは詳細を詰めることなく「おお、任せておけ」と大見得を切ったという。

「プロジェクトを成功に導く」という大雑把なミッションと、マネジャーによる、あからさまな邪魔者扱い。どこから手を付けてよいのか、誰にアプローチしてよいのかも分からない。A社の担当者は途方に暮れている。

顧客の「窓口」は必ず見つかる

この例のように、プロジェクトでまず誰にアプローチすればよいかさえも分からないというケースは珍しくない。体制図があったとしても、適切なヒアリングがすぐに見つかるとは限らない。**「ヒアリングの相手が分からない」前提で始める**、というのが一つめのセオリーだ。

ソフトウエア開発の教科書では、開発のライフサイクルを「基本設計（論理設計）→詳細設計（物理設計）」といった具合にきれいにフェーズ

分けしている。だが、実際の開発現場ではフェーズの区切りは厳密でない。納品物による区切りは契約上、明確だったとしても、双方を行ったり来たりしながら進めるのが実態である。

基本設計という「幹」を構築する際に、後戻りのリスクを軽減するためには、ある程度詳細設計まで踏み込んだ手探りの作業がどうしても必要になる。まして、要求定義のようなプロジェクトの「超上流」工程では手探りの作業がより重要になる。どこに地雷が埋め込まれているのかが分からないからだ。

キーパーソンを押さえるのは非常に重要だが、提示された体制図を鵜呑みにするのは危険である。体制図には存在しない「主(ぬし)」が隠れているかもしれないからだ。

その逆も言える。最初に客先のマネジャーから「何しに来たの？」などと邪険に扱われたからといって、落ち込むのは早すぎる。客先も一枚岩ではなく、探せばどこかに解決の糸口があると考えるべきだろう。

A社の担当者は何とかB社との打ち合わせを設定しようと苦労してい

図2-1　誰にヒアリングするのかすら分からない前提で始める

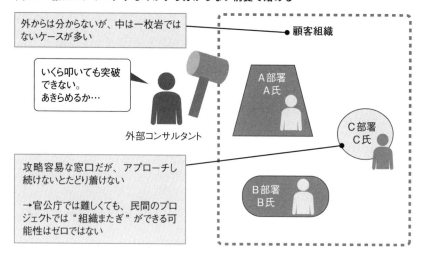

た。そうしているうちに、話を聞きつけたB社の別のプロジェクトを担当するマネジャーから「こちらのプロジェクトを支援してくれないか」との申し出がある。

再度A社のトップからB社トップに相談すると、もともと大雑把なトップ会談で決まった案件であり、「じゃあ、そっちを頼むわ」と二つ返事でOK。A社にとって、最初のコンサルティング案件となった。

暗闇プロジェクトを引っ張る立場に置かれた人は、これを「結果オーライの事例」と捉えないでほしい。今回のような申し出がなかったとしても、別の形で結果が出たはずである。もちろん、相手からの申し出を待つだけでなく、誰が主なのかを探し出す努力が欠かせない。

ヒアリングの際に「なぜ」は禁句

問題を引き起こした要因の探求を繰り返す、トヨタ生産方式の「なぜなぜ5回」ではないが、要求定義のヒアリングで「なぜ」という単語は最もよく使われる疑問詞の一つだろう。だが、**ヒアリングの際に「なぜ」という言葉は禁句だ**。これがセオリーの二つめである。

「なぜその資料を作成するのですか」

E社のシステム開発プロジェクトで、要求定義の担当者が「なぜこの資料を作成するのですか」とユーザーに質問する。担当者は現場のニーズや課題を把握するため、いつものように尋ねたつもりだ。

返ってきた回答は「F部門から作成指示が来たからです」。担当者の頭の中は一瞬白くなったが、すぐに相手の返答の意味を理解した。「いや、そうではなく」という言葉を飲み込み、再度こう聞き返す。「この

資料は、どのような目的で作成するのですか」

担当者が知りたかったのは「誰のために」「どのような目的で」「どのような価値を生み出すために」その資料を作成する必要があるのか、である。ところが「なぜ」と尋ねたところ、相手が答えたのは「目的」ではなく、その作業が生じた「原因」だった。

「何のために現場でヒアリングをするのか」を理解している担当者であれば、今の例のように適切に再質問をできるだろう。しかし、マニュアルに沿うだけの即席インタビュアーや、やらされ仕事のアルバイトなどの場合、相手の回答を機械的に記録して終わりになってしまうおそれがある。

「問題」「課題」は状況により意味が異なる

この例で、ヒアリングの際に「なぜ」が禁句である理由はお分かりだろう。「目的」ではなく「原因」が返ってくる場合があるだけでなく、「問題」「課題」といった言葉に複数の意味があるために、欲しい答えが返ってこないケースが多いのである。

日本語では同じ「問題」という単語を使っていても、状況によって意味合いが異なる。書籍『問題解決の全体観』（中川邦夫著）では、問題解決の五つのタイプを紹介している。

- Trouble（トラブル）対応型
- Problem（問題）解決型
- Potential Risk（潜在リスク）回避型
- Improvement Opportunity（改善機会）追求型
- Theme（テーマ）回答型

この「Trouble」「Problem」などが「問題」に該当し、それぞれ対応のための現場のアクションが異なる。「課題」についても、辞書で調べてみると「subject」「problem」「theme」「task」「homework」「exercises」といった単語が並ぶ。
　プロジェクトの現場では「問題」「課題」という言葉が乱れ飛んでいる。「何となく言っていることが違うな」「こちらの言っていることが本当に通じているのか」などと感じるのであれば、一度英訳して再度適切な日本語に変換し、確認してみることをお勧めする。
　意見が異なる原因が、単なる言葉の定義や意味の取り違えであるケースは少なくない。言葉の意味を共有せず、互いに誤解したまま激論に発展してしまうこともよくあるのだ。

矛盾している回答を「歓迎」する

　ユーザー（仕様ホルダー）からシステムに対する要求を計画通りに取得・整理できている。とても望ましい状況のように思えるが、暗闇プロジェクトではリスクの兆候と捉えるべきである。「暗闇」に挑戦しているのではなく、頭の中にでき上がっているテンプレート（ひな型）を現場に当てはめている可能性が高いからだ。
　暗闇プロジェクトではゴールが見えていたとしても、そこに至るまでのルートを暗中模索で探っていかなければならない。その過程で、メンバーの勘違いや間違い、考えの変化があって当然である。
　様々なユーザーから矛盾した意見が出るのはもちろん、同一人物からも矛盾だらけ、あるいは前言撤回の要望が出る場合もある。「暗闇」では**矛盾した意見を含めて歓迎すべき**、というのがセオリーの三つめだ。

図2-2 矛盾している回答はうまくいっている証拠

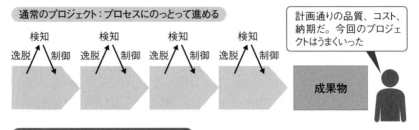

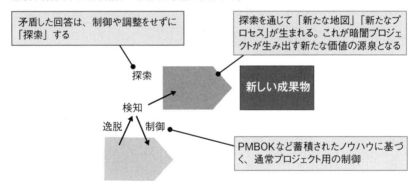

それが難しいプロジェクトを進めている証しとみなせるからである。

それを示すのが、金融業界の中堅3社の合併に伴う営業支援システムの刷新プロジェクトだ。

「前と言っていることが違うじゃないか」

プロジェクトは始まる前から「難しいだろう」と予測できた。基幹系は3社のシステムをそれぞれ継続して利用するが、営業の業務プロセスや支援システムは3社で統合して一新する方針に決まる。

営業支援システムは外回りの営業や販促担当者に携帯型パソコン（PC）を配布し、顧客に対してその場で見栄えのするプレゼンを見せる、

資料を印刷する、ほぼリアルタイムで上司の意思決定を確認する、といった作業を可能にする。今ならタブレットなどを使うのだろうが、その当時としては先進的な機能であり、野心的なプロジェクトだった。

問題は、営業のスタイルが担当者により大きく異なることだ。システムを統合しても、そのスタイルが変わるわけではない。同じ職種で同じ目的の仕事を担当していても、新システムの機能に対する要望は人によって異なる。

同じ画面に対してある担当者は「使い勝手がいいね」と言い、別の担当者は「どうも使いにくいね」と言う。その画面を表示するまでのクリック数やポータル画面のアイコン数、「戻るボタン」の位置、どこまでデザインを統一するか、についても意見が分かれる。同じ人がかなりの確率で前回と違うことを言うので、要求定義の担当者は戸惑った。

レビューの段階で営業部門の上層部が関わるようになると、話の矛盾や巻き戻しがより目立つようになる。「言っていることが前と違うじゃないか」。担当者はこの言葉が喉まで出かかり、飲み込む日々を送る。

「何をやろうとしているのか」を共有できていない

暗闇プロジェクトでは、こうした矛盾した意見が出てくる状況は歓迎すべきものだ。この事例の問題点は、プロジェクトに関与しているメンバーが「暗闇プロジェクトに挑戦している」という認識を共有していないことにある。この状況では、上司は「スケジュールが遅れている」とマネジャーにプレッシャーをかけ、マネジャーは同じプレッシャーを担当者にかける。真面目な担当者は結果的に胃を病む、という不幸な構図ができ上がってしまう。

これまでになかったものを創り出そうとするのであれば当然、イメージの共有は容易でない。見本や参考になる前例があれば議論のポイントを絞りやすくなるが、新しいアイデアは自分の頭の中にしかない。皆が自分のイメージを基に議論しようとするので、議論はどうしても発散し

がちになる。

　今回のプロジェクトでは、営業現場の担当者に高機能の端末を配布して「そもそも何をやろうとしているのか」のイメージを共有できていなかった。

　この状態でコンサルタントに作業を依頼したらどうなるか。「そもそもの目的」を錦の御旗として、矛盾だらけの要求を強引に整理し、「これがお望みのシステムです」と自信満々にプレゼンテーションするかもしれない。しかしそれでは、暗闇プロジェクトが生み出す価値や可能性を自ら捨ててしまうことになる。

　このプロジェクトでは結局、コンサルタントに依頼しなかった。半年の稼働延期を余儀なく強いられたが、賢明な判断だったと言えよう。相互に矛盾した現場の要望を基に、第2期開発で「既存機能の改善」という明確なタスクとして計画に組み込むことにした。当初の予定にはなかった新たな価値を追加する貴重なネタとなったのである。

　今までになかったコンセプトを実現しようとするプロジェクトにおいて、矛盾は歓迎すべきものだ。そのうえで、矛盾の理由や背景に着目したい。それが正当な理由か、人間関係に起因するのか、保身のためか、といった情報は重要である。矛盾を排したり、論理的に整理したりする前に、人間の感情を含めて分析することが大切になる。

専門的なことは現場の素人に聞く

　世に専門家は多いが、その人が本当に専門的なことを分かっているかというと、大いに疑問である。専門家のほとんどは既に現場の人ではないからだ。**専門的なことは現場の素人に聞く**、というのが四つめのセオ

リーである。

コンサルからは「よく分からない紙」が出てくるのみ

　C社の威信をかけた、メインフレームからオープンシステムへの大規模システム刷新プロジェクト。体制は万全である。アーキテクチャー、アプリケーション、インフラのグループに分割し、一つのグループは統括マネジャーからチームマネジャー、チームリーダー、サブリーダーで構成。グループのトップから現場の担当者まで7階層の組織体制を作った。

　絶対に失敗が許されないプロジェクトだけに、トップ（統括責任者）を務めるD氏は自社のシステム部門に対してやや不安を抱いている。これまでの様々なプロジェクトの経緯・結果から、その不安にはそれなりの根拠がある。

　そこでD氏は、分野ごとに専門のコンサルタントを呼び、彼ら彼女らをアドバイザーとしてプロジェクト体制の中に配置することに決める。経営コンサルタント、ITコンサルタントなど「専門的知見」を持つその道の専門家がプロジェクト体制に組み込まれた。

　D氏のやり方に対し、既存のメンバーは不満を抱く。特にシステム部門の不満が大きい。コンサルタントがシステム部門のお目付け役として配置されたからだ。「自分たちの実力に不安があるというのか」との声がプロジェクトの当初から出ていた。

　ところが高い金で雇われたコンサルタントからは「よく分からない紙」が出てくるだけで、具体的な結果が出ないまま半年が過ぎる。「内部からは見えない点について、外部の視点で助言やアドバイスをもらう」意図だったが、コンサルタントは一般論の世界でしか語れなかったのだ。システム部門の現場は「何も知らないのに何を言っているんだ」としか捉えなかった。

現場の問題やリスクが分かるのは「現場のIT素人」

　D氏の気持ちはよく分かる。自社の失敗を多数見てきたトップとして、外部の専門家を体制に組み込まないと安心できなかったのだ。

　しかし有能な専門家（コンサルタント）だからといって、現場で目に見える結果を出せるとは限らない。結果を重視するのであれば、専門的なことを専門家に聞くのは禁物だ。ITなど全く無縁の現場の素人にこそ解決のカギがある。大組織で自社にそれなりのスキルを持った要員を抱えている場合は、特にこのことが言える。

　現場で発生した問題に最も詳しいのは現場の人間である。現場のリスクを最も正しく評価できるのも現場の人間だ。「偉い人（上層部）」は何かと専門家にアドバイスを求めがちだが、ここでの役割は小さい。「うちのメンバーは本当に何も分かっていない」と言う上司ほど、メンバーに「上司は何も分かっていない」と言われるものだ。

「知っている人」ではなく「やっている人」に聞く

　C社はどうしたのか。戦略を変えたのは支援に入ったコンサルティング会社E社のほうだ。

　自社のコンサルタントが価値を出せないという状況を懸念したE社は、問題を把握したあと、派遣するメンバーを「頭脳派の熟練コンサルタント」から「体力のある若手コンサルタント」に切り替える。高みの立場からもっともらしいことをアドバイスするのでなく、現場に張り付いて個々の課題を抽出・解決していく作業を中心に据えたのである。

　若手コンサルタントに対し、上司は「知っている人」ではなく「やっている人」に聞くよう指示を出す。若手はその通りに動いた。

　C社のトップを務めるD氏からは当初、「現場に行く必要はない。どうせ聞いても何も出てこない」と言われていた。だが現場へヒアリングに赴いたところ、「彼らは知らない」と言う本人こそ、何も現場を分かっていないことが分かった。

2.2 「数字」に振り回されない調査結果の整理・分析術

プロジェクトマネジメントでは、定量データに基づく管理が重要になる――。教科書の多くは、このように説明している。だが暗闇プロジェクトでは、こうしたデータにこだわりすぎると、かえって足を引っ張られる。「数字」に振り回されずに、現場での調査結果を整理・分析するためのセオリーを紹介する。

「客観的なデータ」は幻想

　顧客管理用パッケージソフトウエアの導入を決めたA社。パッケージをカスタマイズ（追加開発）せずに導入すれば安く済むことは自覚していたものの、結果的に「カスタマイズで柔軟に対応できる」点をアピールしたB社の製品を選んだ。A社の上層部が顧客接点の品質を重視し、コンペティションの際は「多少金がかかっても、サービス品質を大事にする」との方針で臨んだからだ。

「こういう優先順位で要望した覚えはない」
　要求定義の段階で、B社はA社の現場に対してヒアリングを実施し、A社のマネジャーは報告を定期的に受けていた。マネジャーはB社の報告を見て、自分が感じる現場の印象や意見と若干ずれていると感じる。特に、以前から現場が要望していた機能が「要望一覧」に入っていない点に違和感を覚えている。

こう伝えたマネジャーに対し、B社の担当者は自信満々でヒアリング結果のデータを提示する。そこには機能ごとに「90％」「40％」などとある。各機能を現場の何％が望んでいるのかを示す数値だという。
　マネジャーが重要だと考えている機能は「5％」で、「開発対象外」とのコメントが記されている。B社の担当者は「これが現場の本当の声です」と主張する。
　納得のいかないマネジャーが議事録を確認したところ、データを裏付ける記述しか出てこない。そこで現場に自ら赴き、B社がヒアリングしたユーザーに直接話を聞くことにした。
　B社が提示したデータの資料を現場の担当者に見せたところ、皆一様に驚く。「こんな機能を、こういう優先順位で要望した覚えはない」というのだ。マネジャーが「でも、議事録で〇〇さんはこう答えていますよ」と聞くと、「そんなはずはない」「そういうつもりで言ったわけではない」とのこと。
　意図的な質問の仕方によって、B社に有利な数値が得られるよう誘導されたに違いない。マネジャーはこう確信する。

「客観的なデータ」は恣意的に作れる

　B社は、A社の現場に対するヒアリング結果を「客観的なデータ」として提示した。このような**客観的なデータは幻想である**場合が多い点に注意が必要だ。これがセオリーの一つめである。
　要件ヒアリングの際に、どのように質問するかによって現場の回答は大きく異なる。「〜という機能があれば便利ですか」と質問すると、多くの場合は「あれば便利ですね」と答える。「〜という機能には××という懸念がありますが、どう思いますか」と聞けば、「うーん、それは良くないな」となる。「××という懸念がありますが、〜という機能は必要ですか」と聞けば、「ちょっと要らないかも」となる。これらの答えは客観的なデータとして処理される。

図2-3 「客観的なデータ」は幻想

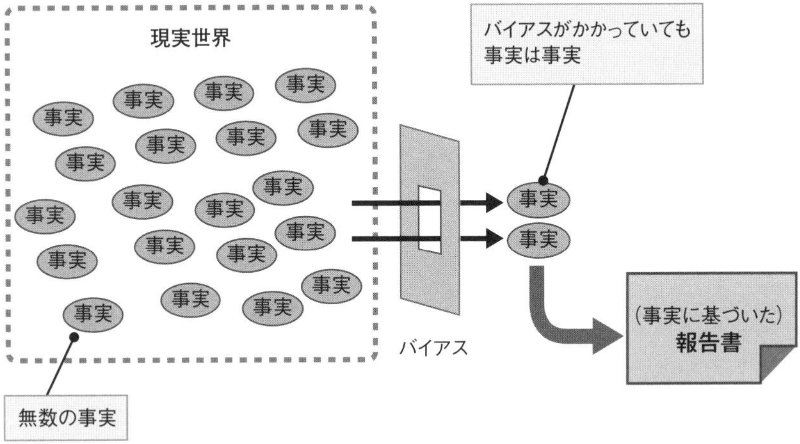

 実際のところ、ヒアリングのテクニックによって客観的なデータは恣意的に作れるものだ。特にアンケートやインタビューを「事実」を知るためだけでなく、何らかの「裏付け」を取るために実施する場合は、その意図に沿うよう質問の仕方を変えるのは珍しくない。
 行動や調査の結果、得られた情報や知識は確かに事実ではある。ただ、それは全体の10分の1の事実、あるいはバイアス（偏り）がかかった事実かもしれない。この点に留意する必要がある。

「意図的な質問などするわけがない」

 B社のヒアリング結果は、恣意的な質問によって得られたものだ。B社はモノ売りを重視しており、余計なカスタマイズ作業を望んでいない。このため、自社パッケージが備える機能は「要望されている」、カスタマイズが必要な機能は「要望されていない」という結果が出るようインタビューを実施していた。
 A社のマネジャーがB社の担当者を問い詰めたところ、「意図的な質問などするはずがありません」の一点張り。それでも再度現場ヒアリン

グを要求したところ、「追加料金が発生しますが、いいですか」と答える。怒り心頭に達したマネジャーは「ICレコーダーによる録音のエビデンス（事実データに基づく根拠）付き」を条件に、再ヒアリングを求める。B社は渋々、この要求に同意した。

再ヒアリングの最初の数回では、マネジャーはシステム部門の若手をB社に同行させた。再ヒアリングの結果が、最初のヒアリングとは全く違っていたのは言うまでもない。

B社のような恣意的な質問は論外だが、ヒアリングの結果は質問の仕方やインタビュアーの雰囲気、印象、性別、年齢など様々な要素に左右される。ある程度はインタビュアーとの相互作用で「創造」されるものと捉えたほうがよい。さらにその結果を分析者がどう解釈するのかによっても、結論は変わる。

元のソース（根拠）が現場にあるからといって、それが客観的なデータであるとは必ずしも言い切れないことがお分かりいただけるだろう。

無価値な定量データが、価値ある定性データを駆逐する

コンピュータで分析した結果を参考にして、重要な意思決定を下す。その1年後、会社の業績は前年より20％向上した――。はたしてこの成果は、システムの導入効果だと言えるのだろうか。

システムだけでなく、会社としての他の取り組みや従業員の努力、経済状況や競合他社といった外部環境の変化なども寄与している可能性がある。それぞれがどのくらい業績向上に寄与しているかを把握するのは容易でない。本当に因果関係が存在しているのかさえも分からないものだ。

それでも経営層は「定量的なデータ」を求めがちである。複雑な要素

が絡み合う現実において、（人間が理解できる）数字で表現可能な領域はごく一部にすぎない。それが分かっていても、数字を示すと妙に説得力が生まれてくる。

　それが「こじつけ」の数字であっても、数字の説得力のほうが勝る。時に価値ある定性データを駆逐する。この点を押さえておくというのが、二つめのセオリーだ。

図2-4　無価値な定量データが、価値ある定性データを駆逐する

機能	アクセス数／日
A機能	198
B機能	172
C機能	93
D機能	90
E機能	73
…	…
…	…

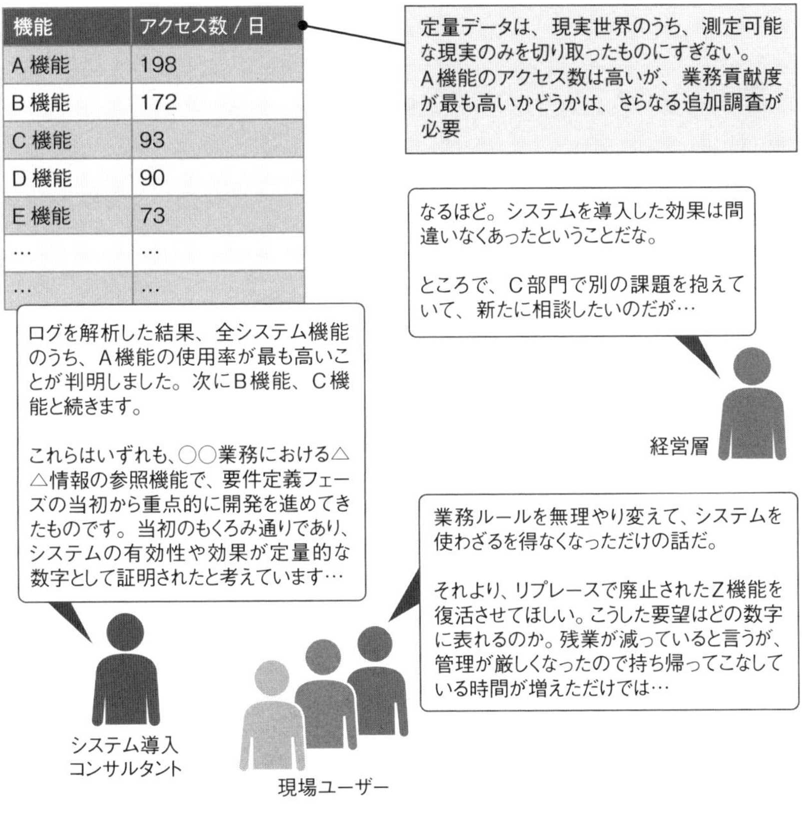

定量データは、現実世界のうち、測定可能な現実のみを切り取ったものにすぎない。
A機能のアクセス数は高いが、業務貢献度が最も高いかどうかは、さらなる追加調査が必要

ログを解析した結果、全システム機能のうち、A機能の使用率が最も高いことが判明しました。次にB機能、C機能と続きます。

これらはいずれも、○○業務における△△情報の参照機能で、要件定義フェーズの当初から重点的に開発を進めてきたものです。当初のもくろみ通りであり、システムの有効性や効果が定量的な数字として証明されたと考えています…

なるほど。システムを導入した効果は間違いなくあったということだな。

ところで、C部門で別の課題を抱えていて、新たに相談したいのだが…

業務ルールを無理やり変えて、システムを使わざるを得なくなっただけの話だ。

それより、リプレースで廃止されたZ機能を復活させてほしい。こうした要望はどの数字に表れるのか。残業が減っていると言うが、管理が厳しくなったので持ち帰ってこなしている時間が増えただけでは…

システム導入
コンサルタント

現場ユーザー

経営層

「追加機能が必要なら、定量データを示せ」

　要求仕様書や設計書にはない機能を作ってほしいと、現場のユーザーが直接ベンダーのプログラマーにお願いし、内緒で作ってもらう。今では考えられないが、かつてはこんなケースが見られた。

　このようなプログラマーの行動は当然、ベンダー内では問題視される。しかしプログラマーは「顧客に本当に役立つなら」と、快く引き受けていた。当時はユーザーとプログラマーが直接自由に会話できる環境が珍しくなかったことも一因だろう。

　C社のグループウエアシステムには、こうした「設計書にない」機能が組み込まれている。個人の予定を登録する、リマインダーを設定する、予定を相互に参照し合えるようにする、といった簡単な機能だ。どの機能も使い勝手がよく、現場に欠かせないものとなっている。管理者などによる仕様レビューを経ずに、ユーザーが直接要望して実現した機能なので当然だろう。

　問題が生じたのは、システムをリプレース（交換）するときだ。こうした存在しないはずの機能をどう扱うかが議論になった。現場は「正式にシステムの仕様に盛り込んでほしい」と要望を出したが、上層部から待ったがかかる。機能を追加すると、そのぶんコストがかかる点を問題視したのだ。

　だが、それらは片手間で作ってもらった機能であり、大きな金額になるとは思えない。C社の上層部は、自分の目の届かないところで勝手に機能を追加していたことを快く思っていなかったふしがある。

　ユーザーは上層部に対し、「システムには使わない機能がたくさんあるのに、本当に必要な機能がない。機能追加を認めてほしい」と主張する。上層部はこれに対し、機能追加が必要であることを裏付ける定量データを示すよう要求した。「投資対効果が見えないと判断できない」というのが理由である。

　ユーザーは定量データを示すことができない。これらの機能が現場の

負荷軽減に寄与しているという実感はあったが、それを示す数字がなかった。「この機能がなければ、業務の負担がどのくらい増えるか」を試算しようと頑張るユーザーもいたが、上層部は「推測にすぎない」とそっけない反応を示す。

　システムが備える既存の機能についてはログイン回数などを記録しており、C社の上層部は「これが定量的な効果を表す」と説明する。明らかにシステムの導入効果を示す数字ではないが、現場のユーザーが突っ込みを入れることはない。この数字に実質的な意味がないことを上層部は百も承知だったが、定量データというだけで「効く」ので、あえて使っていた。

「ウロコの数」で魚の真実は伝わらない

　C社のユーザーは結局、経営陣を説得できなかった。新システム構築時にユーザーの声をカスタマイズ要件の候補として挙げたものの、ベンダーに却下される。

　現場は何とかカスタマイズで対応してもらおうとしたが、上司の賛同を得られない。数字がなければ経営層に説明できないと考えたからだ。

　C社の例が示しているのは、IT投資効果の定量的な測定は非常に難しいにもかかわらず、上層部は定量データを重視するという問題だ。魚の真実を伝えるために、「ウロコの数」という定量データは役に立たない。桜の真実を伝えるために「花びらの数」が役立たないのも同じだ。

　この状況で定量データと、どう向き合うべきか。関連した次のセオリーを見てみよう。

無理矢理にでも定量データを作る

　IT投資効果の定量的な測定を難しいとばかり言ってはいられない。無理して作った数字だとしても、ないよりはましという場合もある。前のセオリーで示したC社のようなケースだ。
　無理矢理にでも定量データを作るというのが、三つめのセオリーである。そのための定量化のテクニックを覚えておいて損はない。定量化の基本は「分解・細分化」、「割合の決定」、最後に「ロジック（論理）の創造」である。

「意思決定による効果」も定量化できる

　手間や負担が少しでも減ったという実感がある。またはシステムの導入で時間短縮が期待できる。こうした場合は、ユーザーの時間単価を基に、効果を金額に換算できる。従業員のスキルの向上度合いなども、顧客対応時間がどれだけ短縮したかなどから容易に定量化できる。
　顧客満足度はどのように定量化すればよいか。ユーザーが多い場合は、アンケートが有用だ。5段階評価で「満足」「やや満足」にチェックしたユーザーの割合から、満足度を定量化できる。
　チームの雰囲気の定量化も可能だ。単位時間当たりに飛び交うネガティブな発言の数をカウントすればよい。もちろん、最初にネガティブ発言の例を定義しておく必要がある。
　セオリー2で測定するのが困難であるとした、意思決定による効果はどうか。ここは多少のこじつけを覚悟する。意思決定に使った客観的な要素（情報）を抽出し、その割合を決める。恣意的に決めてもかまわない。ロジックさえ整っていれば、変数として扱えばよい。
　目的とする効果が「売上高」であれば、意思決定から売上計上までの

一連のプロセス（バリューチェーン）における主要な変数を抽出し、意思決定の占める割合を決める。そうすれば、意思決定の金額換算が可能になる。

意思決定を売上につながる要素ではなく「前提条件」として扱うのであれば、意思決定のために使った情報を「システムを活用せずに」取得する場合の工数を計算すればよい。このやり方は売上高だけでなく、コンペの勝率や離職率といった効果の測定にも使えるはずだ。

データの定量化は「必要悪」

データを定量化するテクニックは様々あるが、現場は基本的に定性的な評価にこだわるべきだ。定量化が困難であるというのは、その仕事の模倣や代替が難しく、価値があることを意味する。定量化が簡単なのは、いつでも誰かに取って代わられる仕事である。

意味のある現場の業務や、深いレベルのコミュニケーションといったものほど効果の定量化が難しくなる。それを無理やり定量化しようとすると、うさん臭いロジックをこじつける必要が生じ、常識人の「良心」に耐えられなくなる。定量化を求められた経験のある人であれば理解できることだろう。

上層部も、定量化の難しさやばかばかしさを承知のうえで要求している可能性がある。データの定量化は「必要悪」と割り切る姿勢が必要だ。

パターンが見えた、と思ったら危険

要求定義の特に初期フェーズで、「きっと何らかのパターンや法則が見いだせるはず」と考えてはならない。暗闇プロジェクトでは、**パター**

ンが見えた、と思ったら危険だと捉えるべきだ。これがセオリーの四つめである。

ヒアリング結果の分析が整然としすぎる

　ある要求定義プロジェクトで、若手のD氏が現場のヒアリング調査と整理・分析を一任された。リーダーとしての初仕事だったせいか、非常に高いモチベーションで作業を進めているように見える。

　1カ月後の中間レビュー。D氏はヒアリングの結果と整理・分析結果を自信満々で説明する。ところが話が進むにつれて、マネジャーの表情は次第に曇っていく。説明した内容があまりにきれいで、整然としすぎていたからである。

　ユーザー（仕様ホルダー）に対するヒアリングの結果から何らかの意味あるメッセージを見いだすのは、そう簡単ではない。大抵の場合は意見があちこちに発散して、きれいな結論を出すのが難しいものだ。まして先が見えない暗闇プロジェクトでは、熟練者であっても分析はたやすくない。

　はたして、D氏が説明した分析結果をこのまま信じていいものだろうか。それとも自分が現場に再確認しにいく必要があるのか。D氏を質問攻めにして再訪問させることもできるが、先入観だけで無茶な指示は出したくない。マネジャーは判断に迷った。

「意外な出来事」に遭遇すると一般化しがち

　原因や理由、法則性を探究したい。こうした「法則化への願望」は人間の本能とも言えるものだ。しかし、暗闇プロジェクトでの要求定義の現場では、こうした人間の本能に意識的に逆らう必要がある。

　人間が深く関わる事象を分析して、きれいなパターンに落ち着くケースはめったにない。ヒアリング結果がうまく収束せず、メッセージを出すどころか結果を整理することさえも苦労するのが普通だ。大分類しよ

うとすると、はみ出す意見が多すぎる。詳細に分類する段階になると、個別の事象が多すぎて整理できない。

その一方で、自分の記憶や経験にない「意外な出来事」に遭遇すると、その出来事をその場の状況や環境と結びつけて一般化する傾向がある。最初に「これだ！」と思い込むと、その後もバイアスがあるまま現実を評価してしまう。

すると、本当は何も関係がない事柄の間に、何らかの関係を見いだしがちになる。「〇〇したからこうなった」「こうなったのは〇〇が原因だ」といった具合だ。本当に因果関係があるかどうかは怪しい。マネジャーがD氏の説明に疑問を持ったのは当然である。

「解が見えてきた」と思ったら、即座に警告ランプを灯すべし。それは落とし穴である可能性が高い。現実は一つのパターンには落ち着かない、という点を肝に銘じる必要がある。

「最初に気づいたパターンを『解』と思い込んでいないか？」

マネジャーはD氏を呼んで、こう話した。「君の分析結果が間違っているとは言わない。ただ経験上、こんなにきれいに一つのパターンに落ち着くということはまずあり得ない。最初に気づいたパターンを『解』と思い込んで、次からはそのパターンに合うような答えばかりを集めていないか？」

D氏はマネジャーの言葉に、「そんなことはありません」と反発する。熟考して答えたわけではなく、反応しただけにも見える。

マネジャーはD氏に疑問だけを伝え、あとは「念のため」と付け加えて、整理した結果や分析結果を見直すよう指示した。ここからは要員教育のOJT（オン・ザ・ジョブ・トレーニング）の世界である。

2.3 要求仕様を創作し、合意に持ち込むテクニック

先が見えない暗闇プロジェクトでは、要求（要件）定義の際に要求仕様を創作し、合意に持ち込まなくてはいけない。そうすることで、予期せぬ危機に対して事前に手を打っていける。要求仕様に関するセオリーを紹介する。

予期せぬ危機に事前に手を打つ

どれだけプロジェクトマネジメントを入念に進めても、危機は避けられない。しかもいつ、どんな危機が起こるかを事前に予測するのは不可能だ。

それでも、こうした**予期せぬ危機に対して事前に手を打つ**ことは可能だ。それがセオリーの一つめである。

スコープマネジメントを入念に進めたものの…

入社1年目の新人プログラマーD氏。「仕様をいかに制御するか」がプロジェクトの肝であることはすぐに理解できた。D氏が参加したプロジェクトのマネジャーが反面教師となっているのだ。

進捗が危うい状況であるにもかかわらず、そのマネジャーはユーザーに押されて追加要求を受け入れている。「次から次へと追加変更を受け入れて、この人は本気でプロジェクトを成功させるつもりなのか」と、一人前に考えたりもした。

図2-5 予期せぬ危機に事前に手を打つ

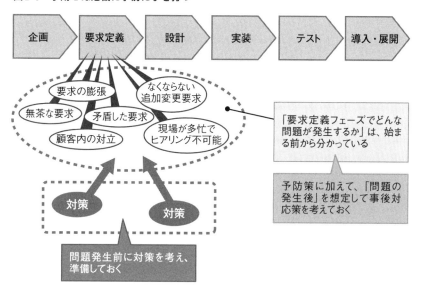

　D氏は、要求仕様の範囲を管理するスコープマネジメントがプロジェクトを成功させるうえで重要だと認識した。机上の勉強を続けるにつれて、その思いはより強くなる。今のマネジャーのやり方はことごとく間違っており、「ダメマネジャー」に思える。

　その後、D氏は経験を積むにつれて、ダメマネジャーのマネジメントにもそれなりの理由と背景があることが分かってくる。それでも「自分がやったら、もっとうまくできる」との思いは消えない。

　D氏がマネジャーとしてデビューするときが来た。現場の経験を積み、教科書の知識だけではうまくいかないことも理解したうえで、スコープマネジメントを含むプロジェクト計画を作成し実戦に臨む。

　「マネジャー向き」と自認しているD氏はユーザーとの認識合わせはもちろん、議事録などのエビデンスをきっちりと残すよう意識する。一方で、柔軟にスコープ外の要求を取り込む。その際に「これはスコープ

外ですが、特別に対応します」と、くぎを刺すことも忘れない。硬軟取り混ぜたマネジメントを目指した。

にもかかわらず、D氏のデビューはほろ苦いものとなる。約束していた機能の縮小、契約履行に関するユーザーとの長い交渉、さらに計画外の追加要員の投入といった結果を招いたのだ。

事後対応には限界がある

D氏がつまずいたのは、マネジメントを入念に準備し、実践したにもかかわらず、設計の根幹に関わる仕様のミスや漏れが生じたからだ。

人間が行う仕事である以上、こうした仕様に関わるトラブルをゼロにするのは不可能である。特にそれなりの規模のプロジェクトでは、こうしたミスに起因する危機は必ず一定の確率で起こり得る。

危機に瀕したときこそ、マネジャーの力量が試される。D氏はこう考えて難題に立ち向かったが、それで乗り切れるほど甘くはなかった。

プロジェクトが一段落したあと、D氏は「どうすればこの危機を回避できたのだろうか」と自問する。身に染みて分かったのは、問題が発生してから対策を講じるのでは手遅れということだ。だとすると、問題が発生する前に手を打つ必要がある。でも、どうやって？

プロジェクトにおける問題は多くの場合、費用、品質、納期のいずれかに関わるものだ。今回のプロジェクトでは、要員を追加したことで費用は「増額」となり、納期を守るために「機能縮小」を決め、品質に関わる「契約」でもめることになった。

機能縮小に納得してもらい、契約でもめることなく、追加要員のための増額を了承してもらうには、どうすればよかったのか。D氏はさらに考えを巡らせていく。

交渉のシーンを想像して必要なエビデンスを準備

プロジェクトで発生した危機は、緊急の対策を要するものが多い。対

策を練るために「朝までミーティング」を実施する例も見かける。しかし、たとえ問題を解決できたとしても、メンバーに多大な負荷がかかるし、費用や品質、納期に影響を与えかねない。D氏が感じたように事前の対策が大切になる。

　顧客やユーザーに事前に説明し、理解してもらう。これが事前対策の基本だ。危機を防ぐ方法として、コストを追加してスケジュールを短縮する「クラッシング」や、複数の作業（タスク）を同時並行で進める「ファストトラッキング」などを教科書では紹介している。これらは「ぼや」程度であれば役立つこともあるが、本格的に火の手が回り始めたプロジェクトでの問題解決は難しい。顧客やユーザーを巻き込み、約束や契約といった既存の枠組みを見直す対策が欠かせない。

　プロジェクトの開始から数カ月後に、機能縮小や予算増額、工期延長についてユーザーと交渉しなければならないとする。顧客やユーザーに納得してもらうためには、どのようなエビデンスが必要で、それを使ってどのように理由や根拠を説明すると分かってもらえるか。エビデンスは議事録や役割分担表かもしれないし、TODOリストや課題管理表、その承認印かもしれない。事前説明の記録か、契約書にある小さな記述である可能性もある。

　これらのエビデンスを問題が発生してから集めるのは不可能だ。顧客やユーザーの協力を得て、日々準備しておくことが重要である。こうしたエビデンスはプロジェクト運営を円滑にするうえで役立つだけでなく、こちらの要求の正当性を主張するための材料となる。

　プロジェクトが始まった時点で、顧客やユーザーに何を依頼すればよいか、具体的な内容は分からない場合が多い。それでも最低限、顧客やユーザーに「お願い」を通せるよう準備しておく必要があるし、できるだけ想像力を駆使して事前に備えておきたい。

報告書は「行ったつもり」で事前に書く

　新人プロジェクトマネジャーA氏は、「現場ユーザーへの要求ヒアリングは準備が肝心」と考え、質問項目を思いつくまま10個、20個と挙げたリストを持って現場に臨む。ところが、その中で使いものになった質問は3、4個しかなく、残りは前提条件が全く違っていたなどの理由で使えなかった。

「無理やり増やした感がアリアリだ」
　どのような業種であれ、要求ヒアリングは通常、1時間あっても足らないくらいなのが普通である。ところがA氏のヒアリングはわずか15分で終わる。

　ヒアリング結果を持ち帰って上司に報告したA氏を待っていたのは、質問の嵐である。「これはどうだ」「あれはどうだ」「いつもこうなのか」「条件は付いていないのか」──A氏のしどろもどろの回答を聞いて、「重要なことを何も聞いてきていないじゃないか。もう1回行ってこい」と上司は言う。

　同時にA氏に対し、リストを作る際のヒントを与える。「詳細化や具体化、条件分けを踏まえて、質問を考えてみたらどうか」というものだ。

　もう失敗しないぞ。現場で使える詳細なヒアリングリストを作ろう。ヒントを踏まえて頑張ったA氏だが、いくら頭をひねってもなかなか質問項目が思いつかない。仕方なく、ネットで収集した業務関連情報などを参考にしてリストを作り上げて、上司に再度確認を仰ぐ。

　結果は、即却下。「無理やり増やした感がアリアリじゃないか。この質問、本当に意味があると思っているのか？」と上司は冷ややかに語る。

　A氏は反論できない。確かに無理やり増やした項目であり、本質を突

いた質問にはなっていないと自覚していたからだ。とはいえ、これ以上の項目は思いつかない…。

思考が「過去モード」だと説明が具体化・詳細化

　A氏が学ぶべきは、思考の「過去モード」の活用法だ。**報告書は現場に行く前に「すでに行ったつもり」になって書く**。これがセオリーの二つめである。例として挙げた要求ヒアリングにも当てはまる。

　いまグループを二つに分けて、一方には「ある道路で事故が起こった。それについて記述せよ」、もう一方には「ある道路で事故がこれから起こるだろう。それについて記述せよ」と指示したとする。違いは過去のことを書くか、未来のことを書くか、という時制だけである。

　にもかかわらず、結果は大きく異なる。過去について記述するよう指示されたグループは、信号の色や急ブレーキを踏んだ状況、玉突きしたクルマの状況、そのときのクルマの挙動、同乗していた人の反応やケガの状況などを詳細かつ具体的に記述する。このグループは思考が「過去モード」になっている。

　これに対し、未来について書くよう指示されたグループは「信号が変わって、前のクルマが急ブレーキを踏み、玉突き事故が起きた」のように、新聞の短報のような記述になる。このグループは思考が「未来モード」になっている。

　このように過去モードで思考すると、説明を具体化・詳細化できる。あるビジネスパーソンは、出張に行くときの飛行機や新幹線の中で、過去モードで思考して出張報告書を仕上げてしまうのだそうだ。「考えが整理されて、出張先の仕事もうまくいく」という。

　要求ヒアリングにも、このテクニックを応用できる。ヒアリングのために現場に訪問する前に、行ったつもりになって報告書を書いてみるのだ。「聞くべき項目」を意識すると、思考は未来モードになり、書けなくなってしまう。そうではなく、思考を過去モードに切り替え、小説を書

図2-6 報告書は現場に行く前に「行ったつもり」になって書く

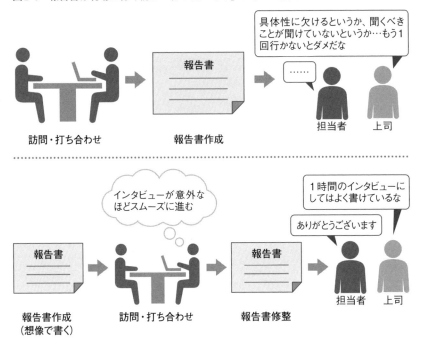

くようなイメージで書いてみる。すると意外にスラスラと書けるものだ。

　もちろん現場ではこの通りに進むわけではない。全く違った展開になるのが当たり前だ。それでも、ただリストを持って臨むよりは、ずっと密度の濃いヒアリングができるはずである。

アドリブの質問が楽に出るようになる

　過去モードのアドバイスを受けたA氏は、半信半疑で「行ったつもり」の報告書を書いてみる。

　最初のうちは「リストに沿った内容にしなければ」「この内容で、これからの訪問に役立つものになっているのか」などと余計なことばかり頭に浮かび、ギクシャクした記述にしかならない。それでも書き進めて

いくうちに、余計なことを考えずに想像に任せて書けるようになった。

こうした臨んだ再ヒアリング。リストの項目自体は、前回からわずかに詳細化された程度だ。だが、リストを基に質問しながら、「アドリブの質問が以前より楽に出せるようになった」とA氏は感じる。

以前のような表面的な質問と回答ではなく、相手の話が脱線し始めたらうまく本線に戻す、といった流れを壊さないスムーズなヒアリングができたのである。過去モードの思考の成果と言えよう。

時に因果関係を「構築・合意」する

プロジェクト運営を円滑に進めるうえで、事実をロジカルに分析する作業は重要である。ただ、その結果を常にさらけ出していいとは限らない。場合によっては、**目的に応じて事実を取捨選択し、因果関係を分析・発見するのでなく「構築・合意」したほうがよい**ケースもある。これが三つめのセオリーだ。

これは分かっていてもそう簡単にはできない。F社の例を見てみよう。

「大人の事情」でベンダーを選定

会社のトップともなると、様々なしがらみがあるものだ。F社の社長は恩のある人から「今回ばかりは助けてほしい。次のシステムをG社に発注してくれないか」と頼まれた。

恩人からの依頼をむげに断ることはできない。だがシステム導入の際は、現場に対して「メリットとデメリットを明確にしろ」「システムのライフタイムで見た場合の価値を示せ」「この機能のために、それだけの費用をかける必要があるのか」などと口をすっぱくして言ってきた。

図2-7　因果関係を「構築・合意」することも大切

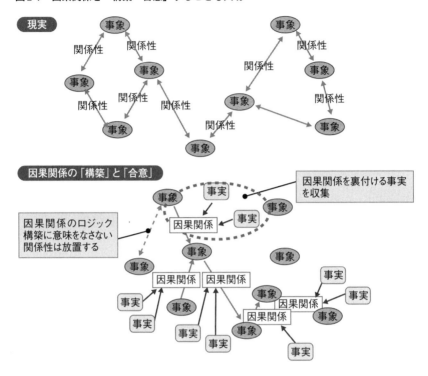

　社長といえども、現場を差し置いて「G社に決める」と強引に決めるのはさすがに不可能だ。

　そこでF社の社長は、付き合いのあるベテランコンサルタントの力を借りることにする。大人の事情を説明したうえで、「G社のシステムが最適である」という結論の調査報告書を出すよう依頼した。

　ところがベテランコンサルタントは四つのプロジェクトを掛け持ちしており、超多忙の状態で時間を割くのが難しい。そこで、同じ会社の若手コンサルタントにこの仕事を任せることにした。

　能力的には問題はないはずだが、大人の事情を理解しているかどうかが若干心配だ。ベテランコンサルタントは若手コンサルタントに対し、

今回のプロジェクトの背景と目的、作業方針、成果物などをかんで含めるように説明する。

「分かりました」と答える若手に対し、ベテランは「自分の言葉で説明してみろ」とテストしたところ、きちんと理解しているようにうかがえる答えを返す。ベテランは安心して若手に任せることにした。

「G社の強みが出てこないではないか」

1週間後、若手コンサルタントが作成した作業計画やその実施状況を確認したところ、ベテランコンサルタントは若干不安を覚える。調査計画や調査項目、まとめ方がごく普通なのである。プロジェクトの目的や大人の事情を再度説明すると、「分かっています」と答える。

さらに1週間がたち、作業状況をレビューしてみると、相変わらず中立・公平な内容になっている。ベテランは少しイライラしながら若手に意図を確認したところ、「これから、そちらの方向に整理していくので大丈夫ですよ」とのこと。

さらに1週間。完全に中立・公平な内容で結論が出そうな勢いである。さすがにベテランはキレた。「なぜ、この項目を調査しないのか？ これを調べないとG社の強みが出てこないだろ」「なぜ、この項目を調査しているんだ。これを入れたら明らかにH社のほうが有利になるぞ」——。今さらながら、調査対象や調査項目、整理の仕方、分析の方針などを手取り足取り若手に指示する羽目に陥った。

きちんとプロジェクトの目的と意図は説明したはずだ。何回も確認し、ちゃんと理解しているようだった。コンサルタントとしての能力も問題ない。なのに、なぜこんなことになってしまったのか。ベテランは首をかしげる。

若手コンサルタントはこの一件を後日振り返って、「頭では分かっていたはずなのに、なぜあのような進め方をしてしまったのか。自分でも不思議だ」と語ったという。

方法論やフレームワークをたたき込まれた若手は、基本的にその枠組みで作業を進める。今回のような事情がある場合には、これらの方法論を恣意的に活用し、因果関係を構築・合意していく必要がある。
　若手はこのことを分かっていたのに実行できず、ベテランに厳しく叱責されるまで正直な調査・分析を続けていた。若手は一生懸命頑張り、作業に没頭する。没頭するあまり、行動は無意識の状態に近くなる。すると、自分の身にしみついた行動を取ってしまう。頭では理解していても、腹で理解できていなかったのである。

年の功がものをいう
　F社のケースはやや特殊だが、因果関係を構築・合意したほうがよい場面は意外と多い。ほとんどの人が賛成し、現場もやる気があるにもかかわらず、一部に強力な反対勢力がいる場合がそうだ。そのまま進めようとすると、要求に関するコンセンサス（合意）が得られず、ずるずると遅延していく。
　まして、結果の見通しを論理に説明できなかったり、定量的な効果を説明するエビデンスを準備できていなかったりすると、反対派は勢いづく。こうした場合は賛成する側が有利になる材料を恣意的に作っていくほうが、結果的にその会社にプラスに働くことがある。
　F社の例では、ベテランコンサルタントが担当していたら違う結果になっていた可能性が高い。因果関係を構築する際に大切なのは、合意を導くための国語や作文の能力や、皆が納得する因果関係を生み出す物語作成能力である。これらは年の功がものをいうケースが多い。

2.4 「二枚腰」で現場をコントロールする

先が見えない暗闇プロジェクトでは、システムの構築を担当するベンダーがユーザー側の理不尽な言動や行動に振り回されるケースが少なくない。そうした場合に備えるためのセオリーを取り上げる。

時間をかけて流れを変える

　ロジカル（論理的）な説明をしたからといって、すぐに場の流れが変わるわけではない。現場を回って集めた大量の事実を基に、隙のないロジックを組み立てたとしても同じである。

　C社のシステム刷新プロジェクトがまさにこのような状態だった。企画フェーズで、C社の担当者はベンダーの提案に対し、なかなかゴーサインを出さない。必要な資料や情報、エビデンスはそろえた。これ以上、資料を厚くしても意味がないのは自明である。

　ベンダー側は資料を使って、ロジカルに、できるだけ分かりやすく説明する。ところがC社の担当者は特に反論するわけではないが、次のステップに進むことを拒否する。「どの点がクリアになれば納得していただけるのか、ご指摘いただければすぐに対応します」と言っても、どうにも要領を得ない。

　当初は先方の上司が原因かと思ったが、どうやら違うようだ。C社の担当者が腹落ちできず、その理由も説明できないままプロジェクトを止めているのだ。何がネックになっているのかが本人にも分からないので

対応しようがなく、お手上げ状態に近い――。

腹落ちするまでに時間がかかる

　セオリーの一つめは、**時間をかけて流れを変える**というものだ。C社のケースでは、最終的に相手にゴーサインを出してもらうことができた。担当者に追加の情報を提供したわけではない。単に相手の腹に落ちるまで待ったということだ。

　ベンダーは当初、説明不足が原因だと思い込み、たくさんの資料を作成した。振り返ってみると、説明資料は5分の1で十分だったようだ。

　相手が理屈を理解しているのに納得しない場合、腹落ちの時間が不足している可能性がある。完璧な理屈がすぐに作用するのは「頭」に対してであり、「腹」に作用するまでには、それなりの時間を要する。慣性の法則は、我々の精神活動にも当てはまるということだ。

　肝心なのは、こちらが正しいことが明らかで、相手がノーを出す理由を説明できなくてもイラつかないことだ。感情的になっても事態は好転せず、むしろ別の問題を生み出す要因となる。

　ただ、相手が意思を明確にしない理由が他にあるかもしれないので注意が必要だ。「政治的な動き」があるのに、「腹落ちに時間がかかっているだけだろう」などとのんきに構えていると、とんでもない目に遭ってしまう。

決定事項を「ひっくり返す」決断も大切

　会議で一旦決まったことをひっくり返すのは、そう簡単ではない。だが、意味のある「ひっくり返し」もある。**決定事項をひっくり返す決断**

も時に大切、というのがセオリーの二つめだ。そのことを示すエピソードを紹介しよう。

ユーザーがPMOの設置を決定

あるシステムインテグレータの客先常駐SEであるD氏。まだ若手だが顧客から信頼を得ており、複数のプロジェクトでコンサルタントとしての役割を果たしている。

D氏が参加しているプロジェクトで、顧客企業E社が現在のプロジェクト体制に加えて、新たにPMO（プロジェクト・マネジメント・オフィス）を設置しようと考えていると聞いた。これにD氏は危険なにおいを感じ取る。

確かに現在のプロジェクトの状況が必ずしも良いとは言えない。だからといって、PMOを置けば解決するものではない。E社は、PMOを設置すれば問題は解決すると安易に考えているようだ。PMOがかえって現場の負荷を増やし、プロジェクトが危機にさらされる可能性だってある。

話が本格化していたら反対しようと思い、E社の担当者に確認したところ、「PMOの話はまだアイデア段階。決定はまだ先ではないか」とのこと。ところがD氏が休暇を取っている間に、E社はPMOの設置を正式に決めてしまった。

「その決定、ひっくり返すべきだね」

E社の動きを把握していたつもりだったが、スピード感を読み間違えていたか。D氏は唇をかんだ。それでも今一つ納得がいかないD氏は、E社の担当者に経緯を確認した。すると担当者自身、急な決定に驚いているという。普段はプロジェクトに全く関与しないF部長がPMOの役割に興味を示し、「それはいい」とその場でゴーサインを出したというのだ。

しかも、プロジェクトの進捗と品質が思わしくないので進捗のPMO

と品質のPMOを置くという。現場から離れて長い年月がたっているベテラン社員がメンバーに就く見込みとのこと。ベテラン社員はやる気があり、「報告は毎日上げさせる」と息巻いているらしい。

　D氏は確信する。現場の負荷が高まるだけでなく、プロジェクトにとっていいことは一つもない。進捗にも品質にも逆効果だ。

　どうしたものか。頭を抱えたD氏は、困ったときに頼りにしている先輩に相談する。ベテランのPMO担当者はやる気満々だが、プロジェクトマネジメントについては素人同然。F部長の気まぐれで決まったようなもので、E社の中でも乗り気なのはF部長とPMO担当者本人だけ。こうした状況を説明して、「どう対応すればいいでしょう？」と尋ねた。

　先輩は即座に言う。「その決定、ひっくり返すべきだね」。F部長の顔をつぶさないように注意しさえすれば、皆で何らかのロジックを作って、決定をひっくり返すことは可能なはず。まだ最終決定ではないのだから、とのことである。

　D氏は先輩の言葉に勇気を得る。「明日はまず、E社の担当者に相談してみよう。おそらく作戦に乗ってくれるはずだ」と考えた。

気まぐれな出来事で結論が変わる

　E社の例のように、決定事項の多くには必ずしも強力な論理的裏づけが存在しない。その決定が妥当であることを示すロジックには、曖昧な点が多く残っているのが普通である。良い悪いの問題ではなく、事実として言える。

　会議の場で、ある検討事項がどのような結論に至るかは、その場の偶発的な事象にかなりの程度左右される。会議室の予約が取れなかった、会議の時間が変更された、キーパーソンの参加が不可能になった、会議の噂を聞きつけた「あまり関係がない人」が会議に参加してきた、会議が重要な電話で中断された、中断中に全く別の議題で盛り上がった、その日に業界を揺るがすビッグニュースがあった、近々人事異動がある予

図2-8 決定は偶発的な事象に左右される

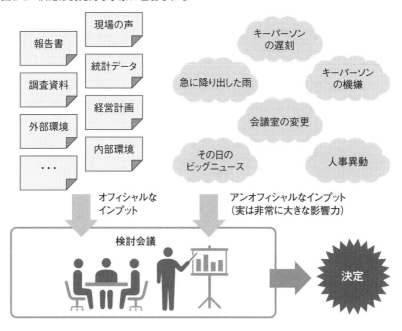

定だ、会議が延々と続き皆の集中力が切れてきた——。こうした気まぐれな出来事によって、結論が白から黒に変わることもまれではない。

議題が総論から各論へ移り、詳細な案件を検討する段階になると、この傾向がより強まる。顧客の内部でも意見が割れ、異なるステークホルダーがそれぞれ矛盾した要求を出したりして、決定事項の正当性や根拠がかなり曖昧になっているからだ。

一度決定したからといって諦めることはない。別の「場」が設定されれば、別の結論が導かれる可能性も多分にある。ある決定に不都合を感じたら、新たな場を設けて決定をくつがえす動きを取ることは十分可能だ。

セオリー3 決定が「ひっくり返される」場合もある

　前で「決定事項を『ひっくり返す』決断も大切」というセオリーを紹介した。これは裏を返すと、当事者にとっては**決定が「ひっくり返される」場合もある**ということだ。これもセオリーとして取り上げておきたい。

　会議である事項がようやく決定したからといって、安心してはいけない。決定の「場」に注意する必要がある。会議を欠席した人が、あとで決定事項にNGを出すといったケースは珍しくない。決定事項は想像以上に簡単にひっくり返るものだ。

　「最終決定ということでいいですね？」といくら念を押しても、その決定の信頼性が高まるわけではない。顧客の言葉は必ずしもリスクの回避策にはならないことを意識する必要がある。

図2-9　決定が「ひっくり返される」場合もある

「やはり、待ったをかけてきました」

　システムインテグレータの若手SEのF氏は客先で場数を踏み、重要な会議の前には周到に準備するようになった。仲良くなった顧客の担当者から重要なステークホルダーの考え方や好みを聞き、それを考慮して資料を作成している。

　NGワードなどの「地雷」も頭に叩き込んでいる。このため、重要な決定事項がある会議を、大きな混乱もなく進めることができる。

　そんなとき、今後のプロジェクトの進め方を左右しかねない重要な検討事項が持ち上がった。ある特定の種類のデータを格納するデータベースを、どの部門が管轄するかという問題である。設計の定石にのっとって考えればおのずと決まるところだが、顧客企業は歴史の古い縦割り組織だったので、このような問題が生じた。

　F氏は顧客の関係者を集めて議論する。そもそものコンセプトから将来の拡張まで激論を交わすが、費用負担の問題が絡んでいることもあり、なかなか収束しない。F氏は複数のキーパーソンとの根回しを進める一方で、夜遅くまでかけて資料を作成し、合意を得るために頑張った。

　複数回の議論を経て、ようやく合意に至る。F氏は、キーパーソンの一人のX氏が今一つ納得している様子でない点が気がかりだったが、顧客の担当者は「大丈夫だと思いますよ」と語る。

　F氏の悪い予感は的中する。後日、顧客の担当者が申し訳なさそうにF氏に言う。「Xが待ったをかけてきました」。F氏は3カ月も前からX氏に丁寧に説明し、何度も確認し、直々に了承を得ていた。なのに今ごろになって、なぜだ？　F氏はやりきれない思いにとらわれた。

キーパーソンだけでなく、上の人間を巻き込む

　F氏は担当者の協力を得て、再びX氏と会った。「以前に合意した事柄ですが」と言いたくなるのをぐっと我慢して、再び一から説明を開始する。

説明に対し、「それは合意できないな」とX氏。以前は合意を得ていた箇所だ。理由を尋ねると、以前聞いたときと全く同じ。特に新たな外部要因などが加わったわけではなく、単にこちらの説明を忘れているとしか思えない。

それでもF氏は同じ説明を忍耐強く繰り返す。結果的に、今回もX氏と再度の合意に至ることができた。新たな情報やロジックは何も追加しておらず、以前と同じ説明をしただけである。

F氏は前回の反省から、X氏の同意を得た後も油断せず、X氏の上司に説明するために動き始める。外部要因に何の変化がなくても、いつまた決定事項がひっくり返されるか分からない。キーパーソンだけでなく、さらに上の人間を巻き込んだほうがよいと考えたのである。

担当者によると「上の人間は全てX氏任せで、自分では判断しませんよ」という。それでも、これまでの経緯と決定事項を確認してもらい、その事実をX氏の上司に伝えておけば、「気まぐれ」で決定事項をひっくり返される可能性は低くなるはず、とF氏は考えた。

関係者の合意を無事に取りつけたからといって、簡単に安心してはならない。もしかすると、誤解によって合意に至っただけかもしれない。その場合は、後々ひっくり返される可能性が高い。

重要な合意事項については、誤解がないように何回も確認してみることが大切である。その際に同じ言葉で確認するだけだと、いま紹介した事例のようなことが起こり得る。「どこかに誤解があるはずだ」との前提に立って、言葉を変えて具体例を挙げつつ合意を確認することが肝要である。

セオリー4 「プロセスを順守している」で追及をかわす

　暗闇プロジェクトが「暗闇」なのは、その企業にとって未経験の領域を対象としているからだ。誰も通ったことがない道なのだから、地図は存在しない。「最初に道筋を示せ」と求められても、提示するのは困難だ。

「暗闇」でも通常通りのレビューを実施

　だが会社としてプロジェクトを進める以上、「無計画で進めます」などとはさすがに言えない。ユーザー企業G社の担当者は「この通りに進むはずがない」と思いつつ、スケジュールを引き、計画書を作成する。

　今回のプロジェクトは「このようなサービスが世の中で本当に求められているのか」の調査から始まる。自社内のニーズが起点となっているのであれば、まだ計画を立てやすい。しかし今回は、全くの第三者から新たに要求を獲得していく必要がある。

　プロジェクトは当然、計画通りには進まない。これに対し、レビュー担当者は進捗遅れを厳しく指摘するとともに、計画から乖離した理由とリカバリー（挽回）策を求めてくる。

　レビューする側からすると、計画通りに進んでいるかどうかが唯一の評価基準である。通常のプロジェクトだろうが「暗闇」だろうが、基準は同じだ。こうしてプロジェクトの進捗を保つために確保していた工数を、レビュー用の「こじつけ資料」の作成に充てざるを得なくなった。

「プロセスでも想定していなかった例外事項のため」

　暗闇プロジェクトの進捗報告は難しい。総量や全体が見えていない以上、現在地点など分かるはずがない。だが、言い訳をしても始まらないので、現場は何とか工夫して乗り切るしかない。

そんなときに役立つのが開発プロセスである。「**プロセスを順守している**」**として追及をかわす**、というのが四つめのセオリーだ。

「暗闇」なのに、なぜプロセスが役立つのか、と疑問に思うだろう。全くその通りで、実際の作業にはほとんど役立たない。現場にとって、プロセスほど当てにできないものはないといっても過言ではない。

役立つのは、外部に対して説明する際だ。「最初に合意したプロセスを順守して進めています」。黄色信号が灯ったプロジェクトでは、この説明が防御用の盾として機能する。突っ込みが弱くなるわけではないにしても、「プロセスを順守している中で生じた問題」という理屈を付けることが可能になる。

こうすることで、計画から逸脱した理由として「プロセスでも想定していなかった例外事項が生じたためです」と言えるようになる。それだけでも、プロセスへの順守を宣言せずに危機に陥る場合に比べ、100倍ましな状況になる。

図2-10 「プロセスを順守している」として追及をかわす

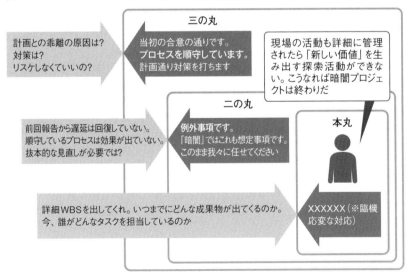

◇　　　　　◇　　　　　◇

　プロセスにのっとって進めることは、特に官僚主義的な組織では大切である。そこでは、決定に至る過程が決定そのものよりも重要になる。暗闇プロジェクトではチームの作業を守るための防御用の盾として、「プロセスの順守」を活用しない手はない。

　「手順に沿って進めています」という説明で、限界ぎりぎりまで追及をかわす。それが無理になったら、「このプロジェクトはそもそも『暗闇』であり、発生しているのは例外事項である」と認識してもらう。

　そこも突破されたら、その後の対処法に一般化された解はない。プロジェクトの状況に応じて最適な策を見つけていくしかないだろう。

2.5 会議の回し方で乗り切るコツ

様々なステークホルダーが一堂に会する会議を、いかにスムーズに回すか。プロジェクト運営ではこのスキルが欠かせない。特に「暗闇」の状態では、意見がまとまらないだけでなく、勝手な言動や行動を取る人が出てくることも珍しくない。そんな状況で会議をうまく回すためのセオリーを紹介しよう。

込み入った議案は別枠を設けて飛ばす

　M社のプロジェクトに、お目付け役として外部からB氏が参加することに決まった。「えらい人がやってきた」と現場は戦々恐々。えらいは「偉い」ではなく「大変な」という意味だ。

　B氏に関して良い噂はなく、あちこちでトラブルを起こすという話が広まっている。やっかいなことに、B氏は単なるトラブルメーカーではなく、その分野の第一人者だ。理論家であるのに加えて、現場の経験に裏打ちされた知識を持つ。業界に影響力のある団体のメンバーであり、業界内でその名はよく知られている。

　どうもM社の経営層の一人がパーティーでB氏と知り合い、意気投合したようだ。その際にプロジェクトの話をしたところ、とんとん拍子でアドバイザーとしての参加が決まった。立派な肩書きもあり、その役員はB氏をすっかり信用しているという。

「すごく実力はあるが、困った人」がプロジェクトに参加

　プロジェクトが始まった。案の定、初日からM社の現場担当者は散々な目に遭う。プロジェクト計画を説明したところ、B氏は逐一、面倒な指摘を続けたのだ。

　現場の担当者が「そこはあなたの専門領域ではない」「明らかに我々のほうが理解している」と思う場面も多々あり、一度軽く反論してみた。これがB氏の怒りに火をつける。豊富な知識と経験、論理構築力によって、ぐうの音も出ないくらいに論破され、突っ込みはさらに厳しくなる。担当者はやめておけばよかったと激しく後悔した。

　B氏のような「実力がある困った人」がプロジェクトに参加する、というケースは珍しくない。その人の言動や行動に振り回されると、プロジェクトの進捗に悪影響が生じる。

図2-11　込み入った議案は別枠を設けて飛ばす

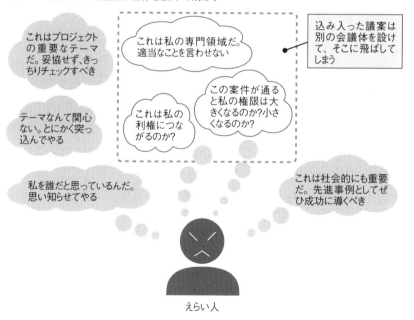

対処策としてはまず、その人の関心事を見抜く必要がある。単に突っ込みたいだけか。議論することが目的なのか。自己顕示をしたいのか。本当に結果を考えているのか。誰のほうを向いているのか、ユーザーか、オーナーか。プロセスが重要なのか。常日ごろの主張の裏付けとなる事実が欲しいのか──。

　きっと何かあるはずである。関心事を見抜いたら、その議論を別の会議体に移すことを考える。本当に重要な議論を別の会議体に移したほうがいい場合もある。このように**込み入った議論は別枠を設けて飛ばす**、というのが一つめのセオリーだ。

あるテーマについては注意深く発言

　M社の担当者は当初、B氏が何に関心を抱いているのか見当が付かなかった。単に突っ込んで満足するのが目的なら、別枠の会議体を設置する理屈を打ち出しにくい。

　こう考えていたあるとき、B氏がある無名ベンダーと非常に深く付き合っていることが分かる。もしやと思い、M社の担当者がICレコーダーに記録したB氏の発言を確認してみると、様々なテーマに突っ込みを入れているB氏が、開発ベンダーの調達に関しては注意深く発言しているように聞こえる。

　モノは試しとばかりに、開発ベンダーの調達については別の会議体で議論することを提案する。見込みが違っていたとしても、大きな実害はないと考えてのことだ。

　M社の担当者の勘は当たった。B氏の関心はお気に入りベンダーへの利益誘導にあったのだ。激しい突っ込みや完膚なきまでに論破するB氏のスタイルは、相手を力づくで屈服させ、反論する気を失わせるのが目的だったと思われる。B氏に対抗しようとする意欲をそいだうえで、特定のベンダーをほのめかす、あるいは紹介する。その際に、B氏は決して「推薦する」という立場は取らない。

このようにベンダーの調達を別の会議体で議論する形を取ったあとも、元の会議でのB氏の突っ込みは続く。だが、関心が薄れているのは明らかで、プロジェクトへの影響は確実に小さくなった。

調達会議では相変わらずの突っ込み具合で、会議にはそれなりの時間を要する。それでも参加メンバーが限られており、プロジェクト全体への影響は小さい。

重要な案件は会議で決めない

ユーザー企業のIT部門に所属する若手のC氏は、今回のプロジェクトで会議の進行役を務めることになる。「ようやく一人前になった気がする」と感じたC氏は早速、帰宅途中で会議術の本を数冊買う。

本を読むだけで会議をうまく回せるようになるとは、C氏は思っていない。それでも知識がないまま経験を積むよりはマシだろう。経験がスキルになるまでの時間を大幅に短縮できるはずだ。C氏はこう考えて勉強を続ける。

会議をうまく回せず、あせる日々

ところが実際の会議では、どうもうまく回せない。アジェンダを準備してその通りに進める、発散した議論を本筋に戻す、といったことなら何とかこなせる。しかし、全員の合意を取って決定まで進めたり、異なる意見を言う人を説得したりするのは、まだうまくできない。

本人は万全の体制で臨んでいるつもりだ。説明の準備をするだけでなく、返ってくる反論を予想し、それに対する回答案も用意している。なのに、なかなかうまくいかない。想定外の質問や反論が出てくるのは当

たり前。理路整然と説明しても首を縦に振ってくれないし、理由もいま一つ明確でない。時には言いがかりやあら探しとしか言いようのない理由をつけて難色を示す──。

C氏はさすがにあせってきた。早々に決めるべきことを決めていかないと、後の作業がつらくなるだけでなく、プロジェクト遅延のリスクが高まる。しかし、C氏の気持ちは伝わらず、会議は横道にそれたり、枝葉に引っかかったり、重箱の隅をつつく言動が延々と続いたりする。

重要なテーマに関する議論なので、決定に時間がかかるのは仕方ない。そこをコントロールするのがプロジェクトマネジメントだと分かっているのに、うまくできない。C氏は何より自分に腹を立てていた。

理屈さえ通っていれば言い分が通る、とは考えない

C氏はたまらず、先輩に相談すると「会議のキーパーソンに根回しをしたのか」と言われる。「そんなことするわけないじゃないですか。真面目にやっていますよ」とC氏は返す。どうやら根回しをするのは良くない、と考えている様子だ。

先輩はC氏を諭す。

「大事な決め事は、きちんと水面下で根回ししておかないと決まらないものだ。重要事項が会議で一発で決まると思うか？」
「理屈さえ通っていれば言い分が通る、とは考えないことだ。小さな決め事ならそれでもいいが、大きな決め事であればあるほど、会議の場だけで決めようと思うのは間違っている」

C氏の頭の中には、「理屈は通っているのだから、相手が納得するのは当然」との意識がある。エンジニア時代であればそれで通用したが、今後は考え方を改めなければならないなとC氏は考えた。

重要な案件は「根回し」が必須

　C氏の過ちは、重要な決定事項を会議で決めようとしたことだ。**重要な案件であればあるほど、会議で決めようとしてはならない**。これが二つめのセオリーだ。

　ではどうするのか。どうしても通したい案件は、会議の前に説得工作をしておく。大げさに捉える必要はなく、事前に軽い合意を取りつけておくだけでもかまわない。休憩スペースで雑談しながらでもいいので、会議の前に意思疎通を図っておくことが大切である。

　最悪なのは、意思決定のキーパーソンが会議の場で初めて検討事項を耳にするというケースだ。重要な検討課題であれば1週間前、2週間前からの前振りや根回しは必須である。

　その場で決定が欲しいのであれば、あらゆる疑問に答えられるよう万全な準備をしておく。そもそも会議は絶好の突っ込みの場だ。「どこに突っ込んでやろうか」と、手ぐすね引いて待っているやからもいる。そうした突っ込みを受け、しどろもどろになるようでは会議は回らない。

　難しいのは、こうした正攻法だけに頼って切り抜けられる会議ばかりではないということだ。準備万端で会議に臨み、きちんと論理立てて説明し、厳しい質問や突っ込みに明快に答えられたとしても、「理屈は分かるが、この場では決定できない」と先延ばしされてしまう場合がある。理不尽な話だが、そういうものである。

　「暗闇」のような予測不可能なプロジェクトをうまく舵取りしていくためには、根回しのような「非工学的な」人間系のスキルやテクニックを駆使する必要がある。こうした手段を邪道と捉えるのでなく、「目的達成のためにあらゆる手段を検討する」というスタンスで臨む姿勢が大切だ。

　もちろん、常に根回しができるとは限らない。会議で正面突破するしかない、という状況もあり得る。その場合でも、可能な限りキーパーソンの意見や考えを事前に仕入れておくよう意識しておく必要がある。

キーパーソンは会議に何を期待しているのか。どのような成果や報告を期待しているのか。決め事の際に、何に重きを置いて判断するのか。何にリスクを感じているのか。どのような条件がそろったときに首を縦に振るのか。こうした情報はできるだけ事前に仕入れておきたい。

事実関係のやり取りだけで合理的に物事が決まる会議であれば、このような手間をかける必要はない。しかし残念ながら、人の心はそう単純ではない。急がば回れではないが、忙しいときほど、こうした時間のかかる「根っこ」の作業に注力することが肝要である。

「問い」を安易に考えてはならない

ユーザー企業E社でのシステム要求定義の場面。システム部門のメンバーが集まってアプリケーションやインフラの設計方針を検討している。その最中に新人がこんな質問を発する。「このインタフェースは標準に準拠すべきでしょうか？」

標準への対応は避けられないテーマであり、新人にとっては素朴な疑問にすぎない。ところが、この問いに全員が凍りつく。前回のプロジェクトの記憶がよみがえったからだ。

前回のプロジェクトでは、このテーマを巡って大激論を交わした。

「標準が大切だからといって、いくらでもお金と労力を注ぎ込めばよいわけではない。標準化でどんな効果が得られるというのだ。最初言われていたメリットは一つも実現されていないじゃないか」

「世の中の流れや国の方針を見てみれば、標準化が必要なのは一目瞭然だ。現時点で足並みがそろっていないからといって、ここで標準を採

用しないのは自殺行為ではないか」

　メンバーがみな会社のことを真剣に考えていたのは間違いない。だからこそ双方とも一歩も引かない。それが感情的な対立に発展し、チームの人間関係にひびが入ってしまった。
　今回のプロジェクトでも標準への対応は検討せざるを得ない。だがプロジェクトマネジャーは前回の経験を踏まえ、事を急がず、議論が穏やかに進むよう様々な環境を入念に整備してから検討に入るつもりだった。
　それが新人の一言で、メンバー全員が心の準備をする余裕もなく、いきなり重たい議論の土俵に放り込まれてしまった。マネジャーが頭を抱えるのも無理はない。

二者択一の問いは危険

　三つめのセオリーは、「問い」を安易に考えてはいけない、ということだ。安易に発した問いがとんでもない大激論に発展する、というのは意外と珍しくない。
　問いを発すること自体が悪いわけではない。その裏には「もっと知りたい」「きちんと理解したい」という意欲や問題意識があるからだ。特に知らないことを知るための問いは、積極的に発したほうがよい。
　一方で、下手な問いはリスクを伴うことを認識する必要がある。特に危険なのは、二者択一を選択させるような問いだ。何げない問いでも「賛成」「反対」といった正反対の立場を生み出すことにつながり、議論の余地が生まれる。
　それがこじれると、E社のように人間関係にひびが入ってしまう。どこに、どんなこだわりを持っている人がいるのかは分からないものだ。
　新人から中堅、ベテランになるにしたがい、自らの発言には慎重にならざるを得なくなる。不意の発言が引き起こした様々なトラブルを経ているからだろう。問いについても同じことが言える。

感情的な対立に発展しないよう予防策を打つ

E社のマネジャーはどうすべきか。メンバー間の感情的な対立に発展しないよう、うまく進めていくしかない。

ややステレオタイプの見方かもしれないが、我々日本人はビジネスとプライベート、論理と感情などをうまく分離できないと感じる。このため、感情的に対立すると論理に関係なく、解決が困難になるのだ。

特に開発担当者にとって、標準に準拠すべきかどうかは大問題であり、玉虫色の結論はあり得ない。土俵に上がった以上、白黒付けるしかなくなってしまう。こうした事態を招かないよう、予防に徹するのが基本である。

ツッコミ屋には「おとり」を用意

会議の場で、説明やプレゼン資料に突っ込みを入れることに命をかける「ツッコミ屋」が必ずいるものだ。こうしたツッコミ屋にどう対応すべきか。一つの手は、**突っ込まれやすい不備を「おとり」としてわざと入れておく**ことだ。これが四つめのセオリーである。

ツッコミ屋に悩まされたITベンダーの若手プロジェクトマネジャー、M氏の例を見ていこう。

「あらさがし担当大臣」に叩かれる

M氏の表情がどうもさえない。それもそのはず、先週の定例報告でユーザー企業の通称「あらさがし担当大臣」から徹底的に叩かれてしまったのである。

経験したことがない暗闇プロジェクトだからといって、大目に見ては

もらえない。今週の定例報告で、同じ相手にまた報告しなければならない。これからも毎週、「あら探し担当大臣」の相手をしなければならないのだ。

状況を見かねて、M氏の上司がM氏の作った報告書を確認してみた。出来は決して悪くない。ベストの品質とは言わないまでも、定例報告のドキュメントとしては十分合格点を付けられる。これで文句を言われると、確かに同情の余地はある。

だが、このままだと今週の定例報告で同じように叩かれるのは目に見えている。ツッコミ屋の視点で、重箱の隅をつつく要領で報告書を確認すると、確かに不備や不明な点、曖昧な記述がいくつも見つかる。

M氏の上司がこう指摘すると、M氏は「では、今週会議で出す予定の報告書をすぐに見直します」と修正に取りかかろうとする。上司は「ちょっと待て」とM氏を止めた。M氏はけげんそうな顔で上司を見て言う。「なぜ止めるんですか。また突っ込みを入れられるだけじゃないですか」

不備をわざと作り、相手の注意を引き付ける

説明会やプレゼンを聞く側の立場の人間は、特に内容に不満がなくても「何か一つくらいは突っ込んでやろう」と待ち構えているものだ。まして内容に不満や疑問がある場合は、その傾向がより強くなる。特にツッコミ屋は、何が何でも突っ込むネタを探そうとする。

突っ込みを受ける側に準備が必要なのは言うまでもない。想定される質問を徹底的に洗い出し、それぞれの質問に対する回答を準備しなければならない。

そのうえで、明らかな「攻撃のための質問」にはまともに対応しないのが基本だ。おとりを用意しておくというのは、テクニックの一つである。

おとりとは例えば、資料の中に「突っ込みやすい箇所」を何点か入れておくことを指す。不備をわざと混入させておき、そこを相手の突っ込

みどころにして、注意をそちらに引き付けるわけだ。

　想定外の質問を避けるとともに、他の弱点に気づかせないようにするには、かなり有効なテクニックである。おとりと言うとイメージはあまり良くないが、「とにかくケチをつけてやろう」と考えている相手にはちょうどいいと言えよう。

　もちろん、このセオリーを使うべきではない状況もある。ドキュメントのアラを完全に無くし、完璧を目指す必要があるケースがそうだ。おとりを作ってやり過ごす、といった駆け引きも常に許されるとは限らない。こうした状況をわきまえつつ、セオリーを使う必要がある。

　加えて、資料に不備をわざと埋め込む際に、その不備があまりにあからさまだと作成した側の能力を疑われてしまう。そのあたりのバランス感覚も求められる。

「狙ったところにおびき寄せるんだ」

　M氏の上司はM氏に対し、おとりのテクニックを教えた。

　「わざと突っ込まれそうな箇所を残し、あら探し担当大臣の注意をそこに集中させる。そのうえで、その箇所に集中して質疑応答をよく考えておくんだ」

　「全てのページが完璧な資料を作るのは無理だ。表現は悪いが、こちらが狙ったところにおびき寄せるんだよ」

　数日後の定例会議。M氏は上司のアドバイスに従い、報告書におとりとなる箇所をわざと入れて臨んだ。

　作戦は見事に当たる。あらさがし担当大臣はM氏が用意した箇所を逐一指摘していく。想定外の突っ込みはあったものの、M氏はこれまでよりも落ち着いて対応できたという。

2.6 重要な提案ほどカタチにこだわる

会議の回し方と並んでやっかいなのは、提案の仕方である。事実に基づいており、理屈が通っているからといって、相手が提案を受け入れてくれるとは限らない。まして「暗闇」の状態で提案をうまく通すには、テクニックを駆使する必要がある。

表現を誤ると、通るものも通らなくなる

　コンサルティング会社の若手であるM氏は目立ちたがり屋で、自己主張が強いタイプである。相手がほぼ同じ意見だとしても、少しの違いを見つけて、その点を主張する。一方で努力家でよく勉強もしており、任せた仕事はきっちり仕上げてくる。
　好きな言葉は「改革」。既存の価値観を壊して新しい世の中を切り開くことを常に目指している。
　そんなM氏が初めて、ある顧客向けの提案に関わる。提案の幹となる部分をプロジェクトマネジャーが作成し、M氏は付加価値となる枝葉の部分を担当。その出来がピカイチだった。
　「これまでの御社はこのような状態でした。当社はこれに対して、新しい○○を提案します。これによってこれまでの△△は□□に変わり、新たに☆☆という価値が生まれます」。顧客は現状の打破を望んでいただけに、M氏の提案は非常に受けが良い。
　M氏は他とは違うところを出したいと常に考えており、時にはこじ

つけ気味になる場合もある。その点を指摘されても認めようとせず、こじつけの理屈で自説を強硬に主張する。そこを煙たがる人もいる一方、良いほうに転ぶと提案時の圧倒的な競争力につながっている。

　次の機会が来る。前回と同様、新たな付加価値を「改革」という言葉で飾って提案に臨む。ところが今回は、相手の部長はいきなり不機嫌になり、厳しい質問やコメントが飛んでくる。

　提案の場に自信満々で臨んだM氏は混乱した。何が悪かったのかが、経験の浅いM氏には皆目見当がつかない。

保守的な顧客に「改革」という言葉はNG

　同じ内容の提案でも、言葉の使い方によって通るものも通らなくなる。これがセオリーの一つめである。

　M氏の例では「改革」という言葉が問題だった。保守的な顧客にはNGワードだ。どんなに良い提案でも、「これは改革です」と言ったとたん、プレゼンは失敗してしまう。その場合、改革と呼べる提案であっ

図2-12　相手に応じた表現を取ることが大切

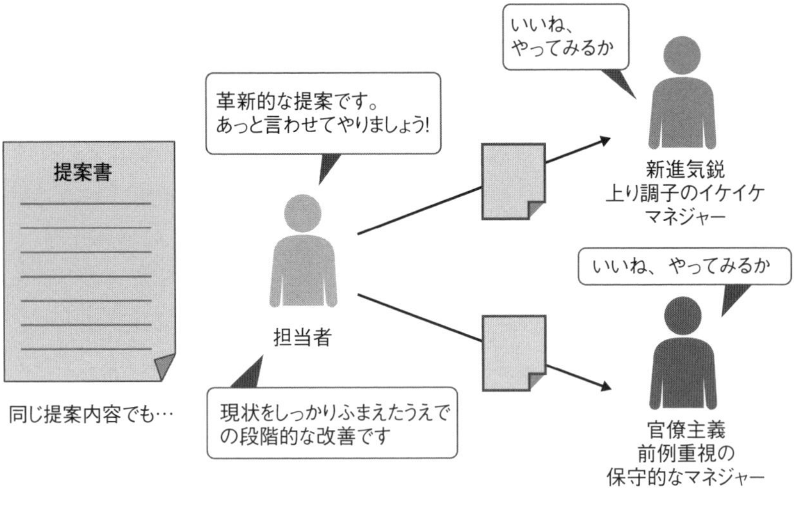

ても「段階的な改善」「発展的な変更」などと表現すると通る可能性が高くなったりする。

　提案内容はもちろん大切だが、その表現方法に気を付けたい。どんなに良い提案でも、言葉の使い方を誤ったために「リスク認定」され、却下される可能性が高まってしまう。

「革命でも改革でもありません」

　M氏が言葉に詰まったところで、マネジャーがあとを引き継ぐ。「すみません、若手がちょっと言い過ぎました。これは革命でも改革でもなく、既存技術の方向にのっとった改善にすぎません。基本のコンセプトは全く変わりありませんよ」

　実はマネジャーはこの提案の前に、休憩スペースで部長の部下である担当者と雑談をしていた。その中で「うちの部長は新しいものはどうも好きになれないんですよ」という話を聞いていた。

　この話と、M氏の説明に対する部長の反応を見て、マネジャーは方向転換を図った。このあからさまな取り繕いがどこまで通じたのかは分からない。しかし、元の提案の筋は悪くなかっただけに、次につなげることができた。

「正しい解決策だから受け入れられる」は子供の考え

　コンサルティング会社の若手のU氏。学生時代は優等生で、特に解がある問題に対して素晴らしい正答率だった。会社でも論理展開が得意で、前提条件や制約条件、各種の事実を調査・収集し、要素間の関係性を明確化する。そのうえで論理を展開し、難問でも結論に導いていく。

理屈が正しければ受け入れてくれるはず

　顧客に新規提案するに当たり、U氏と先輩が打ち合わせをしている。経験豊富な先輩は、U氏の主張通りに進めてもうまくいかないと分かっている。U氏の論理にも穴がないわけではなく、一部は仮説に基づく。それでも論理展開が得意なU氏を論破できない。

　ホワイトボードでの議論になると、U氏のほうがぜん有利になる。理路整然とした説明に対して、先輩は「俺の経験ではこうなんだ。だから言うとおりにやれ」くらいしか言えない。U氏の言う通りに進めたら失敗するのは火を見るより明らかである。

　U氏は引き下がらない。正しい理屈を言っている以上、引き下がる理由が思いつかないのだ。結局、先輩が折れた。「これも教育の一環だ」と考え、U氏の思い通りに進めさせることにする。

　事実と論理に基づき、相手のメリットをよく考えて提案を練る。リスク対策も万全。理屈から考えて、この提案を受け入れてくれるのは間違いない。U氏は自信満々で顧客のもとに向かう。

　U氏は理路整然と説明をこなし、いくつかの質問に対して事実に基づいて答える。説得力のあるプレゼンができたと自負したものの、顧客はなかなか首を縦に振らない。「どの点に問題があるのでしょうか」とストレートに尋ねてみるが、U氏が納得する答えは得られない。そのまま「今日のところは説明をありがとう。また連絡します」と、体よく追い返されてしまう。納得のいかないU氏だった。

相手の状況に左右される

　U氏は「正しい解決策だから受け入れられる」と固く信じている。だが、これは子供の考えと呼ぶべきものだ。これが二つめのセオリーである。

　社会人になると、普通は「正しい解決策であっても、相手に受け入れてもらえない場合がある」ことを学ぶものだ。ところが無意識のうちに「正しいから受け入れられて当然」と考える人が意外と多い。そうした

人は思うように事が運ばないと、理不尽な扱いを受けている気になる。

なぜ正しい解決策を受け入れてもらえないのか。相手の好みや価値観と異なっていたり、表現が適切でなかったりすると受け入れてもらえないのは、前で見た通りだ。

相手の状況にも左右される。手がけるプロジェクトが失敗続きの相手に挑戦的な提案をしてもまず受け入れられない。相手が昇進したばかりで、失敗したくないと考えている場合も同様だ。

もっと単純に、相手がイライラしていると、どんな内容であれ説得するのは難しい。提案する側に問題があるケースもある。提案者がまともに挨拶もできない場合、提案内容がどんなに素晴らしくても相手は提案を受ける気にならないだろう。

理屈は何にでも立つ。正しいか正しくないかは客観的な事実として存在するわけではない。正しいからこそ反発を受ける場合もある。「正しいから受け入れるのが当然」という素振りが見えたら即アウトだ。相手に説明する際に理屈は役立つが、その使い方に十分注意する必要がある。

まだチャンスはある

U氏の報告を聞いた先輩は「ほらみたことか」と思う。さすがのU氏もしょげている様子だ。「理屈が通っているのに、なぜイエスと言わないのか」などと顧客に責任転嫁していないところに、まだ救いがあると先輩は感じる。

先輩はU氏に対し、顧客の発言を詳細に確認していく。顧客が話したフレーズを正確に再現させた。すると、先方から連絡すると言っているのでまだ脈はあり、「ノー」と明確な意思表示もしていないことが分かる。ここでノーと言われていたらやっかいだった。次に先輩が訪問した際も、顧客はノーと言わざるを得ないからだ。

次の提案をどのように持っていくか。U氏は懲りずに、先輩の作戦にあれこれ口を出してくる。相変わらず理路整然とした内容である。しか

し今度は、先輩も折れるつもりはない。

選ばれるのは正しい提案ではなく、「理解できる」提案

　ユーザー企業のQ社は、複数の部門ごとに別々に構築していたシステムを一本化し、統合データベースを構築するプロジェクトを進めている。早々にRFP（提案依頼書）をまとめ、ベンダー選定のコンペティションを実施した。

　本来であれば部課長クラスが審査委員になるのだが、緊急事態が発生し、ある利用部門の部長が欠席せざるを得なくなった。そこでこの部門から、若手のS氏が代打で参加することになった。S氏は日ごろから上司の信頼が厚く、部内でシステムに最も詳しい。

「どうしてA社なのですか？」

　コンペではまず、ベンダー各社が提出した提案書をチェックする。部長クラスでは詳細なチェックはできないので、各部門とも中堅クラスが担当している。

　S氏が確認したところ、どの会社も似たり寄ったりという印象だ。他の担当者の意見も同じで、提案書の比較では決定的な差がつかず、各社のプレゼンテーションを見て決定することになる。

　S氏はやる気満々である。周りの部長たちには詳細な技術面の評価はできないだろう。それができるのは自分だけだ。提案書の内容とプレゼン内容に矛盾はないか、実際に担当するプロジェクトマネジャーが自分の言葉でしゃべっているか、プレゼン専門要員ではないか、などをしっかりチェックする意気込みで臨む。

A社のプレゼンはイメージ中心。中身はほとんどなく、提案書の概要に軽く触れただけ。あとは、いかに多くの実績があるか、どれだけ超一流の顧客を抱えているか、といった宣伝に近いものだ。

　B社のプレゼンのほうがS氏には響く。短い時間ながらも「なぜB社なのか」がよく分かる内容だ。当社の課題をどう理解し、どう解決していくかの説明も納得がいく。なぜこれだけのプレゼンができてこの提案書なのか、という疑問は残ったものの、S氏は一点の迷いもなくB社だろうと思う。

　ところが結果は、S氏を除く部長全員がA社を選ぶ。理解に苦しむS氏だが、代打の立場で強いことは言えず、「どうしてA社なのですか？」と聞くのがやっとだった。この問いに、部長の一人が「A社に決まっているだろ」と一言。これであっさり終わった。

どれほど良い製品でも「理解されない」と採用されない

　正しい提案や良い提案が選ばれるとは限らない。選ばれるのは「理解できる」提案である。これがセオリーの三つめだ。

　1995年の東京都知事選を記憶されている方がいるかもしれない。このときに圧勝した青島幸男氏は具体的な政策について何も語らず、「都政から隠しごとをなくします」とのスローガンを連呼した。一方、政策を訴えた大前研一氏は惨敗した。

　これが意味するところは明らかである。二つの提案があり、どちらも「理解できる」内容であれば、中身の勝負になる。これに対し、一方が「理解できない」内容で、もう一方が「理解できる」内容であれば、中身の勝負にはならない。「理解できる」ほうが選ばれる。

　この点を理解しているかどうかが、A社とB社の違いである。A社は部長クラスが審査委員を務めると想定し、部長クラスに向けたプレゼンに徹した。B社はそうした意識が欠けており、あくまで補足説明といった位置づけで、提案書の延長線上でプレゼンをした。

B社のプレゼンでは、部長には理解できない。部長が理解できる内容で、より多くを分かりやすく説明できたA社が勝つのは当然である。
　まずは提案を理解してもらうことが肝心だ。理解されないと、どれほど良い製品であっても採用されない。顧客は理解できる「劣った製品」を選択するものである。

A社を選んだQ社のその後は…
　A社が落札したQ社のシステム統合プロジェクト。提案書にベテランのプロジェクトマネジャーが参加するという記述があったが、その姿はない。経験の浅い30代前半の若手が、当たり前のようにマネジャーとして紹介される。
　そして当たり前のようにプロジェクトは難航する。提案内容があっけなく反故にされたからだ。しかも契約から外れないよう、A社は巧妙に進める。
　Q社の各部門の部長は、当然怒り心頭である。ところが部長は、その原因が審査での自分のミスにあるとは、つゆほども思っていない。

2.7 ユーザーとの密接な関係づくりの秘訣

システム構築・刷新プロジェクトを担当するIT企業やコンサルタントにとって、顧客すなわちユーザー企業との関係づくりが大切なのは当然のことだ。「暗闇」ではなおさら、顧客と密に連携して作業を進めないと難関を突破できない。

システムの目的より「個人の目的」が優先される場合もある

　システムの目的を明確にすることは、プロジェクトの初期段階での最重要課題だ。若手プロジェクトマネジャーのB氏はプロジェクトの冒頭で、顧客企業X社に「システムの目的を教えてもらえますか」と尋ねる。先方の答えは「業務の効率化によって、顧客サービスの向上を図る」というものだ。
　これでは大雑把すぎて、様々なステークホルダー（利害関係者）から上がってくる要求を取捨選択する際の判断基準としては使えない。文句が出ないよう要求を切り分けるには、システムの目的をもっと詳細で具体的なレベルに落とし込む必要がある。

システムの目的を詳細化したものの…
　B氏はシステムの目的を具体化・詳細化する作業に取りかかる。「業務の効率化とは、ベテラン従業員の作業を効率化することを指す」「A業務をどの程度効率化できたかどうかは、申請書類を受け付けてから決

裁書類を保管するまでに要する時間で判断する」といった具合に、目的やコンセプトを詳細化・具体化していく。

その結果を利用して、要求の切り分け作業は順調に進んだ。ところが作業が進むにつれて、X社の業務担当者から不満の声が上がるようになる。

担当者は新システムを構築すると聞いて、それぞれが個人的に抱えていた課題を解決してくれる、と期待していた。なのに期待していた機能は「システムの目的と合致しない」という理由で、ことごとく却下されたのだ。

X社の現場リーダーは、業務担当者から激しい突き上げをくらう。ただ、X社のマネジャーは「B氏の進め方で特に問題はない」と、目的志向の進め方に納得している様子だ。

だがプロジェクトが進むにつれて、このマネジャーはB氏に対して「この件だけは採用してください」と要求するケースが増えてくる。B氏がマネジャーに理由を尋ねても教えてくれない。

しかし、要求の一部を特別扱いにすると、これまで断ってきたユーザーに対して説明できない。「会議の議題として検討しましょう」とマネジャーに提案するが、「その必要はない」とあっさり却下される。

B氏はそれでも食い下がる。要求を切り分ける基準を曖昧にするとなし崩しになり、いつものプロジェクトに逆戻りしてしまうからだ。

しかしX社は、業務効率化の視点で考えれば当然廃止すべき業務を残す、費用対効果から考えて当然見送るべき機能を追加する、顧客サービスの改善どころか悪化につながりかねない仕様を追加する、といったことを要求してくる。

B氏は粘ったが、逆効果だった。最初はB氏の合理的な進め方に納得していたX社のマネジャーも、B氏の目的志向の考え方に疑問を呈すようになっていく。

ここでB氏は初めて、自分が行き過ぎだったことを悟る。自分のやる

気と意気込みが、顧客の思惑を無視する形になったわけだ。

当の本人に直接疑問を投げかけるのは禁物

要求定義が完了して設計に入ってからも、顧客が様々な要求や要望を出すのは珍しくない。システムの目的は、こうした要求を取捨選択する際の最終的なモノサシの役割を果たす。

ただ、システムの目的を明確に定義したからといって、機械的に物事が決まっていくわけではない。個人によって解釈の違いがどうしても生じるというのが一因だが、それは大きな問題ではない。

より深刻なのはX社の事例のように、**担当者やキーパーソンが大事な個人的な目的を持っており、それをシステムの目的よりも優先させるケースがある**ことだ。この点を認識する必要がある、というのがセオリーの一つめである。

個人的な理由の内容は、自分の今後のポジションや権限の範囲に関わる、単純に技術的興味による、など人によって異なる。内容はどうであれ、こうした個人的な理由はプロジェクトの方向性を歪める大きな要因となる。

この場合の対処はなかなか面倒だ。そもそも、こうした個人的な目的が明らかにされることはない。仮に、それが見え隠れしている場合でも、当の本人に直接疑問を投げたり、目的と行動を詳細に検証したりするのは禁物だ。

ステークホルダーの個人的な目的を理解したうえで、プロジェクト全体やシステムの目的を損なわない方向に舵を切っていく必要がある。個人的な理由を挙げているのが顧客のキーパーソンであれば、なおさら注意しなければならない。

顧客が触れてほしくない部分に踏み込む

窮地に陥ったB氏は上長に相談した。すると、上長はこう話す。「エ

ンドユーザーがよく、個別最適化の要求や個人的な要求を出してくるのは分かるだろう。顧客の上層部にも個人的な都合がある。これから気を付けたほうがいいぞ」

　B氏はようやく何が問題だったのかを理解した。顧客は業務効率化をシステムの目的と言っている。だが、それだけでシステムの仕様が決まるわけではない。社内政治の中で、あるいは業務効率化と無関係なところでシステム化の可否が判断される場合もある。

　システム開発の表向きの理由（システムの目的）からすると、顧客としてはそこにあまり触れてほしくない。にもかかわらず、B氏はずかずかと踏み込んでいたわけだ。

　これから構築するシステムは誰のためのものか。経営層か、マネジャーか、現場のユーザーか、顧客にとっての顧客か。それを決めるのはあくまでも顧客であり、B氏ではない。

「理系」と「文系」は話が合わない点に要注意

　ユーザー企業大手のA社では、これまで社内の各業務部門が独自にシステムを構築するのが当たり前だった。ユーザーインタフェースからコード体系まで、あらゆるものを個別に設計しており、システム間の相互運用性は皆無に近い。

　この状況をさすがに問題視するようになり、システムを企画・構築するうえで標準化すべき領域については、A社のシステム部門に一括して権限を集約することになった。各部門から不満の声も上がったが、全社レベルの標準化は世の流れでもあり、この方針に決まった。

　このタイミングでシステム部門長に就任したS氏はさっそく、苦労を

味わう。標準化に必要な権限を与えられたものの、ルールを変えただけで現実がそう簡単に変わるわけではない。

　より大きな問題は、ビッグデータに対する期待と圧力が高まっていることだ。経営層はS氏に対し、「各部門が蓄積した様々な販売や顧客のデータを、マーケティングに活用できるよう統合せよ」と指示を出す。

　「マーケティングか」とS氏はため息をつく。エンジニア出身のS氏は、システム間の連携やデータ統合といったエンジニアリング領域は大の得意。一方で、曖昧模糊とした要求定義の領域は得意ではなく、システム部門長として口にはしないが興味もない。そんなS氏にとって、マーケティングはさらによく分からない世界である。

　マーケティング部門長のN氏にも指示が飛んだらしく、早々に会議の場が設定される。新任のS氏は、N氏と会話を交わした経験がほとんどない。社内で見かけるたびに、「あの人とは合わないな」と以前から感じていた。

　N氏との初めての会議で、S氏はその思いをさらに強くする。とにかく言葉が通じない。システム全般や個別機能に対するニーズや要望を尋ねると、返ってくるのはこんなセリフだ。「それはターゲットによって全く違います。それを判断するうえでセグメンテーションが重要ですが、ちなみに今一番欲しいのは、○○経由で販売している△△についての、月別の□□の情報です。開発の難易度はどうでしょう？」

　いきなりそんなレベルで話をされても、分かるわけがない。S氏は「技術的にできないことはありませんが、もう少し細かい情報がないと何とも言えません」と答えるのが精いっぱいだ。

数字で考えるか、言葉で考えるか

　よく人を「理系」「文系」と分類したりする。数字で考えるか、言葉で考えるか、と言い換えてもよい。この**理系と文系は話をしても、まずかみ合わない点に注意が必要だ**。これがセオリーの二つめである。

特に両者が重要なステークホルダーである場合、プロジェクトに多大な影響を与えかねない。

理系の人は数字を出せば安心し、不安は解消される。最大の問題は、数字だけに基づいて判断してしまうことだ。数字による分析が全ての真実を表すわけではない。このため、1週間単位で進捗を管理しているのに突然、3週間の遅延が発生するといった事態が発生する。

一方、文系の人はモノや現実から離れて、言葉だけで満足してしまう傾向がある。ここでの問題は信頼や理由、精神といった実体がないもの

図2-13　「理系」と「文系」の違い

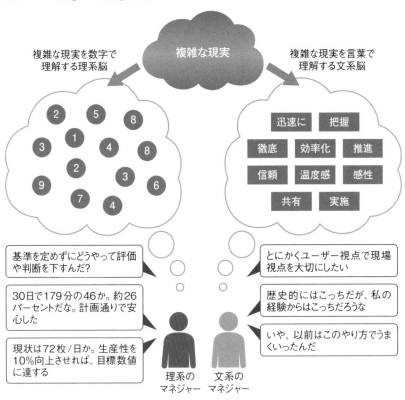

を実体があるものと勘違いしてしまうことにある。対策をいくら打っても現実は一向に変わらない、といった事態が起こり得る。

　理系と文系が話をしても、かみ合わないのは当然だろう。お互い「言葉が通じていない」ことは認識できるが、そこから先の歩み寄りは困難だ。歩み寄りが必要との意識を持つことさえめったにない。「相手は合理的な話ができない」「現実が見えていない」で終わってしまうケースも少なくない。

方針を決めて進めても手戻りが頻発

　理系のS氏と文系のN氏はすぐに、互いに話が通じないことに気づいた。それでも経営層からの指示がある以上、とにかく前進させようと会議を重ねる。

　双方とも協力的な姿勢で臨んだものの、「欲しいのはこのデータではない」「この前言っていたのはそういう意味ではない」などと手戻りが多い。抽象的な話では事が全く進まないので、具体的な紙の現物を見せながら話を進める。その結果、ひとまずその場では認識を一致させることができた。

　ところが、その認識を基に方針やルールを取り決めて作業を進めようとすると、また手戻りが発生する。時間をかけてTODOの意識合わせをする。ようやく合意できたので、念のため詳細に確認してみる。すると、「いえいえ、そういう意味でなくて…」となる──。この繰り返しだ。逐一、個別で具体的なレベルにまで立ち返らないと、認識が一致しないのである。

　経営陣も、プロジェクトの進展状況が芳しくないことを問題視している。当初は「システム側に問題がある」「いや、マーケティング側だ」などと安易な責任論に陥りそうになったが、最終的に相性の問題ということに落ち着く。

　その結果、経営層が提示した解決策は「互いの理解を深めよ」「相互

に歩み寄れ」という文系的なものだ。S氏の苦悩はまだ続く。

顧客満足度は主体的に高めよ

　プログラマー出身のK氏は現在、あるプロジェクトでサブシステムのチームリーダーを担当している。プロジェクトマネジャーは顧客満足度を重視するタイプで、全ての判断をその尺度で見ている。
　「システムは品質が命」とそれまで考えていたK氏は、このマネジャーの「システム品質は顧客満足度を上げるための手段にすぎない」という考え方に触れて「なるほど」と思った。これに啓発されて、自分のチームを「顧客満足度ナンバーワン」にしようと意気込む。
　K氏はチームメンバーに対し、「エンジニアの視点だけでは狭すぎる。顧客にとっての価値を考えよう」と、マネジャーの受け売りの言葉ではっぱをかける。K氏はもともと部下からの人望が厚く、メンバーにはすんなりと受け入れられた。

「やりすぎ」のサービスなのに満足度は高くない
　プロジェクトが始動し、顧客から次々と要望が上がってくる。仕様の五月雨な追加変更は当たり前。顧客の担当者が上司に説明するための資料の作成や、そのための各種データの収集など、本来なら顧客がするべき作業も「顧客サービスの一環」として引き受ける。
　K氏のチームは利用部門への基礎的なコンピュータ教育の講師や、テキスト作りまで引き受けている。これらの作業が契約の範囲外であるのは明らかだ。
　顧客は「そのくらい引き受けて当たり前だ」という態度は取らず、遠

慮しがちに依頼する。こうした要望が契約範囲外だと認識しているようだ。K氏は顧客の多忙さを分かっていたこともあり、「それ、引き受けましょうか」とサービス精神を発揮していた。

これではK氏やメンバーの負担が増す一方だ。メンバーからは「明らかに顧客の仕事だよね」「仕様の追加や変更なら分かるが、顧客の事務作業まで引き受ける必要があるのか」といった不満や愚痴が出てくるようになる。K氏自身、疲れを隠せない状況だ。

このままではまずい。K氏は顧客からの要求を徐々にセーブするようになる。以前は二つ返事で引き受けていた契約範囲外の要望を保留したり断ったりするようになった。

突然の方針転換に顧客は戸惑う。K氏のチームの「行き過ぎたサービス」に依存して、何とか回っていた顧客の仕事が回らなくなったのである。契約外かどうかはともかく、顧客にとってはサービスの低下であり、顧客自身の作業に大きな影響を及ぼす問題である。顧客はK氏にクレームを上げるようになった。

K氏は大きなショックを受ける。今までのサービスが「やりすぎ」であり、それを通常のレベルに戻しただけなのに、面と向かって文句を言われたからだ。さらに、身を粉にしたつもりで提供していたサービスに関して、顧客の満足度はK氏が予想していたほど高くなかったことを知る。K氏にとって、二重にショックだった。

顧客満足度を自ら高める四つのポイント

顧客満足度は「一生懸命やったあとに付いてくるもの」といった受け身の考えは捨てるべきである。むしろ、**顧客満足度は主体的にコントロールして高めていくべき**ものだ。これがセオリーの三つめである。

顧客満足度を自ら高めるうえで、基本となるポイントが四つある。

図2-14　よくあるプロジェクトと顧客満足度が管理されたプロジェクト

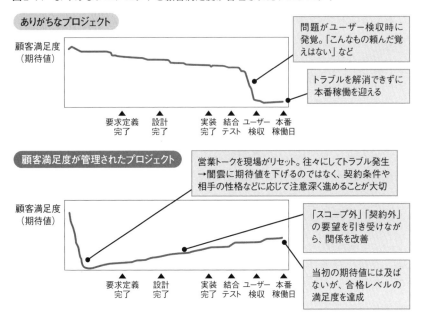

1.「プロジェクト完了時の満足度」の最大化を目指す

　プロジェクトの初期段階に、顧客が難しいと考えていた問題を必死に頑張って解決した。顧客が予想もしていなかった高いレベルで、中間成果物を仕上げた——。どちらも、その時点で顧客満足度は非常に高くなり、「このベンダーに頼んでよかった」と感激されたりする。

　しかし、中間地点での顧客満足度がいくら高くても、完了時点の満足度が低ければ「いい思い出」にしかならない。全てはプロジェクト完了時点での評価で決まることを意識すべきだ。

2. どれほど高いサービスレベルでも人は慣れる

　高いレベルのサービスを顧客に提供し続けていると、当初は感激されるものの、だんだん当たり前になってくる。人間には「慣れ」という恐

ろしい習性が備わっているからだ。

　難しい問題を解決していると、顧客は「次も簡単に解決してくれるに違いない」と期待する。あげくの果てに、それが難しい問題であるとさえ思わなくなる。こうした状況で、通常レベルのサービスを提供すると、それが平均値であっても「平均以下」との評価を受けてしまう。

3. 過大な期待を抱かせるのは両刃の剣

　厳しいコンペを勝ち抜くためには、顧客にそれなりの期待を抱かせる必要がある。ばか正直なプレゼンテーションで仕事を取れるような、恵まれた立ち位置にいるベンダーはそう多くない。

　とはいえ、顧客満足度が事前の期待値によって上下する以上、相手に過大な期待を抱かせることには問題があると言わざるを得ない。営業が期待値を上げて取ってきた仕事については、営業からこっぴどく叱られようが顧客を現実に引き戻す行為が必要になる。

4. メンバーを犠牲にしてまで顧客満足度を高めるのは禁物

　一時の無茶な要求であれば、メンバーは耐えられるしモチベーションも落ちない。無茶な要求が何回か続いても、メンバーは耐えるだろう。

　だが、その要求が定常化して、マネジャーもそれが当たり前だと見なすようになると、メンバーはいつか耐えられなくなる。「顧客第一」と言いながら、必要なリソースを追加せずに酷使し続けると、「利益第一ではないか」とメンバーはモチベーションを失う。その結果、アウトプットの品質が低下し、メンバーの自尊心を傷つけてしまいかねない。

問題の芽は小さなうちに摘む

　K氏の事例に戻ろう。最初の頃は、K氏に対する顧客の受けは非常によかった。ところがK氏が良かれと思って提供していたサービスが常態化すると、顧客はそれを当たり前のものとみなすようになる。

K氏のチームと他のチームを比べると、作業の質の違いが一目瞭然だが、顧客にはそうした違いは分からない。顧客企業の部長も見ているのは数字だけで、K氏のチームの数字に表れない貢献度は把握していない。
　しばらくして、K氏のチームと他のチームの違いがようやく認識されたと思ったら、評価されるどころか「問題あり」というものだった。
　K氏の上長であるプロジェクトマネジャーは、顧客の評価が下がっており、K氏の「過剰サービスの提供とその突然の中止」がその一因であることを知る。当初はK氏の頑張りを認めていたマネジャーも、自らの啓蒙が行き過ぎていたと認めざるを得なかった。
　幸い、プロジェクト全体としてはまだ大きな問題になっていない。問題の芽は小さなうちに摘むのが鉄則である。マネジャーは早速、システムのあるべき姿とプロジェクトのスコープについて顧客と再度、認識の共有を図るためのタスクをプロジェクトに組み込んだ。

第2章　意思決定の99％は理屈でなく「感情」

2.8　合意醸成の基本姿勢と小手先テクニック

プロジェクトを進める際に一筋縄でいかないのが、顧客のコンセンサス（合意）をいかに取っていくかだ。顧客企業といっても様々な部署や人が関わり、それぞれ意見が異なるケースが多い。そんな場合に役立つセオリーを見ていく。

顧客の意思決定プロセスを「把握できた」と考えるのは大甘

　システムインテグレータのエンジニアであるS氏は、ユーザー企業Q社に半常駐状態だ。本来のタスクはあるが、Q社内で最も技術に詳しいこともあり、便利屋として何かと重宝されている。
　今回も割り込みが入ってきた。S氏が関わっているプロジェクトとは直接関係がない別の部署から、「ITに詳しい人がいるそうだね。この件を見てほしいのだけど」との依頼があり、S氏が作業をしている部署の部長は二つ返事でOKを出す。協力の依頼があったのは、Q社が進めようとしている社内ネットワークの統合に関してだ。Q社内には社内LANとメインフレーム関連という二つのネットワークが存在しており、両者は物理的に独立している。
　両ネットワーク間でデータをやり取りする際は、CDやUSBメモリーといった媒体を使う必要があり、利用者からは不満の声が上がっている。これを統合したいので協力してほしい、というのが依頼の内容だ。この状態が放置されていた理由があるはずだが、S氏は歴史的な経緯ま

165

では聞いていない。

社内ネットワークの統合は片手間にできる仕事ではない。「社内に持ち帰って検討します」とＳ氏は答えた。

「意思決定ラインが混乱しているという話ではないか」

自社に戻ったＳ氏はこの件を上司に相談したところ、「社内に最適な人材がいるが、引く手あまたなのですぐに売れてしまう。早く先方の契約が取れるなら、その人材を押さえられるかもしれない」とのこと。

Ｓ氏はすぐにＱ社の担当者に連絡する。自分で仕事を取った経験がないＳ氏は「今後の大きな仕事につながるかも」とやる気まんまんだ。

ところがＱ社の動きがＳ氏の想像以上に遅い。もともと意思決定が遅い文化だが、部署がまたがるせいもあり、輪をかけて遅くなった。

Ｓ氏はＱ社内で発言権があると思われるキーパーソンにも積極的にアプローチしたが、状況に大きな変化はない。「こんな情報が欲しい」「こういう資料はないか」と言われるたびに情報や資料を提供し、早々に意思決定をしてもらうよう努めたが、遅々として進まない。

Ｑ社の言い分はこうだ。「社内でも独自に調査しており、その結果を待っている」「上司と、さらにその上司の意見を調整している」「他部署の一部が反対しており、説得に難航している」。しまいには、「担当部署の責任者同士の仲が悪くて、調整の場が設けられない」となる。

若手のＳ氏は「要は、Ｑ社内の意思決定ラインが混乱しているという話ではないか。話を整理して『鶴の一声』を発すれば済むはずだ」と考える。論点と関連部署を明確にしたうえで、それぞれのキーパーソンを特定し、ニーズに合わせた資料を整理して個別に説明に回る。そうすれば、先方はきっと動くに違いない。

Ｓ氏はこんな思いを強く抱いてＱ社内を回ったが、話は進まない。何がボトルネックなのか、いまだによく分からない。

「水面下プロセス」を把握しても、まだ不十分

　顧客に何かを説明したり提案したりする場合は、相手の意思決定プロセスを把握していることが欠かせない。ただ、そのプロセスを「把握できた」と考えてはならない。**意思決定プロセスは想像をはるかに超えて複雑なのが普通であり、外部の人間が容易に把握できる代物ではない。**これがセオリーの一つめだ。

　意思決定プロセスは、オフィシャルなものに限らない。事案がオフィシャルなプロセスに乗る前の、いわば「水面下のプロセス」のほうが重

図2-15　理解するのが困難な意思決定プロセス

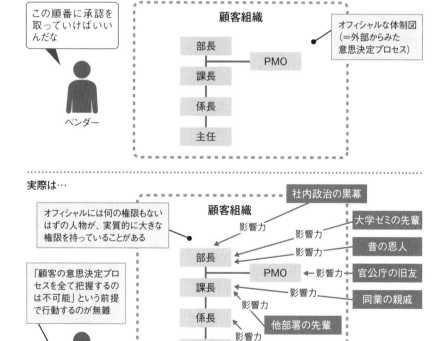

要な場合もある。体制表にある意思決定会議の参加者名だけでは不十分で、実質的に意思決定に影響を及ぼす人物は誰かを特定しなければならない。さらに、その人物の専門分野や価値観、こだわり、好み、非公式的にアドバイスをもらっている人の名前などを押さえておきたい。

これでもまだ十分とは言えない。これらの情報で分かるのは、伝聞に基づいて作成した水面下プロセスである。さらに「こうした要因が実際にどのように影響するのか」が分かるような、意思決定に至るまでの具体的な事例が欲しいところだ。

- 誰は誰の意見なら聞くのか
- 誰は誰と話ができるのか
- 誰は誰と情報を共有しているのか
- 誰と誰の相性が悪いのか
- もめるのはどういうときか
- そこにはどのような利害関係の違いが生じているのか
- それぞれが入手している情報や方法論に違いがあるのか
- 各人の価値観やこだわりは決定事項にどう影響しているのか
- 誰はどのような条件であれば妥協するのか
- ボトルネックはどの部分で発生しているのか

こうした事例が、ここまで調査した意思決定プロセスに現実感と説得力をもたらす。

これらの情報は、尋ねても簡単に教えてくれるものではない。担当者レベルで信頼を勝ち取って、徐々に把握していくしかない。関係さえできれば、休憩スペースなどで聞かなくても向こうから教えてくれるようになるものだ。

表面になかなか出てこない情報の重要性を常に意識し、そのための行動を取っていくことが大切である。待っているだけでは情報は獲得できない。

表面上のプロセスをなぞっても、物事は進まない
　S氏がQ社の担当者から話を聞いたところ、意思決定ラインが混乱しているわけではなさそうだ。複数の部署が関わるだけに、至るところで「仁義」を切らなければならない、という話らしい。
　役職が上の人が多いだけに、仁義を切るだけでもやたらに時間がかかる。仁義を切る順番を考慮する必要があるので、「ダメだったら飛ばして次の人」というわけにはいかない。
　そうこうしているうちに、上司から「例の要員は別のプロジェクトに行くことが決まったよ」と言われる。S氏にとって営業のチャンスだったが、諦めざるを得なかった。
　今回の件でS氏は、顧客内部の文書化されていない暗黙の意思決定プロセスを知ることがいかに大切かを身にしみて感じた。表面上のプロセスを必死になぞっても、なかなか物事は進まない。ボールを投げて、あとは返ってくるのを待つだけなので、受け身の対応しか取りようがない。
　その状態から抜け出すためには、どこに要石があるのかを知らなければならないが、相手に尋ねても回答は得られない。こちらのアンテナを敏感にして、相手の何げない発言の切れ端や、それまで収集してきた知識を基に探っていくしかない。

人間関係のトラブルがテクニックで何とかなると考えるのは間違い

　勉強熱心なT氏。これまでテスター(テスト担当者)とプログラマーとして、様々なシステム開発のプロジェクトに携わってきた。

　デスマーチ(炎上プロジェクト)も経験した。「ベンダーに丸投げ」という意識の顧客のせいで、システムの検収時に追加変更が山ほど出たこともある。ダメマネジャーによる場当たり的な指示に閉口したことも。システム開発における「あるある体験」を一通り経てきたと言えるだろう。

どんなコンフリクトも解決できる

　トラブルに遭遇するたびに、T氏は「どうすればこうしたトラブルを防止できるのか」「迅速にトラブルを収束させるには、どうすればよいか」を考えてきた。

　プログラマー時代は技術が鍵を握ると思っていた。技術力を高め、品質の高い成果物を作成することが、プロジェクトの成功に最も大切だと考え、一生懸命に勉強して技術力を高めた。

　SE時代は要求定義が鍵だと認識した。技術力を高めて優れた設計をしても、要件が「ちゃぶ台返し」に遭うと、それまでの努力が無になってしまう。顧客の要求をマネジメントすることが最も重要だと捉え、一生懸命に上流工程の勉強をした。

　そしていま、T氏が最も重要視しているのは交渉術や説得術、人間が絡む問題解決の技術といった人間系のスキルである。勉強家のT氏は、これらのテーマについても勉強を続けている。

　要求定義の勉強を通じて、「机上の勉強が現場で通用するとは限らない」という点は十分に理解していたつもりだ。それでも勉強を重ねるう

ちに、どんなコンフリクト（衝突）も解決できるという根拠のない自信を持つようになる。

いざ実際の顧客に直面したら…
　T氏は顧客と接した経験が豊富なわけではなく、勉強の成果を現場で試したことはほとんどない。なのに、なぜか自信に満ちあふれている。食事の席で、後輩に対してよくこう言っている。

　「顧客の話が急に飛ぶことがあるが、顧客の頭の中では理路整然としたロジックがあるはずだ。そこを考えずに安易に『顧客の話は支離滅裂だ』なんて考えるなよ」
　「顧客が『スケジュールが大事だ』と言っても、真に受けてはダメだ。99％は金の問題だからな」
　「問題になって顧客と交渉するときは、まず争点を明確にすることだ」
　「衝突の原因をきっちり見極めろ。事実誤認なのか、プロセスや手段が違うだけなのか、そもそも目的が違っているのか、それとも価値観や信念の違いが原因になっているのか」

　それから程なく、T氏は顧客とのトラブルに遭遇することになる。別のマネジャーが担当していたプロジェクトだったが、トラブルが発生し、そのマネジャーは顧客から「クビ」を言い渡された。次が決まるまで、T氏が一時的に代役を務めたのである。
　前のマネジャーからの引き継ぎもそこそこに、早々に客先に向かったT氏。「何とかなるだろう」と漠然と考えていたが、あっけなく撃沈する。事前に聞いていないことや要求、クレームを山ほど聞かされ、初日はほうほうの体で退散した。とても争点の明確化どころの話ではない。

現場は教科書の理論が通用するほど生やさしくない

　教科書や参考書にある机上の理論を勉強すると、**人間関係のトラブルもテクニック次第でうまく収束できるかのように思う場合がある。これは大きな勘違いである**ことを理解しなければならない、というのが二つめのセオリーだ。

　プロジェクトの現場は、教科書の理論が通用するほど生やさしいものではない。教科書の執筆者自身も、本音では「理論を知識として頭に詰め込んだだけでは無理」だと分かっているはずだ。

　なぜ現場では通用しないのか。人は理屈だけで自分の意見を決めているわけではなく、いとも簡単に不合理な選択をするからである。コンフリクトの解決理論で言えば、トラブルを収束させるうえで「双方に感情的なわだかまりがない」「双方に政治的な別の意図がない」「双方が正直で誠実で問題解決の意思を持っている」といった暗黙の前提条件があるはずだ。

「事実はこれまでたっぷり説明した通りだ」

　T氏は顧客のもとに通い詰める日々を送る。理論など全く通用しない。理論に当てはめようと環境操作を試みるが、顧客は全く乗ってこない。

　「まず争点を明らかにしましょう」と言うと、「何が争点だ。のんきなことを言うんだな」で終わり。「事実を明らかにしましょう」と言うと、「事実はこれまで説明した通りだ。今から何を調査するというのだ」と、取りつく島もない。

　そんなとき、先輩がニヤニヤしながら近づいてくる。

　「どうだ、勉強の成果は」
　「いじめないでくださいよ、大変なんですから」
　「大変だろ、現場は」
　「要求定義の現場でもまれてきたので、理屈通りにはいかないと分

かっていたつもりだったんですけど…プロマネは輪をかけて理屈通りにいきませんね」

　理屈の勉強は重要だが、それに頼ったり当てにしたりすることはできない。T氏はそのことを身をもって知る。

「合理性」は企業ごとに異なる

　ユーザー企業L社が進めている、業務効率化を目指したシステム構築プロジェクト。既に設計フェーズに入っているが、プロジェクトマネジャーのA氏は要求定義の品質が気がかりだ。
　実はスケジュールの遅延を取り戻すために、担当者を少し急かして要求定義を進めている。成果物に対し、L社のレビューや承認を受けたものの、L社側の担当者も忙しいので、どれだけ真剣にチェックしたのかは分からない。

「こんなところにチェック漏れが残っていたとは」
　そこでA氏は、暇を見つけては要求定義の成果物を確認していく。すると、ある業務プロセスで気になる点があった。一目見ただけですぐ分かるほどの無駄なフローが存在しているのだ。
　あるシステムから別のシステムにデータを渡す際に、わざわざ媒体にデータを落としてから担当者がPCでデータを編集し、それを再度、媒体経由で別のシステムに渡している。通常なら、ネットワーク経由でデータを送信すれば一発で完了する。手作業での編集も、簡単なプログラムをはさむだけで済んでしまう。

「危ない、危ない。こんなところにチェック漏れが残っていたとは。業務効率化のプロジェクトでこんな手作業が残っていたら、後で大目玉をくらうところだ」。A氏は担当者を呼び、業務プロセスの修正を指示する。

設計フェーズは順調に進み、ユーザーレビューに入る。設計書一式をL社の担当者に渡して一息ついたA氏は、次のフェーズの詳細な段取りを計画している。そのときだ。L社の担当者が血相を変えてやってきた。

「なぜここがネットワーク経由になっているんですか！ 私がきっちりチェックしたはずなのに、なぜ変わっているのですか！」

企業独自の合理性に正論は通用しない

業務効率化を目的としたプロジェクトであっても、効率化してはいけない領域がある。「**合理性」は企業によって異なる**からだ。第三者の目には不合理に感じられるものでも、その企業にとっては合理性があるというケースは少なくない。この点を理解するというのがセオリーの三つめである。

ある企業の業務プロセスが「A業務とB業務の両方が完了して初めて、C業務を開始できる」ものになっていたとする。業務プロセス全体にかかる時間を短縮するには、A、B双方の効率化が欠かせない。

調査したところ、A業務はIT化で効率化できるのに対し、B業務はIT化が難しく、一部のプロセスを省略しないと効率化が困難であると分かる。ここで「A業務はIT化、B業務はプロセス改善」と話がまとまればよいが、そう簡単にはいかない。B業務が冗長なプロセスを踏んでいるのは、それなりの理由があるからである。

例えば、昔から会社に貢献してきた功労者の顔を立てたり、声の大きな管理者に権威づけを与えたりするために、わざわざ承認プロセスを置く、ちょっとしたアウトプットを付与する、といったことをする。

このような企業に対して、理路整然と正論を述べても効果は薄い。そ

図2-16 表からは見えない企業独自の合理性が存在

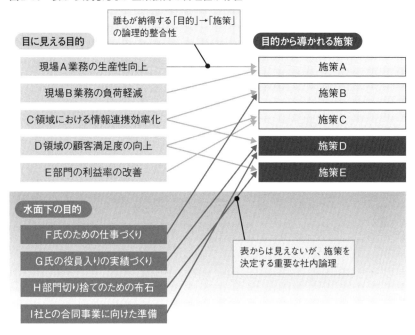

れが正論であることは、相手も痛いほど分かっている。

ここで必要なのは、「その痛みは分かります。あえてそこは突きません」といった具合に、「こちらも分かっている」ことを相手に理解してもらえるような姿勢だ。相手も内心は困っているかもしれない。問題解決の方法を互いに協力して模索していけるような関係を作り上げていくことが大切になる。

そっとしておいてほしい箇所について問題提起をする形に

A氏はL社向けの要求定義の作業で、「システムの目的」と「システムの仕様」の間の整合性を生真面目に取ろうとした。結果的に、L社が触れてほしくない箇所、そっとしておいてほしい箇所について問題提起

をする形になった。「晴らす必要のない霧」をわざわざ晴らしてしまったわけだ。

　ほとぼりが冷めたころ、A氏はL社の担当者に聞いてみる。IT化で無駄な手作業を不要にすると主張していたA氏に対し、「うちにとっては、その無駄な手作業こそが必要だったんですよ」と担当者は言う。そこに手作業が存在していることが大切であり、IT化で奪ってしまうのはご法度だったのである。

「理屈」の人でも意思決定の99％は「感情」で行う

　システム構築プロジェクトでユーザー側の代表者を務めるY氏。見るからに沈着冷静な感じだ。身なりと髪型はきっちりしており、話し方も理路整然としている。

　ベンダー側のSEのU氏は、Y氏と何回も打ち合わせを重ねてきたが、感情的な発言を聞いたことがない。ある機会にY氏の部下に尋ねたところ、チーム内の飲み会でも決して取り乱すことはないそうだ。まさに見た目通りの人物である。

　U氏はこれまで、感情的かつ気まぐれで、自分が言ったこともすぐ忘れてしまうユーザーとばかり付き合ってきた。Y氏のようなタイプは大歓迎だ。プロジェクトを理詰めで進められるし、計画をきっちりと立てられる。事実なら納得してもらえるし、理屈が通っていれば理解してもらえるはずだ。やりやすい相手に違いないと、U氏は期待する。

「計画を再検討すべきだと考えます」

　あるとき、定例報告会でY氏がこう指摘した。「このサブシステムの

開発の進捗について教えてください。当初計画から10％の遅延とのことですが、このリスクは計画レビューで指摘していたはずです。そのときは計画の見直しは不要だと言いましたね」。この指摘に対して、U氏は「はい、以前に同じシステムを手がけた経験を持つメンバーがいるので、その生産性で計算して回答したと記憶しています」と答える。

Y氏は引き下がらない。「でも遅延しているのは事実です。ここは計画を見直す必要があるのではないでしょうか。リスケをお願いできますか」。

これは質問ではなく、明らかに依頼であり実質的な指示だ。しかしU氏はこの違いに気づかない。「理屈が通っていれば納得してもらえる」との甘えもあり、細かな技術的な説明をしたうえで、「結論として、このままの計画で進めますがよろしいでしょうか」と尋ねる。

しかしY氏は譲らない。「でも実際に遅延が発生しています。計画を再検討すべきだと考えます」。

Y氏が「考えます」と発言したことで、U氏はまだ交渉の余地があると捉え、Y氏の再検討依頼をとりあえず突っぱねることにする。駆け引きの意味もあったが、計画変更による内部作業の負荷増大を懸念していた。

Y氏は反論せず受け入れる。U氏はほっとしたが、大変なのはそれからだった。

重要な決定や判断の場面では、理屈よりも感情が優先される

何らかの意思決定や判断をする際に、人は99％感情で決定すると考えて間違いない。「理系」の人も例外ではない。ごく小さな決定では理屈が通る場合もあるが、重要な決定や判断の場面では間違いなく理屈よりも感情が優先される。この点を理解するというのが、セオリーの四つめだ。

もちろん理屈は要求される。事実に基づく説明やロジックが重要なのは間違いない。ただ、それらは前提条件にすぎない。顧客に理屈を理解してもらうだけでなく、腹落ちし、最終的に承認してもらうには、感情

面に気を配らなければならない。論理と感情の双方が重要なのである。

指摘や要求が細かく、かつ厳しくなる

　U氏らがY氏の要求を退けて以来、Y氏の表情は特に変化していないが、報告に対するY氏の指摘や要求が細かく、かつ厳しくなる。しかも、指摘は常にロジカルで理路整然としているので、断るのは困難だ。

　それまで、ベンダー側の説明に多少の怪しさがあっても、基本的な筋が通っていれば、Y氏は細かなエビデンスまでは要求せずに通してくれた。それが、あの一件以降、変わってしまう。

　Y氏もベンダーの都合は十分理解していたし、融通のつけ方も分かっており、実際に融通していた。その点を理解できずに、U氏らが甘えた行動を取ったツケが回ってきたわけだ。

　Y氏は一転、扱いにくい相手となる。エビデンスや数字、計画との乖離の理由をことごとく求められる。遅延が回復しないと、鋭い突っ込みが入る。施策の有効性も証明しなければならない。これだったら負荷がかかっても計画修正しておけばよかったと、U氏らは悔やんだが後の祭りだ。

　顧客を一度怒らせると、説得するのが非常に難しくなる。顧客の気分を損なわない、というのが説得を成功させる一つの策となる。

　とはいえ、単純に「揉み手でペコペコする」態度を取ればよいわけではない。そのような態度を見せると「信用できない」と不機嫌になる顧客もいる。人の性格や反応の仕方をマニュアル化して判断せず、相手に固有の性向を知り、相手の現在の精神状態を判断したうえで説得にかかる必要がある。

第3章
言行不一致こそ良いマネジメント
～社内コントロールの極意

3.1 エンジニア出身マネジャーはここに注意

プロジェクトには様々なステークホルダー（利害関係者）が関わる。実は顧客以上に厄介で面倒なのは、社内関係者のコントロールだ。エンジニア出身の新任マネジャーが陥りやすい注意点を中心に見ていく。

マネジャーは自信満々に嘘をつくべき

つい最近、エンジニアからマネジャーとなったA氏。と言いつつ、仕事をするうえでの目線や価値観が開発リーダーを務めていたときと変わらない。

A氏は、開発の現場にいたころには全く縁がなかったたぐいの問題処理に追われている。メンバーの突然の離脱、先方の担当者の変更、顧客が求めていた重要機能の見落とし、といったものだ。

正確で詳細な情報を伝えたところ、不安が広がる

プロジェクト会議で、A氏はこうした課題について逐一、詳細な内容をメンバーに伝えている。中には現場のメンバーが知る必要がないレベルの情報も含まれているが、A氏はそうした情報を含めて「皆で共有することが大切」との固い信念を持つ。

それには理由がある。A氏が開発リーダーを務めていたあるプロジェクトで、早期対応のタイミングを逸し、進捗が大幅に遅れた。上司がト

ラブルに関する情報を全く開示しなかったことが理由である。A氏はこの経験から、「プロジェクトの状況を隠すのは悪」と強く思うようになった。

ところが正確で詳細な情報をメンバーに与えたところ、メンバーはかえって不安を感じるようになる。「本当にこのプロジェクトは大丈夫なのか」との疑念が個々のメンバーの中で渦巻き始めたのである。

プロジェクトの状況は次第に悪化していく。メンバーからは「あの若手マネジャーでは心もとない」との声が上がり始める。結局、プロジェクトの途中にもかかわらず、部長はマネジャーの交代を決めた。

その不安は「全く心配する必要がない」

「やはりA氏ではまだ若すぎたか」。こう思った部長が後釜としてマネジャーに選んだのは、ベテランのB氏だ。

B氏はまず、「対顧客」よりも「対チーム」を重視して立て直しを図ろうとする。プロジェクトに対するメンバーの疑問や不安が大きい点を懸念したからだ。

実態を正しくつかもうと、B氏がメンバー一人ひとりにヒアリングしたところ、ある共通点に気づく。「本来は気にしなくていい事柄に不安を抱いている」ということだ。

前任者のA氏は、プロジェクトに関する全ての情報をメンバーにさらけ出していた。プロジェクトの意義や状況を全員が正しく理解しているというのは、A氏の方針で得られたメリットだ。B氏はヒアリングを通じて、この点を確認した。

だがその結果、マネジャーが一人で抱えていればよい不安要素まで、開発メンバー全員で共有してしまっている。そんな状態で開発に集中できるわけがない。

B氏はメンバー全員を集めて、こう伝える。

「メンバーの皆さんに話を聞いて、このプロジェクトに対していかに不安を抱いているかが分かった。ここで強調したいのは、皆さんが抱えている不安は杞憂にすぎないということだ」

「その不安の多くは顕在化していないリスクに起因するもので、マネジャーが認識していればいいだけの話だ。中には勘違いもあった。私を信じて、不安を忘れてプロジェクトに臨んでほしい」

その後、メンバーはB氏を信頼して開発に集中するようになり、プロジェクトは徐々に本来の状態に戻っていく。

B氏はどれだけの確信を持って、「プロジェクトに対する不安は杞憂にすぎない」と話したのだろうか。実は、確信は全くなかった。実際、B氏はプロジェクトの問題に対応するために、顧客との折衝や根回し、文書の作成などをこなす必要があった。不安要素はゼロではなかったのである。

ただ、それらをメンバーが自覚する必要はない。B氏はチームを軌道に乗せるために、もっともらしい根拠や説明をつけて、メンバーを「ごまかす」手段を使ったわけだ。

何が起きても「想定内の事象」である

開発リーダーやエンジニアといったプロジェクトメンバーがウソをつくのは禁物だ。全ての計画や指示は「チームの生産性は○○ステップ/人月」といった明確な根拠に基づく必要がある。

だが、これはマネジャーには当てはまらない。嘘をついてでも、メンバーを導かなければならない場合もあるからだ。その際に、出任せのウソと気づかれてはならない。自信満々に、根拠に基づいて指示を出していると思わせるのが肝心だ。**マネジャーは自信満々に嘘をつくべき**というのがセオリーの一つめである。

どうあがいても間に合わない状況ほどメンバーの士気を下げるものは

ない。士気が下がってモラルハザード（倫理の欠如）の状態に陥ると、生産性や品質に多大な悪影響を及ぼしかねない。

そうした事態を回避するには、何が起きてもマネジャーの「想定内の事象」であるとメンバーに思わせ、不安を抱かずに自身の作業に没頭できる環境を維持する必要がある。

マネジャーが堂々と嘘をつくべきなのはこのためだ。マネジャーには発言の正しさが必ずしも求められない。それよりも発言が「メンバーに正しいと思わせる」ものかどうかのほうが大切である。

暗闇プロジェクトは、確固とした情報がない状態で進むのが普通だ。当然、メンバーは不安を感じやすい。そんななかで、「正しい情報」を全てメンバーにさらして不安に陥れても、メリットは一つもない。

「心配する必要がない」とする根拠が見つからない場合でも、「大丈夫だ」「絶対に何とかなる」「私が何とかする」といった言葉を言い続けるだけでも効果はある。メンバーは「本当か？」と思いつつ、多くの不安は解消され、作業に集中できるようになるものである。

プロジェクトが一段落したあとに、A氏はB氏に教えを受ける。「根拠に基づいて進めるのが重要ではない。根拠に基づいて進めているとメンバーに思わせることが大切だ」。A氏はエンジニアとマネジャーでスタンスが全く異なることを改めて実感する。

「原因追究は表面的に済ます」がマネジャーの流儀

エンジニアとして十分な実績を上げてきたC氏。問題が発生したら徹底的に原因を究明しないと気が済まない。しかも原因が判明したら直接的な解決策だけでなく、作業プロセスの見直しまでを含む永続的な対策

を打つよう努める。

　結果だけを求めるマネジャーは、こうした姿勢を取るＣ氏を時に疎んじる。貴重なリソースの無駄遣いだと感じるからだ。だが、多くの上司や同僚はＣ氏に絶大な信頼を置いている。

　Ｃ氏は問題にきっちり対応しようとするあまり、マネジャーの想定よりも作業が遅延することがたびたびある。それでもマネジャーは嫌な顔をせず、顧客との調整や追加要員の確保などに奔走する。

「マネジャー職を希望します」

　Ｃ氏はエンジニアとして一つひとつ着実に成果を上げていく。評価は常に高い。「きっと彼はマネジメント職ではなく、プロフェッショナル職の方向にキャリアを進めるに違いない」と、周囲の誰もが予想していた。ところが、Ｃ氏はマネジャーへの道を選ぶ。

　「マネジャー職を希望します」。Ｃ氏がこう言うと、上司は再考を促した。妥協なく着実に仕事を進めていくＣ氏の姿勢は、マネジメント職でも重要な資質となるのは間違いない。ただ、マネジャーは時に、判断への妥協が求められる。常に自分の姿勢を崩そうとしないＣ氏にそれができるのだろうか。この点を上司は懸念している。

　しかし、Ｃ氏の意志は固く、「バランス感覚は持っているつもりです」と話す。上司はＣ氏がマネジメント職に進むことを許可した。

　マネジャーになったＣ氏は小規模のプロジェクトを二つほどこなしてから、一人前と言える規模のプロジェクトを担当する。プロジェクトが始まってほどなく、顧客から報告内容に関する質問を受ける。

　「プロジェクトの進捗は全体で見ると順調だと思いますが、いくつかのサブシステムの遅れが気になります。先週までは計画通りでしたが、今週は３日から５日ほど遅れています。生産性が急に２分の１になったようですが、何か問題が起こっているのですか？」

　このプロジェクトでは10を超えるサブシステムを、一つのサブシス

テム当たり3〜4人で開発している。C氏はプロジェクト全体の状況は把握していたものの、社内イベントなどで多忙を極めていたこともあり、サブシステムまではチェックしきれていない。しかし、顧客にそう言い訳するわけにはいかない。

得られたのは「C氏の納得感」のみ

　開発の遅れを顧客の指摘で初めて気づき、C氏は悔しい思いをする。同時に、「なぜ生産性が突然落ちたのだろう」と、この事象に俄然興味がわいてくる。

　C氏は徹底的に原因を調べることにした。該当するサブシステムを担当したメンバーにヒアリングしたところ、原因は「製品の相性」や「作業手順」だという。「そんなことで生産性が急に落ち込むものだろうか？」と、C氏は今一つ要領を得ない。

　さらに自分が納得できるまで、C氏はメンバーへのヒアリングを続けたが、やはり「原因は製品の相性や作業手順の問題」としか説明しようがない。顧客には「よくある製品の相性の問題です」と説明し、納得してもらった。

　この一件で、それまでC氏に絶大な信頼を寄せていたメンバーの一部がC氏の態度に疑問を持つようになる。

　C氏はエンジニアだったときと同様に、詳細なエンジニアリングレベルにまで原因を深掘りしようと努めた。その結果、ただでさえ遅れ気味だったプロジェクトの状況はより苦しくなった。

　それで得られたのは、C氏の納得感だけだ。顧客への説明は最初のヒアリングで十分だった。「これでは単なるマネジャーの自己満足ではないか」とメンバーが愚痴を言うのも無理はない。

徹底的に追い求めるべきは、顧客の納得感と満足感

　エンジニアは原因を徹底的に追究すべきである。しかし**マネジャーに**

なったら、**原因の追究は表面的でよい**。これがセオリーの二つめである。

マネジャーが徹底的に追い求めるべき対象は、顧客の納得感と満足感だ。時間をかける対象が全く異なる点に注意しなければならない。

顧客に何かを説明する必要が生じたとき、マネジャーはその目的やゴールを意識することが大切だ。「なぜテレビは映るのか」と顧客に説明を求められて、工学の基礎から説明することはあり得ない。システムも同じである。何をどこまで説明して、その結果、どのような状態に至るのが目的かを明確にしておく必要がある。

時間をかければ、きっちりと白黒をつけられるかもしれないが多くの場合、マネジャーがそこまでやるには及ばない。顧客対応が重要な役割であるマネジャーの立場では、「顧客が納得する説明ができるレベル」の原因追究で十分である。特にエンジニア出身のマネジャーは、この点を意識したい。

図3-1　マネジャーに求められる理解レベル

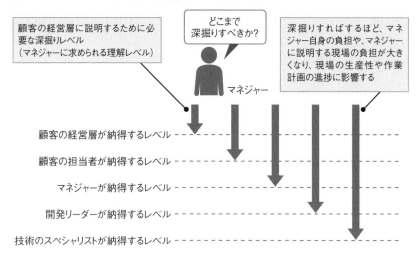

「顧客には正確性に基づいて判断していると思わせろ」

　この一件のあと、C氏はプロジェクトの状況を知った先輩に絞られる。「顧客は説明を求めているのだから、きちんと説明すべき」「自分が理解せずに適当に説明するのは、顧客に嘘をつくことになる」「事実は事実としてきちんと伝えるべき」と言うC氏に先輩は一言。「その考え方では、自社にも顧客にも迷惑をかけることになる」。C氏は沈黙せざるを得ない。

　先輩は続けて、こうアドバイスする。「エンジニアは何よりも正確さを追い求めるべきだが、マネジャーは正確さを犠牲にしてでもスピードを重視すべきだ。その場合も、顧客には正確さに基づいて判断していると思わせることが大切だ」

　「相性の問題」であれば顧客にすぐ報告できたのに、原因を徹底追究しようとしたあまり、1週間余計にかかってしまった。スピードを重視すべきという先輩の指摘はその通りだとC氏は思う。

　一方で後半の指摘に、C氏は「エンジニアとしての信念を崩さずに、マネジメントを遂行する道はないのだろうか」と複雑な思いを抱く。

現場から「確固たる前提条件」を撤廃する

　「前提条件を明確にしてください」。これはエンジニアの常套句である。エンジニアがこうした姿勢を取るのは当然であり、前提条件を明確にせずに作業に取りかかってしまうほうが怖いだろう。

　しかし、この姿勢が通用するのは、ある程度先を見通せる通常プロジェクトの場合である。先が見えない暗闇プロジェクトで、前提条件を明確にすることはできない。「他に事例があれば教えてください。前例

がないのであれば、結果を保証できません」といった態度は、暗闇プロジェクトにはふさわしくないと言える。

　NASA（米航空宇宙局）のエンジニアが月面着陸船を初めて設計したときに、「月の表面についての正確かつ詳細な情報がなければ設計できません」と主張したら、どうなっていただろうか。着陸船は完成しなかったに違いない。

　望遠鏡からの情報で月面の状態をある程度推測できたかもしれないが、エンジニアが着陸船を設計するには不十分だったとみられる。確固たる前提条件など存在しない状態でも設計する。暗闇プロジェクトに臨むエンジニアは、こうした態度が必要になる。

　エンジニアの意識を変え、**確固たる前提条件を撤廃した状態で作業を進められるようにする**ことが、暗闇プロジェクトを率いるマネジャーの大切な役割になる。これがセオリーの三つめである。

仮説としての前提条件を提示する

　ここで「設計はエンジニアの仕事だ」とばかりに、苦労もろともエンジニアに丸投げするのは禁物である。マネジャーは仮説としての前提条件や制約条件を考えて、エンジニアに提示するのが望ましい。ここでいう仮説とは「システムは3年間限定で運用する」「ユーザーの職種は○○のみ」「噂されている法改正は延期になる」といったものを指す。

　こうした仮説がひっくり返る可能性があるのは誰もが分かっている。それでもマネジャーが仮説を提示すると、エンジニアは「自分だけに責任が押し付けられることはない」と安心して作業に取り組めるようになる。

　「暗闇」であっても、全ての前提条件を撤廃しようなどと考えてはならない。そうした場合の開発の現場は悲惨である。顧客からの追加要求に際限がなくなる一方で、リソース（資源）は限られている。メンバーは睡眠時間や最低限の生活時間、通勤時間などを除く全ての時間をプロ

第3章　言行不一致こそ良いマネジメント

図3-2　仮説としての制約条件を提供する

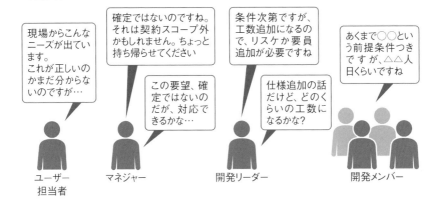

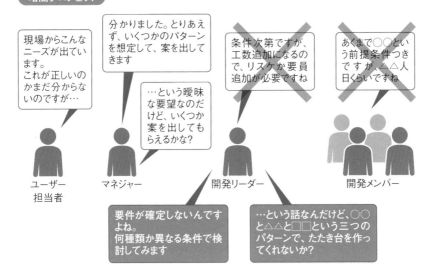

ジェクトに費やさざるを得なくなるだろう。

　それでもデスマーチ（炎上）プロジェクトでは焼け石に水にしかならない。現場は疲弊し、品質はますます低下し、進捗は遅れる。生産性は最低レベルにまで下がり、プロジェクトは破滅へと向かう——。

　エンジニアにとっての前提条件は、外部の嵐から自分を守るためだけにあるのではない。顧客に価値を提供するために必要なのである。マネジャーはこの点を意識しておきたい。

「顧客満足度」を自分なりに解釈してメンバーに伝える

　IT企業N社の経営トップが掲げるスローガン（標語）は「顧客満足第一」。新年のメッセージなど、事あるたびに顧客満足第一を強調する。当然、部長もこのスローガンをよく口にする。

　こうしたスローガンは通常、部長止まりで、現場のマネジャーが真に受けて行動するケースは少ない。顧客満足第一を徹底して実践すると大赤字になり、上から雷が落ちるのが分かりきっているからだ。ところが真面目な若手マネジャーのD氏は、このスローガンを忠実に実践しようと努める。

「収支は絶対に大丈夫なのだろうな？」

　システム開発プロジェクトで、顧客からの要求は多岐にわたる。サブシステムを新たに構築するといった大きな機能追加に関する要求であれば、現場レベルで判断せず承認を仰ぐのが普通だ。ところがD氏はこのレベルの機能追加でも、現場の作業状況や残りの工期を見て「いける」と判断し、二つ返事で引き受ける。

D氏は社内のプロジェクト報告会議で、この件について事後承諾の形で部長に報告した。その際に「顧客からは大変感謝されました」と付け加える。事前に話を聞いていなかった部長は多少驚いた顔をしながら、「プロジェクトの収支は大丈夫なのだろうな？」とD氏に何度も念を押す。

　D氏はこの言葉に戸惑う。自分としては、顧客満足第一というトップの方針に従って判断したつもりだ。「お褒めの言葉をもらえるかも」と期待もしていた。ところが部長の口から出てくるのは数字の話だけ。D氏は「大丈夫です」と答えたが、部長は渋い表情のままだ。

　会議が終わったあと、D氏は部長に確認する。「顧客満足第一という社の方針に従って行動したつもりですが、私の対応は何か間違っていますか？」

　部長は半ばあきれた表情で、さとすようにD氏に言う。「だからといって、収支がどうなってもいいわけがないだろう。赤字になったら、君の給料だって出ないんだぞ」。しかし、D氏は引き下がらない。「では顧客満足第一とは、具体的に何を指すのですか。これまでだって、契約にない細かな要望まで可能な限り対応してきたつもりです。メンバーにもそう指示しています」

　これに対し、部長は「だからといって赤字になっていいわけではない」「社長だって黒字を前提として、ああいう発言をしている」との説明に終始する。今一つ納得がいかないD氏だったが、「分かりました」と引き下がるしかなかった。

「収支」を第一目的にしない

　今回のプロジェクトで「**顧客満足度**」をどう捉え、何をどのレベルまで達成すべきか。マネジャーはこれを自分なりに解釈してメンバーに伝える必要がある。これが四つめのセオリーである。

　一般的な営利企業において、顧客満足度は鬼門だ。N社の事例のように、本当に顧客のためになる作業を実施した結果、収支が悪くなると上

ににらまれる。会社が本気で顧客満足度を重視しているのであれば、社員の評価指標に顧客満足度を明確に組み込むべきだが、多くの企業では定量的な指標としては定着していない。

現場で常に顧客と接している若手メンバーは、言われなくても顧客第一で動くものだ。むしろマネジャーが「もう少し会社のことを考えろ」とブレーキをかけるのが普通である。自発的にアクションを起こしてプロジェクトを進めていく「できる」若手ほど、頭の中は「会社のため」よりも「顧客のため」のほうが多くを占めるものだ。

マネジャーはこうした点を踏まえて、顧客満足第一といったスローガンを自分なりに解釈して、判断したりメンバーに伝えたりする必要がある。

図3-3 顧客満足第一と言っているものの…

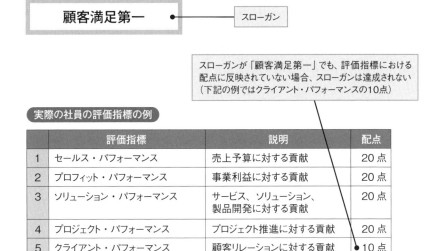

3.2 上層部への説明につまずかないテクニック

暗闇プロジェクトで難しいのは、経営層への説明だ。暗闇である以上、あらかじめ綿密な計画は立てられないが、説明のためには何らかの計画づくりが欠かせない。どこまで説明するかの線引きも大切だ。これらに関するセオリーを紹介しよう。

「暗闇」でも詳細な計画作りは必要だと割り切る

　ソフトウエア事業部門の事業部長に昇進したばかりのF氏。初のマネジャー職に、やる気満々である。
　同時に強いプレッシャーを感じている。社長から「新しい飯のタネを育ててくれ」と言われているからだ。事業部長にこうした役割が求められるのは覚悟していたものの、F氏はどちらかというと新しいことに挑戦するよりも、定められたレールの上をきっちり走って堅実に実績を上げるほうが得意だ。

「計画書をもう少し具体的に書けないか」
　F部長は部下のG氏を「新事業立ち上げリーダー」に任命する。G氏は他の部署から異動してきたばかりで、G氏の元上司から「そういう仕事なら向いていると思う」と推薦された人物である。F部長はG氏に対し、IPA（情報処理推進機構）の「未踏ソフトウェア創造事業」を例に出して、「このような新しい領域にチャレンジしてほしい」と期待を示し

たうえで、多くはないが予算を与え、メンバーを数人アサインした。

G氏は早速、新事業のアイデアを三つ考えてF部長に見せる。しかし、どれもアイデアが曖昧模糊としており、ピンとこない。G氏に対し、「詳細なものでなくていいから、事業計画書のフォーマットにのっとって出してほしい」と指示する。

ほどなく、G氏は計画書を三つ作成して持ってくる。やはりF部長には未完成の計画書としか思えない。投資額やプロジェクトの目的、意義、期待される効果などは明確になっている。一方で、そのプロセスや詳細な作業項目、WBS（ワーク・ブレークダウン・ストラクチャー）、スケジュールは概要レベルの記述にとどまっているのだ。

「もう少し具体的に書けないか」。F部長がこう言うと、G氏は困った表情を浮かべつつ、「最初に指示されたように、今回は未踏領域へのチャレンジです。これ以上詳細に計画を作成しても意味がないと思うのですが」と答える。F部長は少し考えて、三つの中で記述が最も詳細な計画を選び、「これで進めてくれ」とG氏に指示。計画は概要レベルのまま、暗闇プロジェクトが始まった。

なぜ貴重な時間を費やす必要があるのか

G氏はメンバーとともに忙しく駆け回っている。週次の定例会議ではF部長に対し、状況を詳細に報告している。だが、現場の様子はF部長には見えない。しかも当初の計画が次々に変更されている。G氏は「新たな事実が判明したら、計画が変わるのは当たり前です。このプロジェクトでは、計画は変更しなければならないものだと考えてください」と主張する。

「社長にどう説明すればいいんだ」とF部長は困った様子だ。「暗闇」だから計画は概要レベルしか書いていないという説明は、社長には通じない。そもそも計画通りきっちりとこなすことで評価を得てきたF部長に、そんな説明などできるはずがない。

F部長はG氏に対し、改めて詳細な計画を出すよう要求する。これがF部長とG氏との間に、決定的な溝を作ってしまう。
　G氏も若手ではないので、F部長の立場や考えは十分に理解している。通常のプロジェクトであれば、F部長の要求に応えるだろう。
　だが、今回のプロジェクトは「新しいことに挑戦せよ」との指示で始まったものだ。経営層の安心感を得るためだけに、プロジェクトにとって全く意味をなさない計画を立てて貴重な時間を失うのは、どうしても納得できない。「F部長は、自分の言ったことを忘れてしまったのか。プロジェクトの意味や目的を本当に分かっているのか」。G氏の不信感は根深い。

「説明できない事業を進めている」と株主に言うのは不可能

　「暗闇」であっても、**経営層への説明のために詳細な計画作りは必要**だと割り切る。これがセオリーの一つめだ。
　先が見えないのが暗闇プロジェクトである以上、通常のプロジェクト並みの計画と管理を求めること自体が矛盾している。この矛盾に気づかない管理職も少なくない。
　一方で、F部長のようなマネジャーには経営層に対する説明責任がある。さらに経営層には株主に対する説明責任がある。説明できない事業を進めているなどとは、口が裂けても言えない。
　暗闇プロジェクトでも説明責任が発生する。しかもプロジェクトを評価するのは、「暗闇」のロジック（論理）を理解できない人たちだ。割り切って、マネジャーや経営層が説明に使える計画を作る必要がある。「暗闇なので、不明瞭な計画でも許容される」としたG氏の態度は、厳しく表現すると「甘え」と言わざるを得ない。

正直に報告すると、トラブルはかえって広がる

　H氏は、複数のプロジェクトを管理する課長職を務めている。根拠やロジック、フォーマットやルールを重視する性格だ。部下からの報告も細かい点までチェックしている。きっちりとしたマネジメントは特に大規模プロジェクトで奏功しており、これまで着実に実績を上げてきた。
　H課長にはJ氏とK氏という部下がいる。2人とも有能だが、性格は対照的だ。
　J氏は絵に描いたような真面目タイプで、決められたルールを破ることはまずあり得ない。業務や報告、調達などに関する明文化されたルールはもちろん、明文化されていない暗黙のルールであっても、その存在に気づいたら上司に確認したうえで厳守するよう努める。
　これに対し、K氏は会社のルールを知ってはいるものの、全く意に関せずという態度を取る。概算見積もりや作業スコープについて、自分の考えを勝手に顧客に伝えて、上司にたびたび叱責される。その場では「すみません」と謝るものの、心から反省しているようには見えない。
　当然、H課長はJ氏とうまが合う。言ったとおりにやらず、勝手な行動を取るK氏は、H課長の目には問題児に映る。ただ、K氏は客先からの評判が良く、結果も残しているので、優秀だと認めざるを得ない。

フットワークの軽さで「暗闇」を進める

　そんなある日、H課長のもとに新たなプロジェクトの話が舞い込んでくる。新規のパッケージソフトウエア製品を、ある顧客企業と共同で開発する案件である。当時は利用実績が皆無に等しい分野であり、プロジェクトが「暗闇」となるのは明らかだ。
　顧客企業はノウハウを提供するとともに、パッケージの開発に全面的

に協力する。H課長が所属するIT企業は開発費を全て出す代わりに、パッケージの著作権を保有する。顧客企業は開発したパッケージを無償で利用できる権利を得ている。

　この案件はH課長の会社のトップが決めたものだ。H課長も上司も「このプロジェクトはリスクが高い」と感じている。そこでH課長は捨てゲームのつもりで、K氏にプロジェクトリーダーを任せることにした。

　H課長の予想に反して、プロジェクトは順調に進む。手探りで進めざるを得ない状況で、K氏のフットワークの軽さが生きたのである。システムはまだ本稼働していないのに、プロジェクトは先進事例として話題を集め、紹介されるようになる。

　社内でもこのプロジェクトは注目を集め、上層部はK氏の上司であるH課長に詳細な質問をしてくる。しかし、H課長はまともな回答はできない。K氏はホウレンソウ（報告・連絡・相談）をしない性格であるのに加えて、半ば捨てゲームと割り切っていたH課長は、マネジャーらしいことをほとんど何もしていなかったのである。

ルール好きのリーダーに交代したところ…

　トラブルが発生したのは、パッケージの開発を終え、顧客企業での運用が始まった矢先のことだ。パッケージの不具合が原因で、顧客企業に「実害」が生じた。顧客企業の怒りは大きく、損害賠償の請求をちらつかせている。

　「これはリーダーを変えるいいチャンスだ」。こう考えたH課長は、プロジェクトリーダーをK氏からJ氏に交代することを決意する。

　捨てゲームのはずのプロジェクトが、いつの間にか花形になりつつあり、H課長に「自分の手柄にしたい」との欲が出ていた。使いにくいK氏よりも、相性が良く話も通じるJ氏にプロジェクトを任せたほうが、自分にとっても好都合だと考えたのだ。

　当然、K氏は抵抗する。顧客はトラブルに腹を立てているが、それだ

けでリーダーを代えるケースはめったにない。H課長は、K氏がホウレンソウを怠ったことがトラブルの最大の原因だと理屈をこね上げて説明し、最終的にK氏が折れた。H課長の上司である部長は、この体制変更に特に口をはさまなかった。

リーダーをJ氏が務めるようになり、プロジェクトは最初のうちは注目されていたのだが結果的に陳腐な実験プロジェクトに終わる。

それまで先例のないプロジェクトがうまく進んでいたのは、K氏の枠にとらわれない自由な行動力に負う面が大きかった。顧客企業の要望や提案の中には「それはどうか」と思えるものもあったが、全ての可能性を探っていたK氏は実践と検証を続け、その過程で得られた気づきもある。マネジメントに厳しいH課長がK氏を放置していたので、なおさらK氏は自分の良さを発揮できた。

ところがH課長と、ルール好きのJ氏がプロジェクトを引き継いだ結果、「暗闇」らしさが急速に薄れていく。顧客企業の要望の多くが「常識的にあり得ない」と最初から排除されるようになったのが一因だ。

リスク対応に時間を取られたことも大きい。まじめなJ氏がリスクを逐一H課長に報告し、H課長が過剰反応を示す、という事態が頻発した。放置してもよいレベルのリスクにも真面目に対応しているようでは、「暗闇」を探索する余裕などなくなる。それでもH課長にとって、リスクを放置しておくという選択肢はあり得なかった。

「次にどうなるのか」を読めるのは現場の担当者

ホウレンソウは重要だが、何でも報告すればよいわけではない。**正直に報告すると、トラブルはかえって広がる可能性も十分にある点に注意が必要だ**。これがセオリーの二つめである。

特に報告すべきかどうかを考える必要があるのは、現場で処理できるトラブルについてだ。正直に上層部に報告するとかえってややこしくなり、処理ができなかったり時間ばかりかかったりするおそれが生じる。

図3-4　フィルターを通した情報だけを上司に伝える

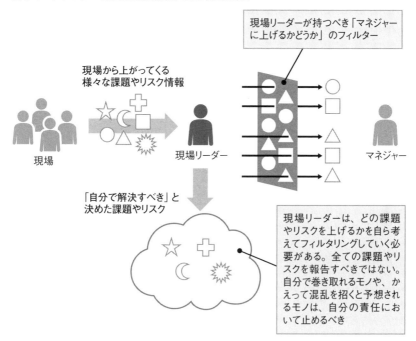

　現場で解決できるのであれば、現場に任せたほうがよい。現場の状況を正確に把握し、「次にどうなるのか」を予測できるのは現場の担当者であるからだ。メスを使った慎重かつ注意深い処置が必要なところに、概要レベルの情報しか知らないマネジャーがナタを持ってきても、問題が解決するはずがない。

　もちろん現場も判断を誤る可能性は多分にある。それでも「暗闇」では全体像を把握していないのが普通であり、現場への権限移譲が重要となる。

上司の矛盾や間違った判断にあえて従う

　ある地方都市のIT企業O社が、システム開発プロジェクトを始めた。プロジェクトには多くの地元住民を巻き込む必要がある。住民にシステムを活用してもらい、そこから得たフィードバックを生かして、自治体を巻き込む大規模なプロジェクトに展開していく構想を描いているからだ。
　この手のプロジェクトには、コンサルタントが絡んでくるケースが多い。しかし対象地域が狭いこともあり、「プロジェクトは自分たちで進めよう」と決めた。
　問題は、プロジェクトの統括責任者を務めるP部長と、現場の推進責任者を務める若手マネジャーのR氏との相性が悪いことだ。

モットーは「正しいことに上下の関係などない」

　R氏は仕事はできるが、P部長から見ると感覚や態度が「今どきの若者」そのものである。「あいつは『長幼の序（年長者と年少者との間にある秩序）』という言葉は知らないだろうし、知っていても鼻にもかけないだろう」と、P部長は感じている。
　実際、R氏のモットーは「正しいことに上下の関係などない」で、事あるごとに正論をはく。R氏は一応、上司の体面を気にしているが、P部長にはとてもそうは見えない。今回のプロジェクトに関わる前から、R氏は上司の矛盾や間違いを指摘しては疎まれる存在になっていた。
　一方のP部長は現場から離れて長いにもかかわらず、現場に口を出したがるタイプだ。R氏との相性が良いわけがない。なぜO社の経営層が、今回のような正しいルートが存在しない暗闇プロジェクトに両者をアサインしたのかは謎だ。「しょせんはパイロットプロジェクト」との認識で、その時点で予定が空いていた人員をアサインしただけなのかもしれない。

周囲の予想通り、プロジェクトは計画作成の時点でつまずく。このフェーズでは、住民へのヒアリングやその意見の整理、機能要件への落とし込み、技術的なフィージビリティー（実行可能性）の確認といったタスクを洗い出し、「大項目」「中項目」レベルの計画を策定する必要がある。

ところが作業が全く進まない。P部長とR氏をはじめ、メンバー間の意見がどうにも合わないのだ。

教科書が存在しない「暗闇」では、判断のモノサシはメンバーにより異なる。客観的なモノサシがないなかで、「多くの人が納得する」理屈をいかに作り上げられるかがマネジャーの腕の見せどころだが、正論にこだわるR氏にはそれができない。P部長はといえば、自らの経験から言いたいことを言うだけである。

そんな状況でP部長から叱責を受けても、マネジャーを務めるR氏には不条理としか感じられない。ツートップがこんな状態ではうまくいくはずがなく、プロジェクトは早くも崩壊の危機に陥っている。

「自分のほうが分かっている」との態度は最悪

暗闇プロジェクトでの上司の判断は得てして、矛盾があったり間違ったりするものだ。道なき道を進む以上、**上司の判断を「間違い」とするのでなく、「正解ではない道を発見した」と前向きに捉え、あえて従う**のも手だ。これがセオリーの三つめである。

上司からの指示やアドバイスが効果をもたらすどころか、かえって逆効果になるケースもある。それでも上司に安易に反論するのは禁物だ。組織の中には上下関係や指示命令系統がある。自分の意見が正しいと思っていたとしても、暗闇を歩いている以上、部下が自分の意見を殺したほうが最終的にプロジェクトの成功率は高くなるはずである。

部下の反論をまともに聞いてくれる上司もいるが、そこに期待してはならない。「上司はいろんな意見を聞いて、客観的かつ論理的に判断す

る」などと、部下の立場にある人が理想像を作ると、かえって苦労する。部下が思っている以上に、上司は自分の権威を重視していると、むしろ捉えたほうがよい。

　部下の側が上司に対して、「自分のほうが仕事のやり方を分かっている」という態度を示すのは最悪である。仮にそうだとしても、上司に「こうすべき」と言うのではなく、あくまで助言を求めるスタンスを崩さないよう意識したい。

上司の意見は「受け流す」

　今回の事例では、P部長が一言口を挟まないと気が済まないタイプだったことが、R氏との関係がさらにこじれる要因となった。上司には、このように自分の力を誇示したがる人が少なくない。部下からの報告や提案に何かと口を出しては自分の威厳を示そうとするのである。

　特に「暗闇」では、こうした上司の助言がプロジェクトに価値をもたらすことはほとんどない。プロジェクトの成功や部下の育成に関心がないわけではないが、助言の真の目的は自分の心理的な欲求の充足にある。上司自身、往々にしてその点を自覚していないものだ。

　部下の側は、ここで文句や愚痴を言っても始まらない。プロジェクトを円滑に進めるために、上司の助言を「受け流す」姿勢が大切になる。上司を無視したり、軽くあしらったりするのでなく、プロジェクトの現場を守りつつ、上司のプライドといった心理的欲求を満たすために最低限の対応をしていくという意味だ。

　ただし、こうした大人の対応が難しいケースもある。プロジェクトを左右する重要なポイントで、現場から見ると明らかに間違った指示や指摘が入るような場合だ。特に上司がドラえもんのジャイアンのようなワンマンタイプの場合、こちらの理屈が通っていても、それで納得することはあり得ない。

　その場合、こちらから情報を与えて上司自身に誤りに気づかせるのが

常套手段だ。難しければ、上司が「この人の意見なら聞く」という人を見つけて、口添えを依頼するのが手っ取り早い。上司の上司や先輩だけでなく、可愛がっている部下に依頼するのも手である。

　20代の頃は輝く目をしてスーパーエンジニアとして活躍していた人でも、20年もたつと様々なしがらみや政治的な背景、ライバルとの感情的なしこりなどによって、「通じる話」が通じなくなるケースは少なくない。「昔エンジニアだったのだから、丁寧に説明すれば理解してもらえる」などと期待しないほうが賢明だろう。

上司のおもりにかかる工数もバッファーに含める

　IT企業がユーザー企業と取り組むシステム構築プロジェクトは長くなると数年も続く。その間、IT企業の担当者が顧客の担当者と飲みに行く機会が増えてきて、個人的に親しくなることもよくある。

　IT企業に勤める若手のＷ氏は、あるプロジェクトで顧客の担当者であるＹ氏と親しくなる。仕事の受注者と発注者という関係であり、時に激論を交わすこともある。それでも年齢が近いこともあり、「互いに協力してプロジェクトを成功に導こう」との意識を共有しつつ、強い信頼関係が結ばれていると互いに感じている。

正論が通じず、いったん決めた約束をくつがえす

　ある日、Ｗ氏はＹ氏と居酒屋でプロジェクトの今後について話し合った。酒も入っているので愚痴も出てくる。

　Ｙ氏「Ｗさんはいい先輩がいて、うらやましいですよ。うちの上司は

あの通り、大変ですから」
W氏「いやあ、Yさんの上司にはいつも大変な目に遭わされていますよ。社内でもあんな調子なんですか」
Y氏「内部の人間のほうがもっと大変ですよ。何だかんだ言っても、外の人に対しては最低限の常識を守っていますから。いや、守っていないかな、はははは。でも、あれでもマシですよ」

　Y氏の上司はプロジェクトマネジャーを務めている。正論は通じないし、いったん決めた約束を平気でくつがえす。相手が顧客とはいえ、W氏はかなり手を焼いている。

W氏「そうですか。それは大変ですね」
Y氏「Wさんには、これまで何回も筋の通らないお願いをしてきましたよね。裏では、上司がらみの都合がいろいろとあったのですよ。今、別のプロジェクトが並行して走っていて、そちらも上司が担当しているのですが、ベンダーを本気で怒らせてしまいましたから。部長まで出てくる事態になって大変ですよ」
W氏「それでも、Yさんの上司の方は社内では安泰なのですか？」
Y氏「そこがね、会社っていろんな事情があるわけですよ…」

　Y氏の話を聞けば聞くほど、酒の席での軽い愚痴とは思えなくなる。その一方で、先輩に日ごろ鍛えられていたW氏は、Y氏が「上司はこうあるべきだ」という勝手な期待を抱いているように感じる。
　そこでW氏はY氏に対して、「僭越ですが…」と前置きしつつ、先輩から教えてもらった上司に対する心構えを伝授する。

「良い提案は認められるべき」は勝手な思い込み

　この事例のように、「おもり（お守り）」が必要な上司がいるケースが

ある。そこに工数が割かれて、プロジェクトを効率よく運営できないと、部下はうんざりするに違いない。

だからといって、上司を排除すればプロジェクトがうまく回るとは限らない。むしろ、その逆になる可能性が高いだろう。

プロジェクトの計画策定フェーズでは、想定外の事象に対応するためにバッファー（予備費用）を確保しておくのが普通だ。この**バッファーに上司のおもりにかかる工数も含めておく**。これがセオリーの四つめである。

「あんな上司、いないほうがマシだ」。読者の中には、こんな思いを抱いた経験のある方がいるに違いない。絶対に会社のためになる、プロジェクトのためになると確信して出した提案が上司につぶされるケースもある。多くの場合は提案が考慮不足・検討不足であるからだが、本当に良い提案なのに上司にはねられてしまうこともないわけではない。

それでも、まずは「良い提案は認められる」という勝手な思い込みを自分が持っていることに気づく必要がある。

図3-5　上司のおもりにかかる工数もバッファーに含める

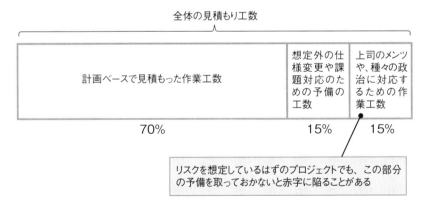

上司の行動は障害物の一つ

 ただでさえ多くの人が関わるプロジェクトに、唯一の「べき論」は存在しない。暗闇プロジェクトでは、その傾向がより強まる。

 確かに会社やプロジェクトの利益は大切であり、本当に有効な提案であれば真剣に検討し、評価すべきだろう。一方で、上司には上司の事情がある。

 部下の優れた提案によって、自分の能力が疑われたりする可能性があれば、上司は提案を出すのをためらうだろう。ただでさえ多忙なのに、部下の提案を評価する手間が増えることを面倒だと思うかもしれない。少々歪んだ面子やプライドの問題もある。これまで部下に対して誇示してきた力が小さくなるおそれもある。

 上司の個人的な事情の前では、「会社のため」という建前が簡単に吹っ飛ぶ。「上司は会社の利益よりも自分の利益やメンツを優先させるものだ」くらいに捉えるのでちょうどよい。

 このような上司の行動や判断の是非を、裁判官のように追究しても意味がない。上司の行動は障害物の一つと割り切り、冷静に対処することを考えるべきである。

3.3 部下とのすれ違いを克服するコツ

プロジェクトマネジャーにとって、メンバーマネジメントをいかにうまく進めるかは非常に重要だ。先が見えない暗闇プロジェクトでは、部下はマネジャーのようには決して考えない。「暗闇」で役立つメンバーマネジメントのセオリーを紹介したい。

セオリー1 メンバーはメンバーの論理で考える

　チームリーダーのA氏は非常に真面目で、厳しい倫理家である。口に出したことは必ず守るだけでなく、たとえ顧客であっても自分の中でこうと決めた倫理の枠組みから外れた行動や言動は許さない。
　こうした性格のせいで、A氏はたびたびトラブルを起こす。特に自分の主張に確信を持っている場合は、顧客に対しても一歩も譲ろうとしない。
　別のチームでリーダーを務めるB氏には、ちょっとしたことでトラブルを連発するA氏が理解できない。B氏は戦略家で、目的のためには手段を選ばずというドライな姿勢で仕事に臨んでいる。
　A氏の目には、B氏は「自分の哲学を持たない、いい加減な人間」に映る。一方、B氏はA氏のことを「会社よりも自分の哲学を優先しており、組織人としては失格」と感じている。

A氏のわがままで生じた様々なトラブルを、B氏が尻ぬぐい
　このA氏とB氏が同じプロジェクトに参加することになった。それぞ

れ異なるチームのリーダーを務める。

　プロジェクトのマネジャーを務めるN氏は、A氏とB氏の性格や考え方が全く合わないと理解している。しかし、リソースが潤沢ではなく、プロジェクトに充てられる要員には限りがある。相性が合う、合わないといった程度の理由で「この組み合わせでは体制を組めない」などと主張しても、上層部には通用しない。

　プロジェクトが始まった。チームが分かれているとはいえ、A氏とB氏は共にリーダーであり、頻繁にコミュニケーションを取らざるを得ない。

　当初は、B氏がA氏に合わせる形で何とかうまく進んだ。しかし、かたくなで融通のきかない態度を取り続けるA氏に対して、B氏は次第にいら立ちを隠せなくなる。A氏のわがままで生じた様々なトラブルを、自分が尻ぬぐいしている気になっていたのだ。

　そんなB氏の気持ちを知っているのかどうかは分からないが、NマネジャーはA氏の振る舞いを黙認している。B氏はこうした態度を取るNマネジャーに対しても、不満を抱くようになった。

「不満があるのは分かるが、そのままやってくれないか」

　我慢の限界に達したB氏は、Nマネジャーに直訴した。すると、こう言われる。「ここまでプロジェクトがうまく進んできたのは、Bくんが何とか我慢してくれているからだ。不満があるのは分かるが引き続き、そのままやってくれないか」

　Nマネジャーの態度からは「ただでさえ忙しいのに、トラブルをこれ以上増やしてくれるな」との気持ちがうかがえる。公平な裁定を期待していたB氏は、見事に裏切られた。

　B氏のチームメンバーからも、Nマネジャーの対応に不満の声が上がるようになる。A氏のチームとB氏のチームとの間で浮いたタスクは8割方、B氏のチームが引き取っており、B氏のチームの負担が大きかったのだから当然である。

B氏のチームに負担が偏っている現状を理解していたNマネジャーは、チームに対する評価に差をつけて努力に報いようとする。

しかし、B氏は納得しない。「自分は評価を得るために仕事をしているわけではない。プロジェクトを成功させるために必要なことをやっているだけだ」。B氏はこう主張する。

評価に差をつければ納得してもらえる。こう考えていたNマネジャーにとって、B氏の反応は想定外だった。ここに至って、B氏やチームメンバーに大きな感情のわだかたまりがあることをNマネジャーはようやく理解する。

マネジャーが考え方を押し付けるのは間違い

部下はマネジャーのようには決して考えない。自分の考え方に従ってくれるだろうと期待しても無意味だ。これがセオリーの一つめである。

A氏とB氏の折り合いが悪いのは致し方ない。倫理と戦略はそもそも相容れないものだ。倫理の観点から論じるA氏と戦略の観点から論じるB氏では、同じ物事でも議論が全くかみ合わないのは容易に想像がつく。あくまで理想を追求する人と、常に現実を見て進めようとする人との間でも議論はかみ合わない。

同年代でも性格が違うと、こうした状況を招く。互いの役職が異なり、「背負うもの」が違うようだとギャップはより大きくなる。

部下がマネジャーの思い通りに動かないのは当たり前である。個人としての論理、そして部下としての論理で考え、行動するからだ。

マネジャーが「自分の言っていることが正しい」と考えて行動を指示するのはかまわないが、考え方を押し付けるのは間違っている。自分が部下だったころを振り返ると、そのことを実感できると思う。

同様にマネジャーはマネジャーとして、部長は部長として、リーダーはリーダーとして、担当者は担当者として考える。もっと言えば、経営者は経営者として、プランナーはプランナーとして、プロジェクトマネ

図3-6　上司と部下とのよくあるすれ違い

ジャー（PM）はPMとして、営業は営業として、コンサルタントはコンサルタントとして、プログラマーはプログラマーとして、それぞれ考えるものだ。

　こうした点を理解したうえで、相手に過度な期待をかけることなく、粛々と仕事をこなしていく姿勢が肝心だ。

指示が意図した通りにメンバーに伝わったら、むしろ驚け

　三つのチームから成るプロジェクトがスタートした。プロジェクトマネジャーを務めるW氏の下にA氏、B氏、C氏という3人のチームリーダーがいる。
　これまで3人の誰とも仕事をしたことがないが、特に心配はしていない。Wマネジャーが信頼を寄せる部長から「3人とも優秀だから大丈夫だ」と聞いているからだ。
　プロジェクトのキックオフミーティングの準備で簡単に打ち合わせた際に、Wマネジャーは3人に言葉が通じることを確認した。試しに難しい用語を使ってみたが、問題なく通じる。現場での経験が豊富なだけでなく、普段から勉強している様子がうかがえる。
　ただ、打ち合わせで、少し気になる点があった。A氏、B氏とは普通に話が通じるのだが、C氏とはこんなやり取りがあったのである。

　C氏「それはこういう意味ですね」
　Wマネジャー「いや、こういう意味だ」
　C氏「なるほど、分かりました」

　一見、ごく普通のやり取りである。ただ、神経質なタイプのWマネジャーは、こうしたやり取りがC氏との間だけに生じた点が気になっている。

まじめでやり気もあるのに、指示が伝わらない
　プロジェクトが始まり、Wマネジャーの懸念は現実になる。Cチームの作業の進み具合が思わしくないのである。

原因は明らかだ。個々のタスクのアウトプットや進め方のイメージについて、C氏にいちいち確認しなければならないからである。
　C氏が指示しないと動かない、あるいは言われたことしかしないわけではない。A氏やB氏と同様、自発的に動くし、積極的で能力も優れている。
　A氏やB氏と違うのは、指示の誤解や勘違いによる手戻りが圧倒的に多いことだ。Wマネジャーが以前の打ち合わせで気になったのは、まさにこの点だった。
　C氏から想定外のアウトプットが出てくると、Wマネジャーはそのたびに原因を詳細に確認していく。すると十中八九、指示がきちんと伝わっていないという事実にたどり着く。C氏に確認すると、「この指示はこういう意味だと理解していました」との答えが返ってくる。
　決してサボっているわけではない。むしろやる気は非常にあるほうだ。それでも指示の誤解や勘違いは減らない。このままでは、WマネジャーもC氏もストレスがたまる一方だ。

4時間にわたる会話で得られたものは…

　WマネジャーはC氏と腰を据えて話をしてみることにした。プロジェクトの目的は当然、理解している。しかし、そこから先の認識合わせが一苦労だ。とにかく話がかみ合わない。
　さらに会話を進めていくと、何をプロジェクトのゴールとするか、そこに至る道筋をどう考えているかについて、C氏の考え方はWマネジャーと一致していることも見えてくる。
　なのに、なぜ指示がうまく伝わらないのか。長時間、C氏と会話していくなかで「単純に、言葉の使い方が違うからではないか」と気づく。
　そこでWマネジャーは、「使い方が違っている」と思われる言葉を一つひとつ取り上げて、定義や使い方を確認していく。作業にはかなりの労力を要する。一つの言葉の定義について両者が納得するまでに、15

〜30分近くかかるのだ。互いに定義について納得したら、その言葉を使った文章の意味を確認していく。

　こうした作業を4時間続けて、WマネジャーもC氏も疲れ果てたところで、作業をひとまず終わらせた。気になっていた全ての言葉について、定義のすり合わせができたわけではない。それでも指示が伝わらない原因が見えたし、互いにゴールと道筋に関する認識が同じである点も確認できたのは収穫だった。

マネジャーとの間に「通訳」を入れる

　問題は、ここからどうするかである。言葉に関する感覚は、WマネジャーとC氏で全くと言っていいほど異なる。「辞書」を作ったとしても、使う言葉が増えるたびにメンテナンスするのは難しい。

　Wマネジャーが出した結論は「通訳」をはさむことだ。WマネジャーとC氏との間に、Cチームのサブリーダーを務めるD氏を入れたのである。D氏ならWマネジャーの言葉もC氏の言葉も、真意を正しく理解して翻訳できる。この点に注目した。

　「コミュニケーションが面倒になるかな」と心配したWマネジャーだったが、実際に運用してみると思いのほかうまくいき、指示が問題なくC氏に通じるようになった。

「伝言ゲーム」が有効なケースも

　指示が意図した通りにメンバーに伝わることはまずない。正しく伝わったら、むしろ驚け。マネジャーは、このくらいの感覚を持つのが望ましい。これがセオリーの二つめである。

　自分の指示がメンバーに伝わらず、「ちゃんと言ったじゃないか」と叱責するマネジャーがいる。これはマネジャーの独りよがりと捉えるべきだ。上記の例のようにほとんどの場合、伝わらない原因は話し手と聞き手の双方にある。指示が伝わらないならマネジャーはまず、自分の責

任だと考えたうえで対応策を講じるべきだろう。

　もちろん、どうしても自分とは合わないメンバーや部下がいる場合もある。ここで「できない奴だ」などと烙印(らくいん)を押すのは禁物だ。

　マネジャーは何か問題が生じると、その原因を部下やメンバーといった「人」につい求めてしまう。だが実際には、大抵の問題は状況や人ではなく、「関係性」や「相互作用」によって生じるものだ。

　どうしても言葉が通じないようなら、両者に通じる人間を間に入れるとよい。伝言ゲームの形にしたほうが、かえって正確に伝わるケースもある。

言行不一致こそ良いマネジメント

　あるIT企業でマネジャーを務めるR氏は、昨日と今日で言うことが正反対になる。顧客の要求が変わって、マネジャーからメンバーへの指示内容が変わるというのはよくある話だ。ところがRマネジャーの場合、顧客の要求とは全く関係なく、言うことがコロコロ変わるのである。

　昨日は「スケジュールは変更するな」と言ったのに、今日は「リスケ（再スケジューリング）を前提に計画を作成せよ」と言う。「ヒアリングリストの項目は絶対に変えるな」と言った翌日に、リストの内容を自ら変更したこともある。

「言っていることが違っていて当たり前だろう」

　メンバーに「昨日はスケジュールは変更するなと言ってましたが…」「ヒアリングリストは変えるなと言っていたではないですか」と矛盾を突かれても、Rマネジャーは動じない。「ああ、そう言ったかもしれな

いな」の一言で終わりである。

　納得できないメンバーがさらに食い下がっても、「もっと勉強しろ」と一喝されておしまいである。あるとき、それでも納得できないメンバーがさらにRマネジャーに迫ったところ、「昨日と今日は違うんだ。言うことが違っていて当然だろう」との答えが返ってきた。

　メンバーにとっては、何ともやっかいなマネジャーである。今日は指示通りに作業して文句を言われなくても、明日はひっくり返されるかもしれない。あるいは指示通りにやっていても「融通が利かないやつだ」と叱られる可能性もある。

　さらにやっかいなことに、Rマネジャーがいつ、どのようなときに前言をひっくり返すのかに関する明確なロジックが見えないのである。もしかするとメンバーには想像のつかない、高度なレベルで意思決定を行っているのかもしれない。ただ、そこが見えない以上、メンバーは「マネジャー対策」を講じようがない。

　だからといって、全てのメンバーがRマネジャーを疎んじているわけではない。メンバーの評判は真っ二つに分かれる。Rマネジャーが手がけるプロジェクトが、ことごとく成功しているからだ。

　「あんなに恵まれたプロジェクトなら、誰がマネジャーを務めても成功するよ」と陰口をたたくメンバーもいるが、目に見える成果を出しているのは事実である。「言行不一致は仕方がない」と半ば受け入れて、Rマネジャーに付いていくメンバーも少なくない。

メンバーの言行不一致をむしろ「評価」

　特に暗闇プロジェクトでは、マネジャーの「言行一致」が望ましいとは限らない。**言っていることとやっていることが違う「言行不一致」こそ、良いマネジメント**であると考えるべきだ。これがセオリーの三つめである。

　言行不一致の行動や言動を取ると、「信用ができない」「うそつきだ」

「いい加減だ」と捉えられるリスクは当然ある。しかし「暗闇」で言行一致にこだわるのは禁物だ。言行一致をかたくなに守ろうとするのは、「プライドを守りたい」という自分本位の考え方にすぎない。

メンバーにも同じことが言える。言行不一致の行動や言動を取るメンバーがいた場合、マネジャーは状況を総合的に判断したうえで、積極的に評価しなければならない。

そもそも言ったとおりに行動すること自体、最初から無理な相談であるケースが多い。「人は自分の言ったことを通じて、自分が何を考えているのかを発見する」と言った人がいる。自分が考えていることを発言するというよりも、自分が何を考えているのかを自分の発言を顧みて知る、という意味だ。

これが正しいのであれば、言行一致などはなから無理な話となる。少なくとも「暗闇」では、言行不一致と言われようが気にせずに、自らの行動を現場の状況に合わせていく態度が大切だろう。

言行一致を貫こうとすると…

マネジャーが言行一致を貫くと、プロジェクトメンバーにどのような影響を及ぼすのか。もう一つエピソードを紹介しよう。

マネジャーを務めるS氏の発言には常に整合性がある。意思決定や判断の根拠も明確だ。その指示はメンバーにとって理解や納得がしやすく、勉強になる。Sマネジャーが率いるプロジェクトに参加したメンバーの多くが「ようやく理想のマネジャーに出会えた」と思ったものだ。

ところがプロジェクトが進むにつれて、Sマネジャーに対するメンバーの見方が変わっていく。プロジェクトでは、前言を翻さなければならないような事象が必ず発生するものだ。このプロジェクトでも、Sマネジャーが以前にメンバーに言ったことを訂正せざるを得ない状況が生じた。メンバーは、Sマネジャーが間違いを認めて「前言を撤回したい」と言うと思っている。

しかし、Ｓマネジャーはそうしない。「前言は間違っていない」というロジックを展開したのだ。

どう見ても、このロジックはこじつけであり、無理がある。仮に前言を撤回したところで、Ｓマネジャーの能力を疑うメンバーはいないだろう。なのにＳマネジャーは言行一致にこだわり続け、半年の間に４、５回もこじつけの説明をした。

これが１、２回であれば、メンバーはマネジャーの態度を大目に見て、プロジェクトにほとんど影響を与えなかった可能性が高い。しかし短期間に同じことが続くと、「自分のことしか考えていないのか」とメンバーも嫌気がさしてくる。

結果的に、先の例の言行不一致のＲ氏よりも大きなダメージをプロジェクトに与えてしまう。Ｓマネジャーは、かなり後になるまで、それに気づかなかった。

意見の一致など、はなから期待しない

若手マネジャーのＦ氏は、これまで先輩の下でいくつものプロジェクトに関わってきた。その中には失敗プロジェクトもある。

こうした経験を通じて、Ｆ氏はプロジェクトが成功するポイントを悟る。様々な顧客やステークホルダー（利害関係者）との合意がカギになると考えたのである。

しかし、合意を得るのは容易でない。多くの場合、一方の利益はもう一方の不利益になるという、ゼロサムゲームの関係が生じる。こうした関係者同士の対立構造を、どのようにして解消して合意に導けばいいのだろうか。

217

F氏は合意のテクニックを習得するために、「交渉術」をはじめとする、人間系の課題解決に関する書籍を30冊ほど読みまくる。その結果、顧客との利害調整や、仕様ホルダー同士の要求定義に関する対立など、どんな難しい問題でも解決できるという自信をつけた。

　そうなると、ノウハウを実戦で試してみたくなる。傲慢にも「人間系の調整が必要な問題が生じないものか」などと考えている。

顧客内での意見の対立を調整

　チャンスはすぐにやってくる。要求定義の工程で、現場の担当リーダーがF氏に相談にきた。顧客企業の内部で、セキュリティポリシーの扱いについて対立が起きているとのことだ。

　問題になっているセキュリティポリシーは、「社内のネットワークは、外部と物理的に遮断されていなければならない」というものだ。論理的に遮断しているだけではNGという。このポリシーは明文化しているわけではなく、あくまで内部の総意という扱いである。

　プロジェクトでは顧客が提示した要求を実現するうえで、このセキュリティポリシーがネックになっている。顧客企業のあるステークホルダーは「ポリシーを緩和して要求を実現すべき」、別のステークホルダーは「ポリシーは厳格に守るべきで、要求を取り下げるべき」と主張する。

　顧客内で意見の相違が生じた場合、顧客自身で解決するのが基本である。ところが今回は要求定義のタスクにかこつけて、F氏が両者の調整に入ることになった。F氏は自らのスキルを試したくて仕方がなかったのである。

双方の主張の共通点が見いだせない

　セキュリティポリシーを厳守するか、緩和するか、が表向きの対立ポイントである。F氏は合意形成のセオリーにのっとって、その主張の背

景を確認しようと試みる。

　背景を確認したうえで、両者が「究極に目指すところや達成すべき目的」を探っていくなかで、「目指しているところは同じ」といった共通点を見いだせるだろう。そうすれば、共通点を突破口として合意のポイントを見つけられるはずだ。F氏はこうもくろむ。

　背景の確認を進めてみると、ポリシー厳守派の主張の最大のポイントは「万一、情報が漏洩した際のダメージが大きすぎる」ことだと分かる。一方、ポリシー緩和派は、ポリシー厳守派の主張は「飛行機事故を恐れて海外展開をしないようなもの」として「得られる利益に比べるとリスクは小さい」と主張する。

　双方の主張に共通点を見いだせないF氏は、さらにヒアリングを続けたが進展はほとんどない。一致しているのは「会社のため」という点だけで、そこから一歩先に踏み出すと、すぐに主張が割れてしまう。「…の場合はこちら、…の場合はそちら」といった条件付きの妥協ポイントすら見つけられない。

　F氏の自信は一気にゆらぐ。自分が抱いていたのは、何もやったことがなく、失敗したことがないことからくる「根拠のない自信」だった。今回の一件で、このことを思い知らされる。

ビジネスで必要なのは意見の一致ではなく「合意」

　意見の一致など、はなから期待しない。これがセオリーの四つめである。

　特に若手マネジャーは、「合意するためには意見の一致が必要」という考えを抱きがちだ。そこでF氏のように、事実認識や前提条件の確認を通じて「考えのベース」を探り、意見の相違の原因となっている箇所（論点）を突き止めて論理的に詰めていこうと努める。

　背景にあるのは、「合意に至る方法論を使えば、見解や意見の一致が得られる」という考え方だ。しかし、先の事例のように、そうした方法論は現場では全く通じないことを思い知ることになる。

ここで踏まえるべきは「ビジネスで最終的に必要なのは意見の一致ではなく、合意である」ということだ。合意するためには意見の一致が必要という考えは思い込みにすぎない。
　プロジェクトには多種多様なステークホルダーが存在する。その中で合意を得る必要がある場合に、個々のステークホルダーの意見の根拠や背景にさかのぼって、一致点を見いだそうとしてもまず不可能だ。
　極論すれば、そうした背景はどうでもよく、結果の合意さえあればいい。ステークホルダーそれぞれの頭の中でどう折り合いをつけているの

図3-7　合意に至る道は様々ある

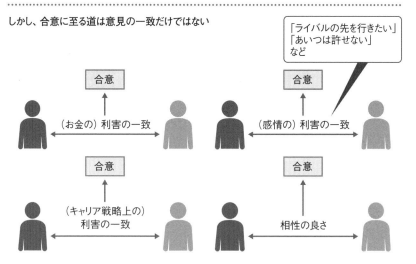

かは、あくまで各個人の問題である。外部が気にしたり、詮索したりする必要は全くない。

　実際には、合意を取ることさえ容易ではない。だったらなおさら、意見の一致ははなから諦めることが肝心である。

　先の例でF氏が使おうとしたテクニックは、思考や論理を扱うものだ。だが、ステークホルダー間の対立は価値観や感情に起因しており、論理が入り込む余地はない。

　感情と思考が戦えば、普通は感情が勝つ。ここで使うテクニックは、感情面でも合意できるものでなければならない。F氏はこのことを知っておくべきだった。

3.4 チームリスクの芽を早期に摘み取る

プロジェクトマネジャー（PM）は、現場の情報をいかに的確につかむかが大切である。特に「暗闇」では、そうした情報から危機の兆候をできるだけ早く察知し、手を打つ姿勢が欠かせない。現場からの情報収集に関わるセオリーを取り上げる。

メンバーに「所感・課題・対策」を書かせる

A氏は最近、大手システムインテグレータから中堅インテグレータに転職した。様々なプロジェクトでマネジャーやリーダーを経験した実績を買われ、スカウトされた格好だ。

今回、一人で複数プロジェクトのマネジメントを受け持つことになった。大手IT会社や大規模プロジェクトでは、一人のマネジャーが複数のプロジェクトを担当するケースはめったにないが、人材が不足している中小のベンダーやベンチャー企業では珍しくない。人件費は固定費であり、たとえ業績が良くてもそう簡単に人は増やせないものだ。

しかし、どれだけ優秀なマネジャーであっても、複数のプロジェクトを掛け持つのは難しい。スキルの問題というよりも、絶対的に時間が足りなくなるからだ。A氏はこの事実をすぐに思い知ることになる。

3週間の開発遅れが発覚、現場に出向いてみると…

A氏はプロジェクトで、前職と同様に教科書通りのマネジメントを実

践している。各リーダーは毎週、A氏に状況を報告する。メンバーは各リーダーに対し、毎日状況を報告している。

　A氏は基本的にリーダーからの報告しか見ていない。複数のプロジェクトを見ているので、メンバーが上げたプロジェクトの日報まで見ている余裕はないからだ。

　リーダーはA氏に対して、WBS（ワーク・ブレークダウン・ストラクチャー）に基づいて報告する。作業の確認は、WBSによる管理の最小単位であるワークパッケージのレベルで行う。

　あるとき、A氏が担当するプロジェクトの一つで、ある機能の開発が3週間遅れていることが判明した。進捗は、週報を通じて必ず確認している。現場の担当者は「スコープの設定は無事完了しました」「顧客ともすり合わせができています」と豪語していた。

　にもかかわらず、最も重要な機能に関する要件漏れが発覚し、開発が遅れた。事態を重く見た顧客のキーパーソンの一人はプロジェクトの運営体制に疑問を呈し、「場合によっては中断も考える」と言う。

　「顧客とは十分調整していると聞いていたのに、どういうことだ」。A氏はたまらず、開発現場となっているプロジェクトルームに赴く。PMを務めているにもかかわらず、A氏はプロジェクトルームにほとんど顔を出していない。複数のプロジェクトを掛け持っており、1日のほとんどは外出しているからだ。

　リーダーからの週報で想像はついていたものの、現場は大変な状況だ。メンバーは毎日の深夜残業が常態化しており、デスマーチ寸前となっている。

　WBSや報告ルール、課題管理票などのプロジェクト管理ツールは、使うのに慣れているし実績もある。A氏が担当してきたプロジェクトは、これらのツールで問題なく管理できていた。

　ところが複数プロジェクトでPMを兼務している現状では、これらのツールで現場の状況を把握するのは難しい。だからといって、頻繁に現

場に出向く余裕はない。いったい、どのように対処すべきか。A氏は悩んでいる。

忙しくなってくると、記述が途端に少なくなる

　マネジャーにとって、プロジェクトの危機は突然やってくる。だが現場は数カ月も前からその予兆を感じているものだ。

　危機の予兆を把握するために、マネジャーは何をすればいいのか。現場に「気づいたことは何でも言ってほしい」と依頼しても、教えてくれるとは限らない。

　肝心なのは、現場からの自発的な報告に頼らずに危機の予兆を知る仕組みを、マネジメントの作業の中に組み込むことだ。**メンバーに「所感・課題・対策」を書かせる**、というのが一つの方法である。これがセオリーの一つめだ。

　プロジェクトの所感は、一見ムダな項目に思える。だが、これでメンバーが忙しいかどうかが分かる。忙しくなると、記述が途端に少なくなるからだ。

　課題や対策も、メンバーの負荷を把握する指標になる。多忙になると、特に対策の記述がいい加減になり、「頑張る」「気を付ける」「〜し

図3-8　報告書の記述から負荷を把握する

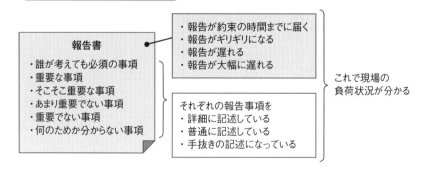

ないようにする」といった具合に、課題の文言の語尾を言い換えただけになる。要は、手を抜き始めるわけだ。

「明日の予定」「来週の予定」「再来週の予定」「それ以降の予定」をそれぞれ書かせるのも手だ。これらの記述も、メンバーが忙しくなると少なくなりがちになる。このほかに、社内コンプライアンスに関わる小さな事務作業や日常的な手続きが滞っているかどうかも、危機の兆候を把握する指標になり得る。

こうしたちょっとした手抜きや事務の遅れを放置していると、プロジェクトは危機に瀕する。以下が悪いパターンの例である。

- 負荷レベルが上昇する
- ちょっとした手抜きなどで、折り合いをつけるようになる
- リーダーは最初のうちは指摘するものの、やがて目こぼしするようになる
- ある程度のエラーを許容し始める
- 今をしのぐために、問題自体を棚上げにして再スケジューリングを実施
- 全領域にわたって報告するのでなく、意図的に「報告漏れ」を画策するようになる

所感や課題、対策などは、メンバーの負荷レベルが上がると最初に手を抜きがちな項目である。これらを必須報告事項とすれば、通常の報告に記述がなくてもメンバーの負荷状況を把握できるようになる。

成果物の品質を自らチェック

A氏がこれまで管理ツールを使ってプロジェクトを運営できていたのは、リーダーやメンバーから報告を受けるだけでなく、現場をきちんと見ていたからだ。A氏は当初、現場を見る大切さに気づいていなかった。

メンバーに「所感・課題・対策」を書かせるというセオリーの背景にあるのは、成果物の品質を確保するためだけでなく、現場の負荷を正しく把握するために成果物をチェックする姿勢だ。

　A氏は現場の状況を把握するために、一部の成果物の品質を直接、自分の目で確認する方針を取る。A氏がリーダーを務めていたころにやっていた作業だ。

　A氏も以前は現場の開発者であり、負荷が高まってきたときに最初に手を抜くポイントは分かっている。全てのメンバーの成果物を確認するのは難しいので、日ごろ品質の良いアウトプットを出すメンバーを対象に、報告内容や成果物を定点観測した。すると、メンバーの負荷の状況によって、成果物に対する「気の配り方」が変化するさまが手に取るように分かる。

　この作業を続けていると、メンバーの負荷だけでなく、それぞれのリーダーの癖も見えてくるというメリットもあった。

メンバーが「何を重視しているか」でリスクの芽をつかむ

　メンバーが何にコミットしているか、すなわち何を重視しているか。暗闇プロジェクトでのリスクの洗い出しは、この点を把握することから始まる。これがセオリーの二つめだ。

　コミットしている対象別に、四つのケースを見ていく。

ケース1　「顧客の現場」にコミットしている

　遅刻が多い。指示した事項のうち、10％は忘れる。指示していないことを勝手にやり始める――。IT企業に勤める若手メンバーであるC

氏の行動や言動を、周囲のメンバーはハラハラしながら見ている。

　Ｃ氏は決してダメ社員ではない。むしろその逆だ。仕事はできるし、何より顧客の担当者から絶大な信頼を勝ち得ている。まさに「顧客の現場」にコミットしており、目の前の顧客のために仕事をしたいと考えている。

　顧客のための作業であれば、残業や休日出勤もいとわない。一方で、顧客のためにならない業務には気が乗らない。特にマネジャーが会社の利益を重視し、顧客の利益を犠牲にするような指示を出すと、Ｃ氏のモチベーション（やる気）は一気に下がる。

マネジャーはここに注意！
　Ｃ氏は顧客のためと言っているが、顧客のマネジメント層にコミットしているわけではない。顧客の現場しか見ていない点に注意が必要だ。
　同じ顧客企業でも、経営層と現場ではニーズや問題意識が全くと言っていいほど異なる。Ｃ氏のような若手は、このことを頭では理解していても、肌感覚ではいま一つピンと来ないケースが多い。口頭で指摘すると「分かりました」と答えるものの、行動はやはり現場第一になってしまう。
　顧客の現場にコミットしているメンバーは当然、顧客の受けが良い。ただ、現場へのフォローを重視するあまり、肝心の成果物の提供が遅れたり、品質が低下したりすることがある。顧客のマネジメント層が重視するのは、むしろこちらのほうだ。現場を重視するあまり、社内ルールを軽視する傾向もある。
　Ｃ氏のようなメンバーは、対顧客に関して注意すべきことはあまりない。やるべきことは十分すぎるほどしている。それよりも作業を計画通りにこなしているか、計画通りの成果物を作成しているか、などを日々確認する必要がある。

ケース2 「上司」にコミットしている

D氏は、上司がどのような判断や指示をしようが必ず服従する。「上司にコミットしている」メンバーだ。

仮に上司がコンプライアンス（法令順守）に違反していても黙認する。判断が間違っているのが明らかだとしても、それに従う。裏に悪意があるわけではなく、純粋に上司に対して従順なのである。

マネジャーはここに注意！

マネジャーにとって、D氏のような存在は「気持ちの良い部下」だ。ここに大きな落とし穴がある点に注意しなければならない。

上司の判断が常に正しいとは限らない。暗闇プロジェクトでは、現場の担当者の判断のほうが正しいケースがよくあるのは、本書で再三触れたとおりだ。

ところが「気持ちの良い部下」はマネジャーの判断ミスに気づいたとしても、決して指摘しない。「間違いだと思ったら、正直に言ってほしい」と伝えていても、決してそうしないだろう。結果的に、マネジャーは引き起こしてしまったトラブルに頭を抱える羽目に陥る。

そうならないために、マネジャーは「気持ちの良い部下」だけでなく、「むかつく部下」の声を聞かなければならない。

ケース3 「会社」にコミットしている

E氏は、会社の利益を第一に考えている若手メンバーである。「会社のためになるかどうか」が全ての判断基準であり、顧客の利益や上司の都合などを軽視する傾向にある。E氏はその考え方が正しいと確信している。

自分の言い分を上司が認めないと、E氏は上司の上司に直訴する。それがルール違反であるという自覚はない。

周囲からは、E氏の行動はバランスに欠けていると映る。しかも「会社のため」と言っている行動の全てが、必ずしも会社のためになってい

るわけではない。上司や先輩がその点を指摘すると、「会社のために やっていて、何が悪いのですか」とE氏は反論する。

マネジャーはここに注意！

マネジャーにとって、E氏はやっかいな存在だ。特に若手メンバーが考える「会社のため」は、ややズレていることが少なくない。

こうしたメンバーは極力客先には出さずに、社内業務の専任にするのが無難だ。「会社のため」を容赦なく振りかざし、顧客に対して融通の利かない対応を取りかねないからである。

そうした態度を取ると、顧客からは当然、苦情が入る。マネジャーは尻ぬぐいに追われて、結果的にマネジメントの生産性が低下する。

ケース4 「自分のプライド」にコミットしている

「自分のプライド」にコミットしているメンバーもいる。本人は「顧客のため」「会社のため」と言うが、顧客や会社よりも自分のプライドを最も重視している。

こうしたプライドを、自らの努力によって守ろうとするのであれば問題はない。問題は、顧客や会社に原因（責任）を押し付けたり、マイナスの影響を与えたりする形でプライドを守ろうとするケースがあることだ。例えば、こんな具合である。

- ドキュメントの品質の低さを指摘されると、「指示が曖昧だった」「そんな話は誰からも聞いていない」「そもそもスコープ外の成果物である」などと言い訳をする
- 仕様の漏れを指摘されると、「顧客がヒアリングの時間を十分に取ってくれなかった」「決められたプロセスにきっちりのっとって作業をした」「予

定外の割り込み作業を指示された」などと言い訳をする
- ●作業の遅れを指摘されると、「マネジャーの指示通りに動いている」「事前にアラート（警告）を上げていた」「そもそもリソース（資源）が不足している」などと言い訳をする

マネジャーはここに注意！
　こうした言い訳をするのは「自分は悪くない」「自分の責任ではない」と考えているからである。これはひずんだプライドと捉えるべきだ。暗闇プロジェクトに携わる以上、「結果責任」を引き受けるべきであり、マネジャーはその自覚をメンバーに持たせなければならない。
　自分のプライドにコミットするのが、必ずしも悪いわけではない。プライドの高さは、往々にして成果物の品質の高さにつながる。自分のプライドにコミットしている新人が学生気分が抜けていなかったり、若手に自らの責任や役割に対する自覚が不足していたりする場合に、「これが君の考える品質か」などとプライドをくすぐるようなコメントをすると、自ら努力してスキルアップしようとするものだ。

　コミットの対象が何であれ、コミットしている人とコミットしていない人とでは判断基準が異なる。そうした差はふだんはあまり表面化しないが、プロジェクトが危機に陥り、メンバーがパニック状態になると、それぞれの判断や行動に決定的な違いが生じる可能性がある。
　マネジャーは日ごろから、メンバーが何にコミットして仕事をしているのかをつかみ、注視しておきたい。それによって、プロジェクトに潜むリスクの芽をつかむことができる。

役割分担がチーム内で議論になったら危機のサイン

　IT企業のS社は暗闇プロジェクトを進めている。メンバーにとって初めての挑戦であり、想定していなかったタスクが途中で発生することも珍しくない。顧客と打ち合わせるたびに、新たなタスクが増えていく。
　S社ではプロジェクト管理、顧客現場対応、顧客役員対応、業務要件整理、システム調査、システム要件整理、開発といったメンバーの役割分担を大まかに決めている。誰の担当でもない「浮いたタスク」が発生した際は、役割にかかわらず各メンバーが進んで対応した。
　自分で対応できるタスクは自ら処理する。自分で対応できない場合は、「彼ができるかもしれない」「あのメンバーのタスクに関係するかもしれない」といった具合に、解決できそうなメンバーにつなぐ。メンバー間でふだんから情報をやり取りしており、新たなタスクには全員が当事者意識を持って対処する。
　こうした姿勢が奏功し、毎週のように計画の見直しが入るにもかかわらず、プロジェクトは着実に前進している。

「タスクごとに明確に責任者を決めて、きっちりと管理したい」

　ところがあることをきっかけに、プロジェクトの雰囲気が一転する。プロジェクトを率いてきたマネジャーが交代したのだ。
　プロジェクトが順調で、大きな問題が発生していないのであれば、通常は途中でマネジャーを代えたりはしないものだ。だが今回は、新たなプロジェクトで、そのマネジャーの知識と経験がどうしても必要になった。新プロジェクトは、S社のトップ肝入りの非常に重要なものだ。
　プロジェクトの途中でマネジャーを代えるのがご法度なのは、部長も重々承知している。一方で、部長は二つのプロジェクトを比べると、新

プロジェクトのほうがはるかに重要だと考えていた。暗闇プロジェクトは「ダメでもともと」であるのに対し、新プロジェクトは会社の屋台骨を背負っている。

新たにプロジェクトを担当することになったFマネジャーは強権的で、管理を好むタイプだ。「新たなタスクは誰かが自主的に対応する」というチームの方針を、Fマネジャーは好まない。誰のタスクかが明確に決まっていないと管理できず、不安を覚えるからだ。

Fマネジャーはメンバーに対して、「タスクごとに明確に責任者を決めて、きっちりと管理したい」と伝える。メンバーは戸惑ったものの、指示に従う。

その結果、メンバーの当事者意識は徐々に薄れ、「作り上げていく」というよりも「こなしていく」という意識に変わっていく。メンバーのモチベーションも次第に下がっていく。一方で、マネジャーへの報告や、管理用のドキュメント作成などに時間を取られるようになる。

「このタスクは○○の担当だろう？」。メンバーは役割分担に関して口にするようになる。プロジェクトの初期には、決して出てこなかったセリフだ。

チーム間あるいはチーム内の「壁」を徹底的に低くする

暗闇プロジェクトで役割分担がチーム内で議論に上がったら、危機のサインと捉えるべきだ。これがセオリーの三つめである。

プロジェクトのチーム間あるいはチーム内の「壁」をいかに低くし、コミュニケーションを密にしていくか。これはプロジェクトを推進するうえで重要な課題である。

特に暗闇プロジェクトでは、この壁を徹底的に低くする必要がある。S社の事例で見たように、暗闇プロジェクトは担当者が明確でない「浮いたタスク」だらけだ。役割分担を決めなくても、自らタスクに対処しようと考えるメンバーの集まりでないと、プロジェクトは回らない。当

然、役割分担を厳密に決めておく意味はない。

　マネジャーを途中で交代させたのは、「暗闇」を知らない間違った判断だったと言わざるを得ない。チーム間の壁を途中で高くしてもプロジェクトを混乱させるだけだ。自チームの作業を計画通りに予測可能にする個別最適の体制では、暗闇プロジェクトをうまく進められない。

「できる、できない」と「やりたい、やりたくない」を混同しない

　マネジャーが「扱いにくいな」と感じる部下や後輩はどこにでもいる。IT企業に勤めるG氏はその一人だ。

　G氏はこれまで複数のプロジェクトに携わってきた。プロジェクトの規模や内容は異なるが、どのプロジェクトでもマネジャーはG氏に手を焼いていた。依頼された仕事にとにかく難癖をつけたがるのである。

「このタスクにこれだけの時間がかかります。新たな依頼は引き受けられません」

「それは経験がないので、勉強する必要があります。期限には間に合いません」

「その作業は○○君のほうが経験があります。彼に依頼したほうがいいのではないですか？」

「それは必要な作業ですか？　目的が××なら、作業する必要はほとんどないと思いますよ」

　上司にとっては腹が立つ言い分である。しかし、弁が立つので、理屈でG氏を説得するのは容易ではない。

「やるのか、やらないのか？」

　そんなＧ氏が、Ｔマネジャーのプロジェクトに加わる。Ｇ氏が以前に参加していたプロジェクトの元マネジャーは、「あいつには気をつけろ」とＴマネジャーに忠告した。

　Ｔマネジャーは、特に気にしていない様子だ。他のマネジャーがあきらめたメンバーを「再生」した経験があり、メンバーの扱いにはそれなりに自信を持っている。

　プロジェクトが始まった。Ｔマネジャーが指示した作業を、Ｇ氏は素直にこなす。「言われていたほどではないな」とＴマネジャーは思うが、それは最初のうちだけだった。プロジェクトが進むにつれて、他のマネジャーがなぜＧ氏に手を焼いていたのか、Ｔマネジャーにも分かってくる。「なるほど、確かに面倒くさいやつだな…」

　Ｇ氏に指示を出すと、作業に着手する前に難癖をつける。「分かった。それで、できるのか、できないのか」とＴマネジャーが尋ねると、「〇〇の条件がクリアできれば、9割方できます。クリアできなければ、その期限を守るのは難しいと思います」と返す。その後もやり取りが続く。

　　Ｔマネジャー「そんな条件をクリアできるわけがない。それくらい分かるだろう？　それで、できるのかできないのか？」
　　Ｇ氏「クリアできないのであれば、客観的に見て難しいと思います」
　　Ｔマネジャー「で、この作業をやるのか、やらないのか？」
　　Ｇ氏「〇〇の条件がクリアできれば、9割方はできると思います」
　　Ｔマネジャー「聞いているのは『できるかどうか』ではなく、『やるのかどうか』だ」
　　Ｇ氏「やってもいいですが、条件がクリアできないのであれば、期限までに仕上げるのは難しいと思います」
　　Ｔマネジャー「『やってもいいか』なんて尋ねていない。やるのかやらないのかを、イエスかノーで答えろ」

図3-9　暗闇プロジェクトを担うマネジャーに求められるスタンス

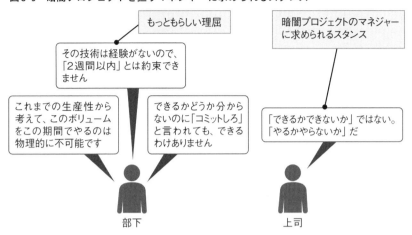

　G氏「だからやってもいいですが、条件がクリアできないのであれば期限までに仕上げるのは難しいと思います、って言っています」

　バン！ Tマネジャーが机を思い切り叩いた音が響く。できるだけ自分を抑えようと努めつつ、Tマネジャーは再度尋ねる。「質問にちゃんと答えろ。やるのか、やらないのか？」
　G氏は答えない。軽蔑のまなざしでTマネジャーを眺めている。「理屈が分からない上司だな」と言っているかのようだ。

「地図がなくても探しに行こう」か「探せない」か

　「できる、できない」と「やりたいか、やりたくない」の議論を混同してはならない。これがセオリーの四つめである。TマネジャーとG氏の議論がかみ合わないのは、G氏が両者を混同しているからだ。
　Tマネジャーが「やりたいか、やりたくないか」という問いでG氏に尋ねているのは、プロジェクトにコミットする気があるかどうかだ。ところがG氏は「できる、できない」という第三者の視点、評論家の視点

に終始している。G氏がこの点を自覚していたかどうかは疑わしいが、Tマネジャーは「やりたいか、やりたくないか」の確認が大切だと理解していた。

実際、G氏が扱いにくくなるのは、「面倒だ」「気乗りしない」「スキルアップに無関係」などと感じる仕事を頼まれたときだ。自分が興味を持つ仕事であれば、条件をいちいち確認したりせず、黙々とこなす。

「やりたいか、やりたくないか」を左右する大きな要素は、「その作業を進めるうえで頼りになる『地図』が存在するかどうか」だ。地図が存在しない作業を指示されたときに、「地図がなくても探しに行こう」と考えるメンバーもいれば、「地図がないから探せない」と考えるメンバーもいる。G氏は後者のタイプだと考えられる。

暗闇プロジェクトに参加する以上、「地図がなくても探しに行こう」という気構えが欠かせない。理屈をこねてアクションを起こさない理由を説明しようとするメンバーは、暗闇プロジェクトには不向きだ。

できない理由として「物理的に不可能」を挙げるメンバーもいる。マネジャーは、こうした言い分も疑うべきだ。リソースうんぬんではなく、やりたいと思っているか、すなわちプロジェクトにコミットしているかどうかの問題である可能性が高い。

プロジェクトにコミットしているのであれば、たとえ本当に無理だったとしても、こうした発言はしない。無理と言ったとたんに、話が終わってしまう。「難しいのですが、こうだったらできるかもしれません」などと言えば、「そのためには、こうしてみたらどうか」といった前向きの議論につながる。

暗闇プロジェクトでは「無理」というメンバーの言葉は「やりたくない」という意志の表れ、と捉えるべきだろう。

「そういう定義なら、やらないということです」

　Tマネジャーと G 氏はどうなったのか。

G氏「○○という条件で△△という結果を出せ、ということならできません」

Tマネジャー「つまり、やるのかやらないのか」

G氏「だから、○○という条件で△△という結果を出せ、ということならできません」

Tマネジャー「業務命令でも、やらないということだな」

G氏「業務命令だろうが、無理なものは無理です」

Tマネジャー「結論だけを言え。業務命令に従えないということだな」

G氏「だから、○○という条件で△△という結果を出せということならできません。間違っているのは業務命令のほうです」

Tマネジャー「もういい、分かった。やらないという意味だと受け取る」

G氏「やらないとは言っていません。ただ、客観的に不可能ということです」

Tマネジャー「それはやらないと言っているのと同じだ」

G氏「そういう定義なら、やらないということです」

　G氏に仕事をさせられなかった以上、Tマネジャーの負けとも言える。ただ、この一件以来、G氏は重要な仕事を任されなくなり、貴重な勉強の機会を失うことになった。

現場からの報告は矛盾しているのが当たり前

　「どうしたものか…」。プロジェクトマネジャーのS氏は悩んでいる。チームリーダーのH氏からの報告と、顧客側の窓口を務めるI氏の言い分が食い違い、どちらが正しいのか分からないのだ。

H氏は部下、I氏は客である。H氏はSマネジャーに「自分を信頼してほしい」と思っているが、Sマネジャーは「I氏の言うことにも一理ある」と捉えている。

「Hさんからこういう提案があって…」

　あるとき、構築中の新システムに関して、客先の理事会で議論が紛糾する。説明を聞いた経営層から「この新システムの仕様はおかしい。わざわざシステムを作っても、○○職種ではメリットが得られない」との意見が飛び出したのである。「誰だ、こんな仕様に決めたのは」と、すぐ責任を追及したがる経営層の一人が騒ぎ出す。

　Sマネジャーは驚く。H氏から「この仕様で問題がないことは、Iさんに確認済みです」との報告を受けていたからだ。

　H氏もI氏も、ユーザーの職種によっては新システムの仕様が議論になる可能性があることは分かっていた。だからこそH氏はI氏と議論を重ね、慎重に動いた。この仕様はH氏とI氏が共同で決めたと言える。

　ところが問題が大きくなるにつれて、Sマネジャーや自社の経営層に対するI氏の言い方が微妙に変わっていく。「Hさんからこういう提案があって…」と、H氏が発案したかのように受け取れるトーンになったのである。

　さすがに「Hさんが決めた」とは言わない。それでは嘘になり、H氏との関係が悪化する。「Hさんから提案があって」というのは事実なので、H氏も「それは違う」とは言えない。それでも白黒付けたがる上層部は、I氏の言い分を聞いて「責任の所在はH氏にある」と受け取る。I氏のやり方を、H氏は腹だたしく感じている。

「もう少し正確な物言いをしていただけませんか？」

　新システムの仕様に「逆風」が吹き始めると、I氏は責任を逃れ、H氏は叱責を受ける。こうした事態が2カ月の間に3回起こった。

H氏にとってI氏は顧客である。多少の不条理は受け入れるしかない、と考えたものの、ストレスは増す一方だ。何より、Sマネジャーが自分よりもI氏を信頼しているように感じられるのが不満の種になっている。

　Sマネジャーが「顧客なのだから我慢しろ」と声をかけていれば、H氏はまだ我慢できたかもしれない。しかし、H氏がそのように言われたことはなく、最初からI氏の言い分を重視しているように思える。この状況に、H氏は我慢がならない。

　H氏は、不満をI氏に直接伝えた。「これまでの問題は、全て私が原因だと言われているようですね。これまでのことは水に流しましょう。ただ、今後はもう少し正確な物言いをしていただけませんか？」

　H氏の言葉に「そんなこと言いましたっけ」と、I氏はとぼけてみせる。H氏がさらに追及しても、「そうでしたかねぇ…」と、あいまいな返事を返すだけだ。単にとぼけているのか、本気で言っているのか、H氏には判断がつかない。

　とにかく言いたいことは伝えたので、もう同じような事態にはならないだろう。H氏はこう期待した。

　ところが、また問題が発生する。当初はスコープ外だったタスクに関する費用をどちらが負担するかについて、「顧客側が引き受ける」ことでH氏とI氏は合意したはずだ。なのに、I氏は理事会で「H氏にコストを押し付けられた」というニュアンスで説明した。

　Sマネジャーは相変わらずI氏の主張を信じている様子だ。我慢を重ねてきたH氏も、さすがに堪忍袋の緒が切れる。

「誰かがウソをついている」と考えるのは禁物

　マネジャーが現場から受け取る報告や情報は、互いに矛盾しているのが当たり前だと捉える。これがセオリーの五つめだ。

　現場からの情報には事実と意見が混在している。誇張や矮小化も少なくない。単なる誤りもあれば、意図的な誤りも存在する。マネジャーは

こうした情報を識別し、正しく判断する必要がある。

ITではないが、こんなエピソードがある。ある事件で目撃者が二人いる。二人とも同じものを見ていたはずなのに、重要な点で両者の証言は食い違っている。

一人は「犯人はメガネをかけていた」と言い、もう一人は「メガネはかけていなかった」と言う。一人は「赤いシャツを着ていた」と言い、もう一人は「青いシャツを着ていた」と言う。二人とも、自分の証言に間違いはないと確信しており、嘘をついている徴候は全くない。

これは、二人のどちらかが思い違いをしているというだけの話だ。間違えようがないと思える事柄でも、こうした思い違いはよく発生する。システム構築・刷新プロジェクトも例外ではない。

人間は目や耳といった五感だけで現実を認識しているわけではない。これまでの経験や学習、それらに基づく予想や推測、さらに思い込みや思い違いも影響している。報告や情報が矛盾していたとしても、誰も嘘をついていないことも大いにあり得る。

マネジャーは報告が矛盾していたとしても、「誰かが嘘をついている」などと短絡的に捉えるのは禁物だ。メンバーに「真実を語っているのに嘘つき呼ばわりされた」といった感情が生まれ、修復が不可能になるおそれがある。上の例でのＨ氏に対するＳマネジャーの言動は、まさにその例だ。

3.5 現場での問題解決に不可欠なマネジャーの心得

プロジェクトの現場で問題が起こらないことはまずあり得ない。特に暗闇プロジェクトでは、大小様々な問題が毎日のように発生する。その多くは技術的な問題ではなく、人間に関わるものだ。そうした問題に早く気づき、対応するためのセオリーを紹介する。

マネジャーにとって最も大切な仕事は社会的・文化的問題の処理

　マネジャーが最も忙しくなるのは通常、プロジェクトを立ち上げる時期である。プロジェクト計画書（開発計画書）の作成に加えて、顧客との様々な打ち合わせや社内の事務手続き、協力会社との交渉や調整などに追われることになる。

　幸い、マネジャーのA氏が参加したあるプロジェクトでは、立ち上げのフェーズでこうした業務に忙殺されずに済みそうだ。諸々の事情でプロジェクト環境が既に整備されており、Aマネジャーが一から動く必要はほとんどないからだ。

　Aマネジャーはこの段階で、プロジェクトリスクの抽出や対策、スケジュール、体制、会議体、運用フロー、文書類の整備といったプロジェクト計画の策定作業を時間をかけて進めることができた。

「向こうもちゃんと進んでいるようです」

　今回のプロジェクトは規模がそれなりに大きく、A氏は専任でマネ

ジャーを務める。サブシステムの各チームリーダーには知った顔も知らない顔もあるが、皆そこそこのベテランであり、マネジャー自身が手を動かす必要はなさそうだ。

　唯一の心配ごとは、各部署から集まったメンバー同士のコミュニケーションである。「分別のある大人だから大丈夫だろう」とAマネジャーは考えていたものの、不安はぬぐい切れない。

　プロジェクトが始まり、Aマネジャーの不安は的中する。プロジェクトの鍵を握るPチームのリーダーと、Qチームのリーダーが犬猿の仲になったのだ。このままではプロジェクトが回らない、と危惧したAマネジャーは、二人を呼んで注意した。

　それでもチーム同士のコミュニケーションの状況は改善しない。情報が連携せず、作業の手戻りが発生している。

　見かねたAマネジャーは両チームのリーダーを再度呼び出し、前よりも強い口調で叱責する。二人ともAマネジャーに対して、「きちんと連携を取りながらやっていきます」と語り、表面上のトラブルは無くなる。

　それでも、二人は積極的にコミュニケーションを取ろうとぜず、相手チームのミスに気づいても無視する状況が続く。リーダーに状況を聞くと「向こうもちゃんと進んでいるようですよ」と答えるが、本当のところは分からない。Aマネジャーは仕方なく、双方のサブリーダーに状況を確認するようにした。

　Aマネジャーは当初、「今回のプロジェクトマネジメントは楽にできそうだ」と期待していた。計画と実績の乖離をチェックし、ときおり制御する程度でよいと考えていた。

　ところが実際には、チームリーダー同士のコミュニケーションの問題により、Aマネジャーの時間の6割を、チーム内のトラブル対応に費やさざるを得なくなった。残る2割を顧客対応、2割をプロジェクトの予実管理に充てている。「チーム内の問題がなければ、もっと楽だったのに…」。Aマネジャーはつい愚痴ってしまう。

マネジメントの生産性を半減しかねない

　マネジャーにとって最も大切な仕事は計画の策定や管理ではない。**社会的・文化的問題の処理である**。これがセオリーの一つめだ。杓子定規の役割分担やタスクの割り振りが困難な暗闇プロジェクトでは、特にこのことが言える。

　計画策定や現場のモニタリング、品質や進捗の管理、上司への報告とメンバーへの情報伝達はどれも、マネジャーにとって重要なタスクである。しかし、マネジャーがこれらのタスクだけを対象に自らのマネジメント工数を見積もると、とんでもないことになる。計画していた作業は半分も実行できず、マネジメントの品質も落ちてしまうに違いない。

　筆者の経験では、マネジャーがプロジェクトを回していくうえで最も厄介なのは、「A氏とB氏の仲が悪い」「C氏がコミュニケーションを取

図3-10　マネジャーの仕事は多岐にわたるが、最も大切なのは…

マネジャーの仕事

- 進捗の管理
- 品質の管理
- 要件の管理
- 契約の管理
- 顧客からの（プロジェクトに全く関係がない）依頼への対応
- 顧客からの無茶な要望への対応
- 顧客の社内を通すための資料作成の支援
- 対顧客の（想定内の）トラブル対応
- 対顧客の（想定外の）トラブル対応
- 社内のトラブル対応
- チーム内のトラブル対応
- 顧客向けの報告
- 社内向けの報告
- 契約の継続を見据えた営業活動
- 別の顧客の案件受注に向けた営業活動
- IT関連イベントへの対応

マネジャーの仕事は、「マネジメントの教科書」のページ数に比例しない
教科書に載っていない仕事への対応が大半を占める

ろうとしない」「D氏が借りばかり作って、返す気がない」「E氏はメンバーから仲間外れにされている」「F氏が非道徳的な行為をしている」といった社会的・文化的な問題だ。こうした問題への対応に、マネジャーの時間が8割方消費されることもある。

しかも、この種の問題は時間がかかるわりに、完全に解決するのが難しい。課題管理票では管理できないし、管理できたとしても表面的な解決にとどまるだろう。

こういった社会的・文化的な問題が発生すると、マネジメントの生産性は半分以下になりかねない。暗闇プロジェクトでメンバーの人選が非常に重要なのは、こうした理由もある。

メンバーが成果を上げられなければ「相性」を疑え

　B氏は、リーダー候補としてIT企業に中途で入社した期待の若手である。面接した現場のマネジャー、部長、役員からの評価はどれも高い。
　「面接したマネジャーの部署に配属されるといいな。あの人となら、うまくやっていけそうだ」とB氏は考えている。しかし、実際に配属されたのは違う部署だ。

「あいつは使えないですよ」

　期待されて入社したB氏だが、なかなか結果を出せない。言葉や顧客のタイプ、仕事の進め方、社風が以前と異なるなかで、何とか合わせようと努力している。直属の上司であるRマネジャーとも積極的にコミュニケーションを取ろうと心がける。
　ところがB氏とRマネジャーは全く波長が合わず、ギクシャクした関

係が続く。Rマネジャーが考える成果をなかなか出せずにいるB氏に対し、次第に厳しい態度を取るようになっていく。

B氏は指示通りにやっているつもりだが、Rマネジャーは「指示に全く従わない」と評する。会議でB氏が発言すると、「それはダメだな」と即座に却下。課題に対して解決策を提案しても、内容さえ確認してもらえない。露骨な態度に、B氏はさすがに滅入ってしまう。

当然、RマネジャーがB氏に高い評価を付けるはずがない。入社以来、3回連続でC評価だった。「あいつは使えないですよ」と、Rマネジャーは部長に報告している。

B氏の状況が一変したのは、そのあとだ。B氏を最初に面接したマネジャーの部署に異動させたのである。

水を得た魚のように、B氏はすぐに成果を出し始める。評価も一気に上がり、B、B、A、A、Aとなる。

マネジャーとメンバーの相性が結果を左右する

本来、もっとできるはずのメンバーが結果を出していない。こうしたケースは珍しくない。マネジャーはその際に、今の例のように「メンバー本人のせいだ」とすぐに決めつけるべきではない。

原因はメンバーではなく、周囲の環境にあるかもしれない。特に、**マネジャーとの相性が問題である可能性が多いにある**。これがセオリーの二つめだ。

マネジャーとの相性が良いメンバーと、相性が悪いメンバーがいて、能力はほぼ同じなら、相性が良いメンバーのほうが高い成果を上げるのは明らかだろう。

ある教員から聞いた話だが、同じ内容の授業や研修を行っても、あるクラスではうまくいき、別のクラスではうまくいかないことがあるという。

人と人との関係によって生まれる仕事の成果は、互いの関係に依存している。マネジャーやメンバーのスキルだけでなく、マネジャーとメン

図3-11 「上司との相性」が評価を左右する

バーの関係すなわち相性が結果を左右するわけだ。授業や研修では、講師の教え方と受講者の学び方の相性が成果を左右することになる。

先が見えない暗闇プロジェクトでは、チーム内コミュニケーションがうまくいっているかどうかが成功の鍵を握る。プロジェクト体制を構築する際に、各メンバーのスキルはもちろん、相性を考慮に入れて人選を進める必要がある。

部下の言い訳は大いに受け入れ、注意深く分析する

あいつは言い訳ばかりで困る——。こうした評判のT氏があるプロジェクトに参画することになった。マネジャーを務めるE氏は、T氏に関する噂が正しいことをすぐに思い知る。

何かミスをするたびに、とにかく言い訳をする。出張先での待ち合わせの遅刻、顧客との打ち合わせでの遅刻、プロジェクトの作業遅延などが起こるたびに、本人は理由を説明するのだが、Eマネジャーには言い訳にしか聞こえない。

あるとき、Eマネジャーが作業ミスを指摘すると、T氏は「ミスでは

ありません」と言い張る。意図的にそうしたというのだ。理由を尋ねると、またもや様々な理屈が出てくる。「その理屈は、たったいま考えたものだろう」とつい言いたくなる。

こうしたことが続き、Eマネジャーは疲れ果てている。T氏についての情報を耳に入れてくれた同僚は、「あいつは使いにくいだろう。お前も大変だな」とEマネジャーに同情する。

言い訳ではなく「現場の貴重な情報」

ただ、EマネジャーはT氏が「言い訳ばかりの人間」とは捉えていない。T氏が非常に真面目な性格なのを知っていたからである。

本人は言い訳をしているつもりは全くなく、事実を報告しているつもりだ。そこに、その場を取り繕うための「本当の言い訳」が混じる。聞く側にとっては全てが言い訳に思えてしまうのである。

Eマネジャーは、T氏の言い分をむしろ「現場の貴重な情報」として重視している。

あるとき、T氏に対して「なぜこのヒアリングシートに沿ってヒアリングしないのか」と尋ねる。言外に、「ヒアリングシートに沿ってヒアリングするように」との指示を込めたつもりだ。

Eマネジャーの質問に対して、T氏はこう答える。「ヒアリングする際には現場での空気をつかむことが重要です。ヒアリングの途中で、シートに載っていない重要なヒアリング項目が見つかりました。話の流れを壊さずに、その項目をどのように確認しようかと考えていたら、時間切れになってしまいました」

資料作成が遅れた理由を尋ねると、「より重要な割り込み作業が入ったからです。おかげで今、プロジェクトに新しい展開が見えてきました」と答える。

T氏の答えには、常に最初の「すみませんでした」がない。だからT氏の上司は皆、T氏の説明を「言い訳だ」と捉える。実際、ミスや遅刻

が多いので、自己保身のための言い訳と受け取られても仕方がない。

しかしEマネジャーはそう考えない。「状況の客観的な事実の報告」がT氏の言い分の本質であると捉え、イラつくことは多々あったが「現場の情報を正確に知るための我慢」と割り切った。

言い訳には重要な見方や考え方が含まれている

メンバーの意見や報告を安易に却下するのは、マネジャーの悪い癖である。気にくわないメンバーの意見であれば、なおさら感情的になって処理してしまいがちになる。

しかし、マネジャーはむしろ**部下の言い訳を大いに受け入れ、注意深**

図3-12　言い訳を分析する姿勢が大切

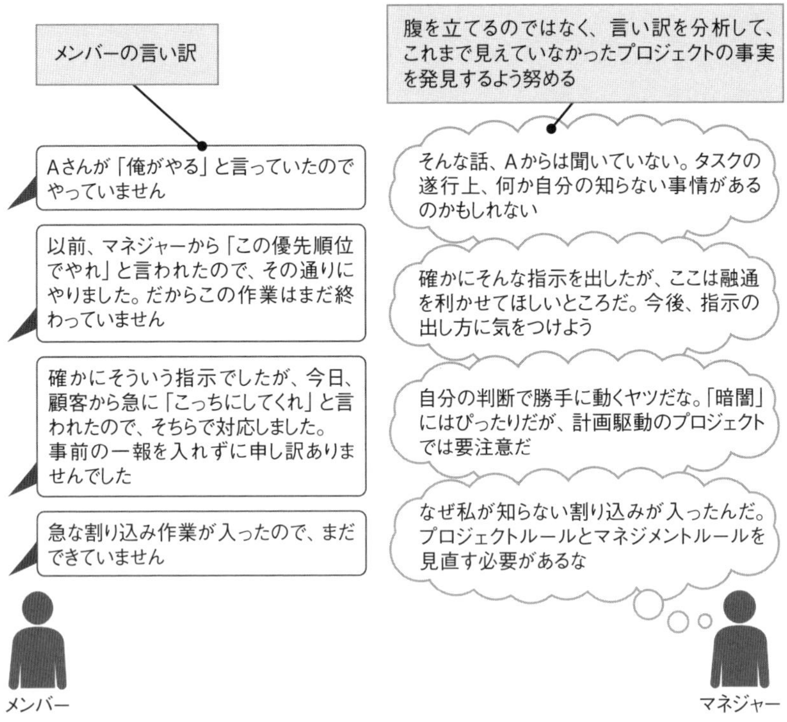

メンバーの言い訳

腹を立てるのではなく、言い訳を分析して、これまで見えていなかったプロジェクトの事実を発見するよう努める

Aさんが「俺がやる」と言っていたのでやっていません

そんな話、Aからは聞いていない。タスクの遂行上、何か自分の知らない事情があるのかもしれない

以前、マネジャーから「この優先順位でやれ」と言われたので、その通りにやりました。だからこの作業はまだ終わっていません

確かにそんな指示を出したが、ここは融通を利かせてほしいところだ。今後、指示の出し方に気をつけよう

確かにそういう指示でしたが、今日、顧客から急に「こっちにしてくれ」と言われたので、そちらで対応しました。事前の一報を入れずに申し訳ありませんでした

自分の判断で勝手に動くヤツだな。「暗闇」にはぴったりだが、計画駆動のプロジェクトでは要注意だ

急な割り込み作業が入ったので、まだできていません

なぜ私が知らない割り込みが入ったんだ。プロジェクトルールとマネジメントルールを見直す必要があるな

メンバー

マネジャー

く分析する態度を取るべきだ。これがセオリーの三つめである。

　部下の言い訳は確かにイラつく。しかし、その言い分にはマネジャーには見えないプロジェクトの重要な情報や、情報につながる糸口が含まれているものだ。プロジェクトを成功させるためなら自らの感情を抑えるのもいとわないマネジャーであれば、情報の価値に重きを置くだろう。

　正当化するための説明には、物事を散漫に見ているだけでは気づかない見方や考え方が含まれているケースが多い。現場に疎いマネジャーには分からない、現場についての優れた理解に基づいている可能性が高いわけだ。

メンバーの品質・生産性低下は「プライベート」を疑え

　順調に売り上げを伸ばし、安定的な成長を遂げているITベンチャーのQ社。業界では名が知れた存在になりつつあり、案件の受注も順調に拡大している。

　当然、常に人手不足の状態にあり、パートナー会社の協力なしにプロジェクト体制を構築できない。当初はプロジェクトで不足している要員をパートナー会社のメンバーが補っていたが、すぐにパートナー会社のメンバーが多数を占めるようになり、「10人のチームで、Q社社員は2人だけ」という状況が常態化している。

　マネジャーを務められる人材をいかに獲得するか。これがQ社にとって最大の課題である。積極的に採用活動を展開した結果、マネジャー候補としてF氏が入社した。

　前職では数件のプロジェクトでチームリーダーを務めていた。Q社部長は、F氏にまずプロジェクトのサブマネジャーを任せてみて、うまく

いったら正式にマネジャーに昇格させようと考えている。

期待されて中途入社したのに成果を出せない

　F氏はサブマネジャーとして、成果物の品質管理に関しては能力の高さを見せる。ところが、次第にチームメンバーとの関係がぎくしゃくしていく。ピーク時にメンバーが皆頑張っているときに休日出勤を渋る、飲み会への参加をことごとく断る、といった態度を取り続けたからだ。

　メンバーとのコミュニケーション不足は、成果物の品質や生産性にも悪影響を及ぼし始める。部長はF氏と面談したが、本人に尋ねてもこれといった理由はないようだ。

　やがて、メンバーから部長に直接、「Fさんを何とかしてほしい」との不満の声が寄せられるようになる。マネジャーやメンバーとの相性に問題があるのかもしれない。こう考えた部長は、別のプロジェクトのサブマネジャーをF氏に担当させたが、F氏の評判はやはり芳しくない。何より本人がやる気を見せない。

　F氏はQ社に入社して3カ月に達しておらず、試用期間内である。辞めさせようと思えば、不可能ではない。今までQ社で行使した例はないが、今回はやむを得ないか——。

　そう考えていた部長に、F氏が最初に参加したプロジェクトメンバーの一人が「ちょっとお話が」と言ってきた。このメンバーはたまたま駅でF氏と出会い、2人で飲みに行くことになった。そこでF氏から事情を聞いたそうだ。

　実は、F氏の家族の病状がかなり深刻で、毎日のように見舞いに行っているという。プロジェクトメンバーに迷惑をかけているのは分かっていて、申し訳ないと感じている。試用期間中に切られても仕方がないと考えている、とも話したらしい。

　「どうして部長に事情を説明しないのですか？ きっと分かってくれますよ」。メンバーがF氏にこう尋ねたところ、理由は言わなかったが部

長に知られたくない様子だったという。家族の病状を詮索されるのを嫌ったのかもしれないし、F氏の価値観の問題でもあるようだ。

部長はさっそくF氏を呼び出して確認したところ、確かにメンバーの話の通りだった。

「この人は使えない」などと安易にレッテルを貼るのは禁物

「この人はできる」と思われていた、または期待されていた人材なのに、作業の品質や生産性に問題が生じている。こうした場合は、**家庭の事情といったプライベートの問題が原因となっている可能性がある**。

プライベートなことだけに直接本人には聞きにくいかもしれないが、マネジャーはその可能性を踏まえておかなければならない。これがセオリーの四つめだ。

個人のスキルや経験が作業品質や生産性に影響するのは当然だが、チームや会社の環境、プライベートに関する状況も影響し得るのである。

図3-13　プライベートの状況がアウトプットに影響を及ぼすケースもある

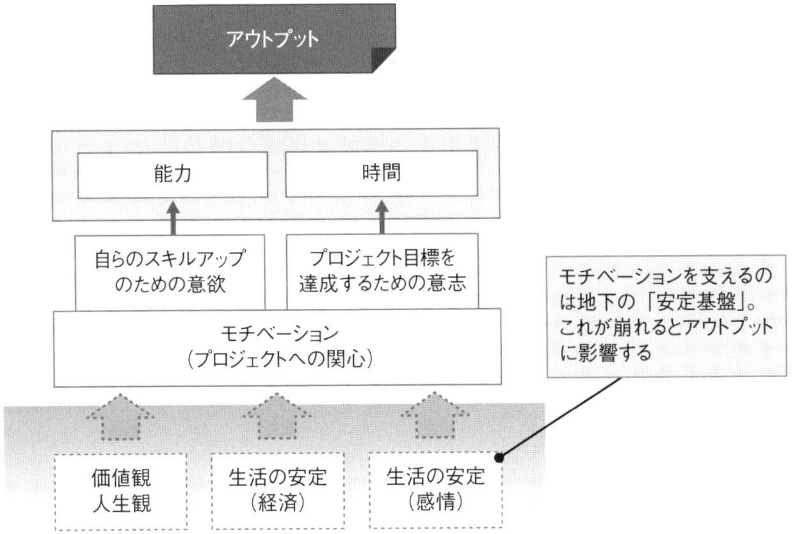

しかも、できる人ほど言い訳をせず、プライベートな事情を隠そうとする傾向が強い。そんな状況に置かれた人に対して、「この人は使えない」などと安易にレッテルを貼るのは禁物だ。

暗闇プロジェクトは人が全てといっても過言ではない。マネジャーは品質や生産性に問題があるメンバーに対して、まず「何か原因があるのではないか」と考える姿勢が欠かせない。「使えない」というレッテルを安易に貼るのは、プロジェクトにとっても損失になる。

メンバーだけでなく、マネジャーに関しても同じことが言える。マネジャーの意思決定や判断の質が、その人の生活の状況に影響を受ける場合があるのだ。意思決定に問題があるマネジャーに事情を聞くと、「離婚調停中」「事故を起こして裁判の最中」といったケースもある。

「ルールを変更して問題児を縛る」姿勢はかえって逆効果

エピソード1 フレックスタイム制を守らない

R社はフレックスタイム制を採用している。コアタイムは11時から15時まで。社員のセルフマネジメントを信頼した設定である。

多くの社員は9時半に出社し、10時にはほぼ全員が在席している。それでもコアタイムは好評だ。コアタイムが11時からなので、午前中に用事がある場合に助かるからである。

ところがR社はその後、ルールを変更せざるを得なくなる。週の半分は11時半に出社し、ほぼ同時にランチタイムという「問題児」が現れたからだ。上司が注意しても、態度を一向に改めようとしない。

こうした問題を起こしたのは、特定のメンバーに過ぎない。それでも経営会議で問題になり、R社は結局、コアタイムを10時から16時まで

に変更した。このメンバーはのちに会社を去ったが、コアタイムは元に戻らない。

エピソード2 リフレッシュルームに長居をする

　S社は社員が休憩するためのリフレッシュルームを設けている。多くの社員は疲れたときに5分程度、長くても10分くらい利用している。

　その中で、毎日のようにリフレッシュルームに30分以上長居する「問題児」が数人いる。時には盛り上がって笑い声が響く。

　この光景を、たまたま通りがかった役員が見てしまった。それから程なく、リフレッシュルームは廃止された。やがて問題児は異動になり、オフィスからいなくなったが、リフレッシュルームは復活していない。

エピソード3 ビジネスカジュアルを導入したものの…

　T社は外回りがあるか、顧客対応が必要かにかかわらず、社員に対してスーツの着用を義務づけていた。しかし時代の流れに合わせて、ビジネスカジュアルを認めるようになる。

　ルールでは「シャツにエリがあること」「短パンは不可」「サンダルは不可。かかとがあること」などを定めている。「派手でないこと」「常識的な範囲で」といった文言もある。

　どこまでが派手か、常識の範囲かは社員に委ねられた。その結果、多くの人が派手と感じるような薄手のシャツを着てくる、般若の顔の図柄が透けて見える服装をしてくる、といった「問題児」が出始めた。

　いつの間にかビジネスカジュアルは廃止になる。クールビズは残ったものの、冬場には再びスーツの着用を義務づけている。

エピソード4 怒りに任せてサーバーのファイルを削除

　上司とケンカをした「問題児」が、怒りに任せてサーバー内の全ファイルを故意に削除した。U社で起こった、嘘のような実話である。

被害届や損害賠償はさておき、すぐにでもデータを復旧してもらわないと事業に支障が生じる。この問題児の上司を含めてU社の管理職が総出で問題児のご機嫌を取り、何とかデータを復旧させることに成功した。
　その後、U社が最も厳しいセキュリティ対策を施したのは言うまでもない。現場は大いに不便になった。この対策は、問題児が去ったあとも存在している。

まずは問題児と向き合う

　いま紹介した四つのエピソードはどれも、「ルールを変更して問題児を縛る」というものだ。だが暗闇プロジェクトでは、**こうした姿勢はかえって逆効果になる**点に注意が必要である。これがセオリーの五つめだ。
　一部の問題児のためにルールを変更すると、そのルールに残り95％の人たちが従わざるを得なくなる。しかも、問題児が去ったあとでもそのルールは生き続けて、以前の状態に戻ることはめったにない。
　ルールを変更して問題児を縛るのは簡単だが、安易な道というべきだろう。まずは問題児と向き合うのが肝心だ。そうしないと、大勢の「善良な人々」を犠牲にすることになる。
　特に暗闇プロジェクトでは、目に余るルール違反があったとしても、マネジャーが感情的になって「社内ルールに厳格に準拠せよ」などと言いだすのは禁物だ。何よりも大切なメンバーとの信頼関係を崩しかねないからである。
　マネジャーは、堅苦しい社内ルール違反をある程度大目に見るくらいの態度でちょうどいいかもしれない。メンバーのルール違反をマネジャーが見て見ぬふりをすると、メンバーはそれに気づくものだ。それがマネジャーのリスクであると知っており、恐縮しつつルール違反を続ける。これがマネジャーとメンバーとの信頼関係につながる。

3.6 情報不足の中で意思決定を進める勘所

マネジャーが意思決定をしたり、相手に説明したりする際に「データが十分にそろっている」ケースは皆無に等しい。その中で、投資効果の定量化といった相手を納得させる数値を作り出していかなければならない。そのためのセオリーを紹介する。

効果の定量化は難しくても、食らいつく姿勢が不可欠

　あるシステム構築プロジェクトが無事に完了し、本稼働を迎えた。それから程なく、プロジェクトマネジャーは経営層から、「新システムの導入で得られる投資対効果を教えてほしい。できるだけ正しい、定量的な数値が欲しい」との依頼を受ける。

　経営層が「新システムの導入効果がどの程度か」と尋ねてくるのは多くの場合、システム構築前の企画段階である。今回のように、本稼働後に投資対効果を求められるケースはあまりない。

　システムは実用段階に入っており、実際のデータを測定できる。企画段階よりも投資対効果を測るのは簡単に思えるが、プロジェクトマネジャーは「これはやっかいだな…」と頭を悩ませる。システムの導入前に比べて、ある数値が改善していたとしても、それが「システム導入の効果だ」と言い切るのは容易ではないからだ。

「そんなロジックや理由を作るのは無理だ」

　さらにプロジェクトマネジャーを悩ませたのは、経営層が「できるだけ正しい、定量的な数値が欲しい」と要求していることだ。

　経営層が投資対効果を求める場合、通常は「それなり」の厳密さがあれば許される。本人が知りたいというよりも、「誰かに説明しなければならない」ことが理由であるケースが多いからだ。投資対効果を厳密に測るのが難しいのは、経営層も一応分かっている。

　ところが今回は事情が異なる。システム構築プロジェクトが国の補助金による事業だったのである。税金を投じている以上、システムの導入効果が確かに得られたことを定量的に示す必要がある。

　しかし、システムを導入する目的を見ても、「○○業務の質の向上」「○○の危機の回避」などと定性的な表現にとどまっている。何をもって危機とみなすかも、明確には定義していない。

　この状態で、導入効果を定量的に示せるわけがない。プロジェクトマネジャーがメンバーに打診したところ、「今になって、そんなロジックや数字を作るのは無理だ」と口をそろえて反論する。

投資対効果を定量化するノウハウ

　システムの導入効果を定量化するのは確かに難しい。投資対効果の計算式をいかに組み立てるか、いかに測定するかは以前から重要なテーマだが、わらをもつかむ気持ちで教科書を買い求めても答えは見つからない。「それくらい自分でも思いつく」「それが測定できるなら苦労しない」といった記述しかないのだ。

　だからといって、マネジャーが「無理だ」と諦めてしまうと、効果を数字で説明しなければならない経営層の要請に応えられない。**テクニックを駆使して、投資対効果を定量化する姿勢が欠かせない**。これがセオリーの一つめだ。投資対効果を定量化するノウハウを、いくつか紹介しよう。

顧客満足度を定量化する

　投資対効果を定量化する際の指標として、顧客満足度をよく利用する。例えば顧客に5段階で評価してもらえば、定性的な感想を定量化できる。そのためには評価軸や、5段階をどのように設定するかなどを事前に決めておく必要があり、調査によっては準備が難しい。

　その場合には、別の手段を利用する。ユーザーを集めた会議での発言をカウントする、というのが一つの手だ。さらに参加者のうち、発言した人がどの程度いたかという割合を使って、関心度を定量化できる。

　参加者の発言を「ネガティブな発言」「ポジティブな発言」「中立的な発言」に分類して、それぞれの割合を調べることでも定量化は可能だ。議事録に載った発言だけでは分類が難しい場合は、発言のニュアンスで判断する。

　ニュアンスで判断すると、分類する側の主観が入る余地があるので、結果に異議を唱えられるおそれもあるが、会議の様子をICレコーダーで録音しておき、必要に応じて録音データを検証すればよい。

因果関係を定量化する

　「投資」と「効果」の間には確かに相関関係があるようだが、因果関係があるかどうかまでは疑わしいケースがある。その場合は、顧客満足度と同じ要領で定量化すればよい。

　「システムの導入」と「社員の残業時間」の因果関係、すなわち「システムを導入したので、社員の残業時間が減少した」ことを数値化したいのであれば、個々の社員に因果関係の有無に関するアンケートを実施する。「本当の」因果関係を探り出すのではなく、アンケートの結果を使って数字を創りだすのである。

　効率化を主眼とするシステムではなく、意思決定の支援を目的とする情報系システムでは調査に工数がかかり、定量化の難易度も上がる。この場合は意思決定の数と、意思決定の際に活用した情報をカウントす

る、というのが一つの手だ。

　これらはアンケートやインタビューで調べるので、正確な数はカウントできない。それでもそれなりの人数を対象にすれば、経営層の納得感を得られる程度の定量化は可能である。

　一見難しそうな「作業の質の向上」の定量化も、同じ要領でできることがお分かりだろう。顧客満足度と同じやり方で測定できる。

数値を細分化する

　営業支援システムを導入して、本当に営業効率は向上したのか。サマリーの数字を見ると、特に改善していないように思える――。

　このような指摘を受けそうであれば、チーム別、年齢別、月別、曜日別、天気別、といった具合に数値を細分化してみる。平均を示すサマリーの数値には効果が表れない場合も、細分化すると「ある特定の条件」で大きな効果を上げている可能性がある。

　業務支援システムであれば、まず社員が１日に実施する業務の種類と、それぞれどの程度時間を要するかを調べる。次に作業の中から「システムで効率化できる機械的な業務」をピックアップし、システムを導入したことでどの程度時間を短縮できたかを業務ごとに計算する。

　ここでは、誰もが納得するであろう数値を主観的に創りだせばよい。短縮できた時間を、営業など「稼ぐ」ための作業に回せるとみなす。その営業時間で稼げる金額、または獲得できる顧客の数を積算する。

　実際には、こうしたロジック通りに進むとは限らない。そもそも細分化して求めた時間の合計が、まとまった時間と等しくなるわけではない。それでも理由が必要な経営層にとって、このようにして求めた数値が重要になる。

美しいロジックに当てはまる数字は、まず収集できない

　メーカーのP社が、圧倒的な競争力のある新製品を開発した。だがP社は市場では無名に近い存在で、P社の営業担当者は苦戦を強いられている。

　それでも地道な営業活動が奏功し、ある企業がP社の製品に興味を示す。P社はその企業の現場担当者への説明、マネジャーへの説明を経て、役員に説明する機会をもらうところまでこぎ着けた。新製品の最初の顧客を獲得するために、この役員面談が重要なイベントであるのは言うまでもない。

　役員への説明まで約1カ月。この間に、これまで使ってきた資料をブラッシュアップすると同時に、役員が納得するような新たな資料を作成する必要がある。

「誰もが納得するようなロジックを作れ」

　「この内容で、先方の役員を説得できるのだろうか」。ここまで営業活動を引っ張ってきたP社のA部長は、懸念を抱く。

　これまで営業に使ってきた資料は、食いつきを良くするために分かりやすさを重視している。表面的な内容にとどまっているので、「詳細を知りたい」という相手には不向きだ。投資の可否を判断する役員が、そんな内容で納得するはずがない。

　役員が求めるのは、投資対効果を測定できる数字やモノサシだ。ところが今の営業資料には、定量的な裏付けのある記述がほとんどない。

　先方の役員から「おたくの製品を採用する」との結論を引き出すには、誰もが否定できない事実と、その事実に基づく隙のないロジックが欠かせない。投資対効果が明確になる数字とロジックを作ろう。

こう決意したA部長は、営業チームに号令をかける。「ライバルのQ社やR社ではなく、当社の製品を選択せざるを得ないという、誰もが納得できるロジックを作ってほしい。同時に、そのロジックを裏付ける事実データを集めてほしい。あと1カ月しかないのは分かっているが、この案件を取れるかどうかは当社の今後を大きく左右する。難しくても、やらざるを得ない点を理解してほしい」

　その上でA部長はロジックのアウトラインを示した。「これこれこういうロジックで行くぞ。このロジックが正しいことを示すためには、○○と△△と□□という事実が必要だ。この事実を集めてほしい」

詳細レベルのデータを集めるのは至難のわざ

　営業メンバーは頭を抱える。確かに、A部長の言うことは理屈が通っている。ロジックは間違っていないと思えるし、そのロジックを裏付ける事実としてデータが必要なことも分かる。

　しかし、ロジックを裏づけるデータを集めるのは容易でない。ロジックは仮説でしかなく、そのロジックを成り立たせる事実が存在するかどうかも定かでない。「1カ月では時間が短すぎます」と懸念を示すメンバーもいたが、A部長に「だったら代替案を出せ」「その代替案で絶対に先方を説得できるという証拠を示せ」と言われると、反論できない。

　先方の役員が納得するロジックを組み立てるためには、「○○区分の○○が月々負担している△△の金額」といった詳細レベルの情報が必要になる。このレベルの事実データを集めるのは至難のわざだ。手間だけでなく、時間やコストもかかる。しかし、納得感のあるロジックを組み立てるには、このレベルの事実データが欠かせない。

　営業メンバーは試しに、1部30万円もするシンクタンクの調査レポートを購入したが、参考にならない。内容が概要レベルにとどまり、P社が望む詳細レベルのデータは載っていない。

　こうなったら、自分たちの足で集めるしかない。営業やコンサルティ

ングのメンバーだけでなく、エンジニアも総動員して調査に乗り出す。

しかし、P社に調査のプロフェッショナルがいるわけではない。営業担当者の多くはSEやエンジニア出身で、コンサルティングや調査業務の経験はない。結局、A部長が要求するデータは集められない。

メンバーのほとんどは「A部長の要求に応えるのは無理だ」と最初からあきらめている。だからといって、メンバーはA部長に反論することも代替案を提示することもできない。

「方程式に当てはめる」アプローチは不向き

ロジカルシンキングや問題解決技法を学んだ初心者は、往々にして自信を持つ。しかし実際には、そうしたやり方をすぐに現場で適用できるわけではない。

美しいロジックに当てはまる数字は、まず収集できないと考える、というのがセオリーの二つめだ。

実際のところ、そうしたデータを収集するのは不可能ではないが、膨大な手間と調整が必要になる。教科書が嘘を書いているわけではないが、そのまま現場で適用するのは現実的でない。こうした「方程式に当てはめる」アプローチは、暗闇プロジェクトに向いていないのは言うまでもない。

根拠に基づいた正確かつ合理的で論理的な推進計画を疑え

ユーザー企業Q社で、全社的な大規模システム導入プロジェクトの企画が立ち上がった。多くの部門をまたがるプロジェクトであり、成功するには部門間の協力が必須になる。特に重要なA部門とB部門を巻き込

まなければならない。

　問題は、A部門のX部長と、B部門のY部長が犬猿の仲であることだ。企画が持ち上がった際も、懸念すべき点として挙がった。

　X部長とY部長は同期入社で、共に出世頭である。プロジェクトの立ち上げを任されたSマネジャーは、X部長とY部長の仲が悪いのは当然知っている。しかし、「二人とも目に見える実績を積み重ねて、ここまでのし上がってきた。双方にとってのメリットを明確にすれば、協力してくれるに違いない」と高をくくっていた。

ロジックに誤りなし、ファクトデータに不足なし

　Sマネジャーは早速、「新システムの導入により、A部門とB部門がそれぞれどのようなメリットを得るかを整理してほしい」と部下に指示する。その結果を基に、X部長とY部長向けに説明資料を作成した。

　プロジェクトにA部門とB部門が参加すると、享受できるメリットが双方とも大きくなる。説明資料では、この点を理由とともに明記したうえで、それぞれの部門にとってのメリットを丁寧に記述した。

　理由に説得力を持たせるために、現場への調査を通じて根拠となる数値データを収集した。時間をかけてデータを収集したかいあって、「説得力のあるロジックを組み立てることができた」とSマネジャーは自負している。

　SマネジャーはA部門とB部門の担当者に事前に資料を見せて、「部長はこの企画に賛同してくれるだろうか」と尋ねてみる。当然、X部長とY部長には内緒である。担当者は二人とも、「これならボスも同意するのではないか」と答える。

　根回しも怠らない。X部長とY部長双方の元上司であるC本部長の協力を取り付ける。C本部長は「あいつらが一緒にプロジェクトをやることになったら驚きだ」と言いつつ、Sマネジャーの依頼に応じてくれた。

　ロジックに誤りなし、ファクト（事実）データに不足なし。これなら

X部長とY部長の協力を得られるのはもちろん、A部門とB部門に目に見える効果をもたらすのは間違いない。その効果は定量的な数値で明確に表れるはずだ。
 こう確信したSマネジャーは、A部門とB部門に対する対応をそれぞれリーダーに任せて、プロジェクトの推進に向けた準備に専念する。

「B部門が参加しないというのが条件だ」
 ところがSマネジャーの予想に反して、いつまでたっても「同意した」との報告がリーダーから入ってこない。2人のリーダーに「早く進めるように」と指示したが、状況は一向に前進しない。
 説明資料のロジックは完璧で、X部長もY部長も協力を惜しむ理由はないはずだ。なぜゴーサインを出さないのか。Sマネジャーにとって初めての経験であり、あせりの色が濃くなってくる。
 Sマネジャーは、まずX部長の説得を試みる。A部門だけがプロジェクトに参加すると、A部門が得られるメリットが小さくなるだけでなく、B部門が圧倒的に不利になる。そこで、X部長をまず説得してA部門の参加を取り付ける。次にA部門が参加した事実をY部長に伝え、B部門の参加を促す。こうすれば両部門とも参加してもらえるだろう、との読みだ。
 しかし、この作戦は不発に終わる。X部長から「プロジェクトに参加してもいい。ただ、B部門が参加しないというのが条件だ」と言われてしまったのだ。Y部長のもとを訪ねると、X部長と同様のことを言われる。しかも、拒否する姿勢はX部長よりもかたくなだ。
 単なるライバル意識の問題ではない。Sマネジャーにも、ようやくこのことが分かってきた。
 もう一つ、思わぬ事実が発覚した。X部長とY部長の元上司であるC本部長は、実はX部長に目をかけているというのだ。C本部長とX部長はそんなそぶりを全く見せないし、社内でもそのような話は出ていな

い。Ｓマネジャーには寝耳に水だったが、どうやら事実らしい。
　Ｂ部門への説得をあきらめ、プロジェクトにＡ部門だけを参加させるか。そうなるとプロジェクトは事実上、部門単独システムになり、導入効果が半減するどころか、プラスの価値を生み出せるかどうかすら怪しくなる。Ｓマネジャーは途方に暮れる。

感情の力は、合理的で論理的な判断を上回る
　プロジェクトの推進計画は正確かつ合理的・論理的であり、きちんと根拠に基づいている。こう思える計画こそ疑え、というのがセオリーの三つめである。
　目的地に達するために何をすべきか、どのようなルートをたどるべきか。計画策定時にこれらを検討するのは重要だ。ただ、先の見えない暗闇プロジェクトでは、考えすぎてもいけない。論理的な計算で解が求められる保証は全くないからである。
　通常のプロジェクトでアクションプランを上司に承認してもらう必要がある場合は、ロジカルに計画を作成しないと「根拠を示せ」と突き返されてしまう。暗闇プロジェクトにはこのことが当てはまらない。アクションプランにロジックを求めるようだと、プロジェクトはむしろ失敗する可能性が高くなる。
　Ｓマネジャーがつまずいたのは、この点を理解していなかったからだ。Ｘ部長とＹ部長がなぜ仲が悪いのかという真の原因を探ろうとせず、ロジカルなプランで状況を打開できると考えたが、うまくいかなかった。
　Ｘ部長とＹ部長は仲が悪いといえども大人であり、ビジネスに関しては冷静に判断するに違いない。Ｓマネジャーがこう考えるのは当然と言える。
　しかし感情の力は、時に合理的で論理的な判断を上回る。論理的な問題解決法に慣れたＳマネジャーは、こうした感情の問題の大きさを理解できなかった。分かったところで、どのようにアプローチすればいいの

図3-14 暗闇プロジェクトは「計算できない領域」が大きい

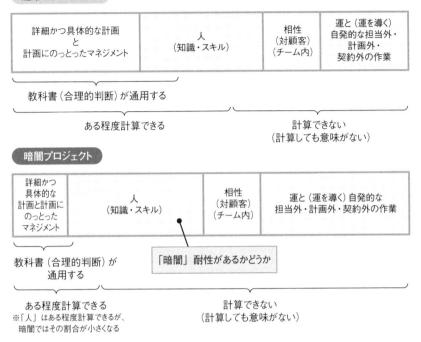

かも考えつかなかったに違いない。

著名な書籍である『イノベーションのジレンマ』（クレイトン・クリステンセン著）には、「論理的で正しい経営判断が、企業がリーダーシップを失う理由にもなる」「新しい市場につながる破壊的技術を扱う際には、市場調査と事業計画が役に立った実績はほとんどない。新しい市場がどの程度の規模になるかについて専門家の予測は必ず外れる」という記述がある。

暗闇プロジェクトも同じである。計算できないのが「暗闇」なのだから、ロジカルなプランは効果が薄いと捉える必要がある。部下がそうしたプランを出してきたら、ただちに却下するくらいの姿勢でちょうどよい。

楽観的な行動力は大事だが、限度をわきまえる

　コンサルティング会社のZ社に勤めるJ氏は、入社3年目の若手である。その突破力に、上司も一目置いている。プロジェクトを推進する力が、ずばぬけているのである。
　追加調査が急きょ必要になると、ネットで検索して見つけた見ず知らずの会社に電話をかけて担当者を探し出し、情報を収集する。J氏にとって、こうした機敏な行動は朝飯前だ。
　当然、上司からは重宝されている。先が見えず、計画も立たないプロジェクトの推進に向いている、との評価を受けている。
　J氏はあるとき、Z社のチャレンジプロジェクトに参画することになった。Z社として知識やノウハウの蓄積が全くない業界向けコンサルティングサービスを立ち上げるのが狙いだ。
　Z社にとっては新規参入だが、顧客には「その道のプロ」であるかのように振る舞わなければならない。「この業界は素人です」などとは言ったら当然、信用してもらえない。
　J氏は、1日も早くプロらしく立ち回れるよう努力する。必死に勉強して基礎知識を身につけるとともに、セミナーやシンポジウムに参加し、最新情報を習得していく。物おじや人見知りをせずにどこにでも飛び込んでいき、嫌われることなく、すぐになじむ性格も奏功して、業界内で着々と人脈を広げていく。
　上司はJ氏を頼もしく思う半面、ハラハラもしている。J氏の突破力には見境がなく、「法に触れなければ、何でもやるんじゃないか」とも感じられたからだ。とりあえずJ氏の活躍もあり、プロジェクトは順調に進んでいた。

「本当にプロジェクトを成功させたいのですか」

　ちょうどその頃、ある問題が持ち上がる。Z社に対して、聞いたこともない組織から新サービスに関する問い合わせの電話が入るようになったのだ。調べてみると、いわゆる反社会勢力と関わりのある組織である可能性が高い。

　これまでZ社がその組織とビジネスで関わったことはない。なぜ問い合わせが入ったのだろうか。やはり、あいつか…。こう考えた上司がJ氏に確認したところ、J氏は否定しない。上司はさすがに「待った」をかけた。

　当たり前のことをやっただけ、と感じているJ氏は不満を隠そうとしない。「本当にプロジェクトを成功させたいと思っているのですか」とまで言う。上司は「当たり前だ」と冷静に答え、「暗黙の了解というわけではないが、『付き合っていい会社か、いけない会社か』の境界線を意識するのは当然だ」と続ける。しかし、J氏は納得していない様子だ。

　さらに突っ込んで話を聞くと、「中学時代の友人にアウトローの世界に踏み込んだ人がいて、話ができる」ということまで出てくる。法に触れていないとはいえ、J氏の行動は許容できない。当面、J氏の活動をストップさせることにした。

根拠のない確信を抱くことも大切

　暗闇プロジェクトでは**楽観的な行動力は大事である一方、限度をわきまえる必要がある**。これがセオリーの四つめだ。

　先が見えない「暗闇」を進める際には、「きっとできるはずだ」という根拠のない確信を抱くことが大切である。実際に行動するための推進力や突破力も欠かせない。

　J氏は推進力や突破力に関しては申し分ない。知らない人にいきなり電話して情報を取得するのは朝飯前だ。けんか別れした元の会社の元上司にビジネス話を持っていく、昔ひどい扱いをして恨まれているかもし

れない昔の部下に頼みにいく、15年前以上も連絡を取っていなかった昔の友人を頼りにツテを探す、といった心理的なハードルが高い行動も、きっとやり遂げるに違いない。

しかし、ビジネスパーソンとして行動する以上、「目的のためには手段を選ばず」が全て許されるわけではなく、限度をわきまえる必要がある。法律違反はもちろん、社内コンプライアンス違反も御法度だ。その会社ならではの暗黙のルールを守ることも意識すべきだ。

一方で特に暗闇プロジェクトでは、ルールを意識しすぎて行動を過度にセーブしないよう留意する必要がある。J氏のように目的意識の塊のような人間の目には、ルールを気にして大胆な行動を取らない人は「やる気のないやつ」と映るかもしれない。

図3-15　「目的のためには手段を選ばず」はどこまで許されるのか

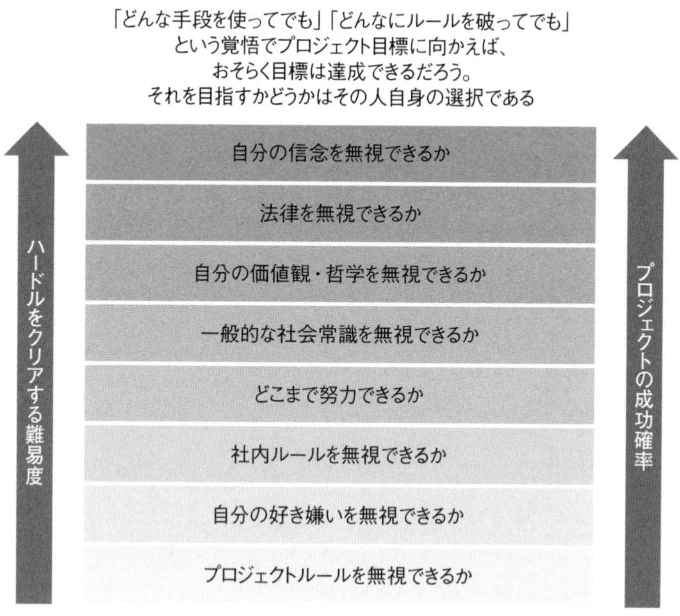

「どんな手段を使ってでも」「どんなにルールを破ってでも」
という覚悟でプロジェクト目標に向かえば、
おそらく目標は達成できるだろう。
それを目指すかどうかはその人自身の選択である

ハードルをクリアする難易度 ↑		プロジェクトの成功確率 ↑
	自分の信念を無視できるか	
	法律を無視できるか	
	自分の価値観・哲学を無視できるか	
	一般的な社会常識を無視できるか	
	どこまで努力できるか	
	社内ルールを無視できるか	
	自分の好き嫌いを無視できるか	
	プロジェクトルールを無視できるか	

どちらを選んでも「負け」という場面で結果を受け入れる

　「要求定義こそが全てだ」。IT企業に勤めるK部長の口癖である。
　SE、プロジェクトマネジャーとしても優秀だったK部長は、システム開発を成功させるための肝は要求定義であり、「要求定義の品質がプロジェクトの成否を左右する」と常日ごろ言っている。
　部長職を務める現在でも、要求定義フェーズでは現場に入り込む。特にこだわるのはベースライン(実施する計画)の設定と、要求変更プロセスの管理だ。忙しいなか、この作業のときだけは、顧客との打ち合わせに自ら出向く。
　要求定義にこだわりを持つだけに、一度決まった要件をK部長の知らないところで現場が勝手に変更すると烈火のごとく怒る。それが顧客の同意の下であっても、変更リスクが小さいものでも関係ない。要求定義書の記述を変更する際は、部長への事前報告が不可欠。これがK部長配下のプロジェクトの絶対的なルールである。

「今すぐ要求定義書を変更してほしい」

　K部長配下のあるプロジェクトは規模が小さいのに、収支は事実上、赤字の状態である。K部長はその点は問題視していない。このプロジェクトで顧客の信頼を勝ち取れば、次の大きなプロジェクトを受注できる見込みだからだ。今回のプロジェクトは、そのための営業活動だと捉えている。
　プロジェクトは設計フェーズに入る。要求定義フェーズが無事に完了したため、プロジェクトマネジャーを務めるM氏はマネジメント活動をしつつ、他の新規案件のプリセールスなどに動いている。
　そんなとき、ふとMマネジャーが携帯電話を見ると、顧客からの着

信履歴が4、5件入っている。マナーモードにしていて、着信に気づかなかったのだ。Mマネジャーは「しまった」と思いつつ、すぐに折り返した。

電話の内容は「A機能の仕様を変更してほしい」という、要求定義の変更に関するものだ。K部長に確認を仰ぐ必要がある事項である。Mマネジャーは顧客の担当者に対し、「分かりました。では変更管理委員会を開催して、仕様変更の確認・承認作業を進めたいと思います。来週のご都合はいかがでしょうか」と答える。

すると担当者は申し訳なさそうに、こう話す。「すみませんが、今すぐ要求定義書を変更してほしいんです。変更管理委員会を開催するルールだというのは分かっていますが、今回は急を要しています。できれば本日中に変えていただけないでしょうか」

Mマネジャーは困ったなと思いつつ、念のため確認する。「この件は、もしかして次の大型案件の受注にも影響しますか」。担当者の回答は「おそらく、そうなります」

今日中に変更して上長に承認をもらえれば、次も大丈夫だろう。しかし、今日中に承認をもらえないようであれば、次はコンペになる可能性が高い。担当者はMマネジャーにこう語る。

顧客の内部で何が起こったのかは分からない。無茶なリクエストであることは、先方も承知しているようだ。顧客の事情はともかく、正式な仕様の変更を至急、求めていることは理解できた。

部長は外出中、電話でもメールでも連絡がつかない

顧客が求める要求の変更自体は、それほど難しい作業ではない。影響を受けるのは要求全体の3〜4％程度で、影響度合いは中程度。通常プロジェクトなら軽々しく引き受けられるレベルではないが、今回は赤字覚悟の「営業プロジェクト」であり、コスト面も問題はないはずだ。K部長も二つ返事で了承するに違いない。

問題は、この日、K部長が外出していることだ。電話でもメールでも全く連絡がつかない。
　Mマネジャーは顧客の担当者に対し、「返事をせめて明日まで延ばすことはできませんか」と聞いてみるが、担当者は「当社の上層部で決まった事項なので、自分のレベルで何とかなるものではありません」と言う。担当者の声色から、あせる様子が伝わってくる。
　Mマネジャーは悩んだ。K部長の承認なしに仕様の変更を了承すれば、部のルールを破ることになる。「なぜ変更管理委員会を開催するよう調整できなかったのか」と責められ、K部長の信頼を失い、査定が1ランクも2ランクも下がるのは確実だ。
　だからといって、ここで顧客に対して仕様変更を約束できないと、次の大きな案件がコンペになり、同社が受注できるかどうかは分からなくなる。この状態もK部長の怒りを買うのは間違いない。K部長は数字の鬼である。次の大型案件は既に計画に組み込まれており、役員会議でも説明済みだ。今になって「コンペになりました」では、K部長の立場も非常に苦しくなる。
　自社の事情を優先するか、顧客の事情を優先するか。どちらに転んでも、ただでは済まないほどの大きな雷が落ちるのは必至である。

ダブルバインドを受け入れるしかない

　プロジェクトでは、どちらを選んでも「負け」という場面に出くわすことがある。そこにロジカルな解決策はなく、自分の価値観や哲学で判断を下し、結果を受け入れるしかない。これが五つめのセオリーである。
　紹介した事例で、Mマネジャーは「ダブルバインド」の状態に陥った。辞書を引くと、ダブルバインドとは「二重拘束。二つの矛盾した命令を受け取った者が、その矛盾を指摘することができず、しかも応答しなければならないような状態」とある。
　部の絶対的な方針に従わないと、K部長の信頼を失う。一方で、部の

方針に従っていたら、顧客との調整が不可能になり、K部長が役員に約束した数字を葬り去らざるを得ない。

　長く仕事をしていると、このように「どちらを選んでも負けゲームとなる」場面に遭遇するケースがある。きっと、このような状況に遭遇したら「不条理だ」と憤るだろう。暗闇プロジェクトでは、こうした不条理にどれだけ耐えられるか、というストレス耐性が試される。良いか悪いかはともかく、それが現実であると受け入れるしかない。

第4章
問題は無くすのではなく「やり繰り」する
～緊急事態への対処術

4.1 突然降りかかる難問への対処法

先が見えない暗闇プロジェクトでは様々な難問が生じるのが当たり前。マネジャーはそれを前提に、うまく舵取りをしていく必要がある。そのために何をすべきか、セオリーを見ていこう。

難問にぶち当たったら、むしろ安心せよ

　暗闇プロジェクトでは、頭を抱えてしまうほどの失敗や難問にぶち当たることは珍しくない。それでも**難問に直面したら、むしろ安心すべき**だ。これがセオリーの一つめである。

　一口に難問と言っても、あらかじめ想定できるものと想定できないものがある。「システムの品質をより高める」というのは、想定できる難問の一つだ。

　ソフトウエアの不具合（バグ）のうち、95％を発見・修正できた。できれば100％に近づけていきたいが、実現するのは難しい。残る5％を発見・修正するために必要な労力やコストは、95％のために要した労力やコストを上回る可能性が高い。この難しさは、あらかじめ想定できるものだ。

　どこまで対応するかは、コストやユーザーの要求レベルとの兼ね合いで決めていくことになる。信頼性や可用性についても同じことが言える。

「暗闇」では難問が突然、振りかかる

　想定していなかった難問がいきなり降りかかってくる。これが暗闇プロジェクトの難しさだ。例を挙げよう。

- 要求定義をまとめるのに100時間を要した。ところが「儀式」のはずの承認の場で理事長の一言により、ひっくり返る
- どこから着手すればいいのか、全く見当が付かない。アウトプットがゼロのまま、数週間が経過する
- 最先端のソフトウエア製品を開発し、リリース間近。その段階で、無名のメーカーが同じ機能を持ち、より優れた製品を発表し、業界の話題をさらう
- 以前にけんか別れした元同僚が、ユーザー側のコンサルタントを務めている
- 「やりたいようにやれ」「結果は気にするな」と言っていた上司が、突然「数字」を要求し始める
- 想定していなかった作業が発覚し、数百万円の費用が発生することが判明。なのに、誰が負担するかは曖昧なまま
- トラブル発生。原因を特定するには、複数メーカーに所属する技術者の協力が欠かせない。だがメーカーは競合同士なので、協力に難色を示している
- 長い付き合いで「大丈夫」と信じていた顧客が、口約束を守らない

　当事者にとって、こうした難問が突然、降りかかってくるのはつらいものだ。なのに「暗闇」ではなぜ安心すべきなのか。未踏の地を歩んでいる、すなわち付加価値の高い仕事に当たっている証しになるからだ。
　マニュアル通りにやってうまくいく業務に、付加価値はないに等し

い。誰でもできる仕事と捉えるべきだろう。

　暗闇プロジェクトで生じた難問は、マニュアルでは当然解決できない。これをクリアできる能力を持っていれば、競合他社に対する大きな差異化要因になるのは明らかだ。

　難問のレベルが高いほど、その問題をクリアできる能力の付加価値は高くなる。「人」や「政治」で解決できないような問題であれば、より歓迎すべきだろう。

 必要なら、あえてちゃぶ台を
ひっくり返す

　システムインテグレータのA社が請け負ったシステム開発プロジェクト。4月にキックオフし、1年をかけて開発。翌年の4月に本稼働を始める予定だ。

　開発するシステムの規模が大きいので、アプリケーション開発作業は複数のベンダーに依頼する方針を取っている。各ベンダーが開発した成果物の結合テストは11月に始める予定だ。

　これに間に合わせるには、各ベンダーはアプリケーションの開発を10月までに完了する必要がある。A社は4月からそれぞれのベンダーと仕様の調整を進め、6月から実際の開発に入る。その後、10月に成果物を引き渡しを受けるというスケジュールで臨む。

ベンダーへの開発依頼をキャンセル

　4月に入り、A社はベンダーとの仕様調整に取りかかる。だが、作業は思いのほか難航する。ユーザー経由でベンダーにプレッシャーをかければ事は運ぶと考えていたが、そう簡単には進まない。5月早々には、

調整作業が長期化する可能性が高くなっていた。

　このままでは、6月にベンダーがアプリケーション開発に着手するのは極めて難しい。交渉が長引くだけならともかく、「その仕様では引き受けられない」とベンダーが判断を下し、交渉が決裂するおそれもある。そうなると、来年4月の本稼働には到底間に合わない。

　A社でプロジェクトマネジャーを務めるP氏は、ここで計画の変更を決断する。「複数のベンダーとの調整を続けても、らちが明かない」とし、各ベンダーへの開発依頼をキャンセル。自前で開発する方針に切り変えたのだ。

　一から調査と設計を始めなければならない。そのための計画を早急に立てる必要がある。要員が足らないのは明らかなので、協力会社に対してすぐにエンジニアの派遣を要請しなければ──。A社の開発チームは、Pマネジャーの方針変更に右往左往した。

　周囲からは「今から自前で開発するのは無理だ」との声も上がる。しかし、Pマネジャーは腹をくくっている。

　ベンダーの協力が得られない以上、自前でやらざるを得ない。A社自身で行動を起こさない限り、プロジェクトは動かない。Pマネジャーはリスクがあることを承知のうえで、自前での開発に向けた準備を進めていく。

ちゃぶ台返しは発生して当然

　暗闇プロジェクトは計画通りには進まない。セオリー1で見たように、予期しない難問が発生するのが当たり前だ。

　時にはA社のPマネジャーのように、**自らちゃぶ台をひっくり返す決意が必要になる**。これがセオリーの二つめだ。

　「暗闇」では、計画の変更が当たり前。マネジャーはこれが分かっていたとしても、計画を大きく変えることをためらいがちだ。確かに、WBS（ワーク・ブレークダウン・ストラクチャー）の大項目レベルで

線を引き直すのはリスクが伴う。

　だが、それは通常のプロジェクトの感覚である。暗闇プロジェクトのマネジャーは、ちゃぶ台返しや計画変更の可能性を常に考慮しておき、そのときが来たら躊躇せずに決断していくことが肝要だ。

　「暗闇」は道なき道を進む以上、ちゃぶ台返しがあるのが当然と考え

図4-1　ちゃぶ台返しは当たり前のこととして想定

通常のプロジェクト

企画 → 要求定義 → 設計 → 開発 → 結合テスト → システムテスト → 運用保守
（各工程で問題発生）

計画駆動型プロジェクトでは、問題が発生しても先送りしながら（あるいは内包しつつ）当初のスケジュール通りに進めるのが基本

暗闇プロジェクト

企画 → 要求定義（問題発生）→ ちゃぶ台返し → 再要求定義（問題発生）→ 設計（問題発生）→ ちゃぶ台返し → 再設計（問題発生／問題発生）→ ちゃぶ台返し → 開発（問題発生）→ ちゃぶ台返し → 結合テスト → システムテスト（問題発生）→ ちゃぶ台返し → 運用保守

「ちゃぶ台返し」は当たり前のこととして、想定しておく

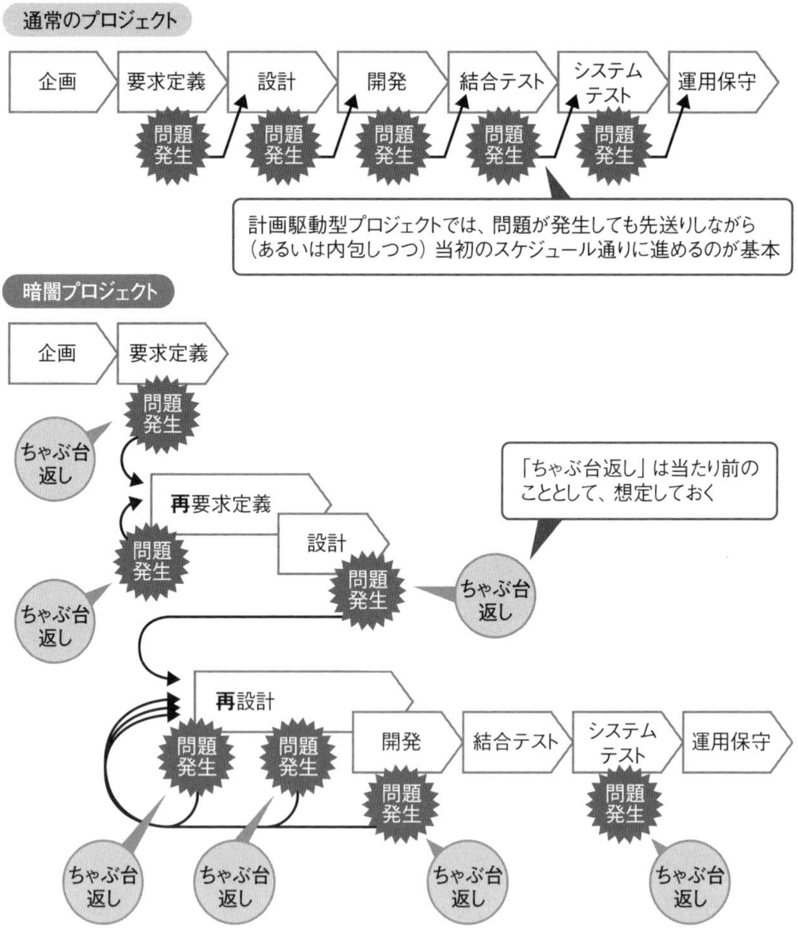

第4章　問題は無くすのではなく「やり繰り」する

るべきである。ちゃぶ台返しがないのはプロジェクトが進んでいないことを意味する。

「自分が原因」と捉えて問題解決に当たる

　マネジャーが担当する業務内容や裁量の範囲は、会社によって異なる。IT企業のB社では、マネジャーの裁量範囲が非常に広い。最初に承認されたプロジェクト計画で示した成果を上げられるのであれば、そこに至る全ての決定事項はマネジャーに一任されている。

　交際費や交通費をどれだけ使おうが、全てマネジャーがよしとすればプロジェクト経費で落とせる。どの外注先をどれだけ使うかに関しても、マネジャーが自由に決定できる。

　マネジャーの振る舞いについても事実上、放任状態だ。マネジメント業務の全てをリーダーに任せて、自分は営業活動に専念していても特におとがめはない。社内向けの定例報告もあって無きがごとしだ。

現場を犠牲にして安請け合いの案件を黒字に

　もちろん、マネジャーには強いプレッシャーがかかる。結果に関する全ての責任を負う形になっているからだ。成果を上げれば昇格するが、それができないとすぐに降格することも珍しくない。

　プロジェクトが危機に陥ったら、自ら解決していくしかない。上層部からすぐに指示や支援がくることはまずあり得ない。

　結果的にB社のマネジャーの多くは、ドラえもんに出てくるガキ大将のジャイアンのように振る舞うことになる。同社のマネジャーを務めるU氏はその一人だ。

Uマネジャーは顧客から多くの案件を取ってくる。そのほとんどは、周囲から見ると安請け合いとしか思えないものだ。

　にもかかわらず、どの案件も赤字にはならない。確実に売り上げを確保しているので、B社内でのUマネジャーの評価は高い。

　実はその裏で現場が犠牲になっている。安請け合いのプロジェクトでQCD（品質・コスト・納期）を守ろうとすると、どこかに無理が生じる。そのしわ寄せが現場に来ているのである。

　当然、現場でのUマネジャーの評判は最悪だ。しかし、B社ではマネジャーとメンバーとの間で権限の格差が非常に大きい。U氏は「ジャイアンらしさ」を発揮して、現場を押さえつけていた。

「原因はそっちだろう」

　Uマネジャーは、ある顧客から例によって安請け合いでシステムの開発案件を取ってくる。プロジェクトが始まってからも、仕様の追加変更の要求を断らずに引き受けている。

　この顧客では、次に大きな案件が控えている。その案件を受注したいと考えていたUマネジャーは契約にない依頼を、いつも以上に安直に引き受けている。このため問題が頻発し、現場はてんてこ舞いの状況に陥っていた。

　問題の原因は様々だが、元をたどればUマネジャーによる安請け合いに起因しているのは、誰の眼にも明らかだ。とはいえ、なぜ安請け合いしたのかに関する事情はメンバーも理解している。Uマネジャーが現場の大変さを理解してくれれば、メンバーは我慢できただろう。

　ところがUマネジャーは、問題の原因はチームメンバーのスキルとパフォーマンスにあると本気で考えている。「問題の原因を究明し、対応策を立てるように」と、メンバーに指示を出す。

　「ジャイアン」に直接、立ち向かえるメンバーはいない。メンバーは皆、心の中で毒づく。「原因はそっちだろう」——。

マネジャーは問題の当事者

プロジェクトで生じる問題の原因の多くは、マネジャー自身にある。この点を自覚するというのが、セオリーの三つめだ。

マネジャーに原因があると言うと、「それは違う」と思う方がいるかもしれない。しかし、ほとんどの場合、マネジャーは「プロジェクトで最も権限を行使している人」であり、問題の当事者と捉えるべきである。プロジェクトでのマネジャーの権限が大きいほど、より問題の原因となっている可能性が高い。この点を意識しなければならない。

にもかかわらずUマネジャーのように、他の事柄に原因を見つけ出そうとしてメンバーに問題解決を指示するケースは珍しくない。問題の張本人が自分自身を問題の外部に置き、「解決せよ」と指示しても、問題は解決しない。表面上解決したように見えても、似たような問題が必ず発生する。

問題が生じたら、マネジャーは常に自分自身に原因の一部があると意識して解決に当たるべきである。

図4-2　問題の多くはマネジャーに起因する

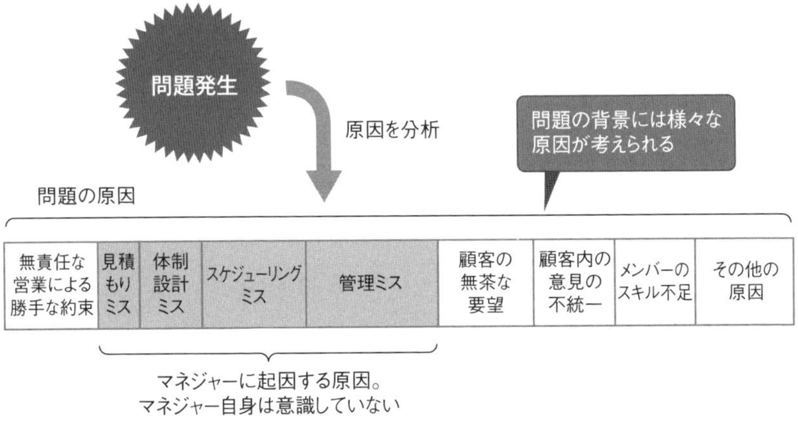

「対策を立てろ」は無能なマネジャーの常套句

 プロジェクトで問題が発生すると、条件反射のように「すぐに対策を立てろ」とメンバーに指示するマネジャーがいる。だが、これは無能なマネジャーの常套句である点を意識する必要がある。これがセオリーの四つめだ。

部下が対策を立てられるなら大した問題ではない

 セオリー3で触れたように、プロジェクトで生じる問題の根本原因はマネジャーにあると言える。ところが、その意識が全くないマネジャーがいる。こうしたマネジャーに限って、「すぐに対策を立てろ」と発言するものだ。

 しかし、部下がすぐに対策を立案できるくらいなら、大した問題ではない。マネジャーに言われるまでもなく、即座に策を講じるだろう。自身の裁量権限の範囲で解決できないからこそ、問題をエスカレーション（上位管理者に報告）しているのである。

 プロジェクトマネジャーや部長などは多忙であることが多く、問題に対する詳細な対策の立案にすぐ時間を割くのは難しい場合もある。それでも原因が自身にある点を自覚し、自身のあり方を含めた対策の方向性を示したうえで、詳細な対策作りを指示することが大切だ。

問題を無くすのは不可能、「やり繰り」を目指せ

　プロジェクトでは様々な課題や問題が発生する。特に2年以上の長期プロジェクトでは、課題一覧が数十ページにわたることも珍しくない。

　これらの課題や問題を全て解決するのは、まず不可能だ。重要度の高い課題でさえ、数週間かけても解決の糸口さえ見つからないケースもある。

　課題や問題が残ったままだと、プロジェクトマネジャーの気は重くなる。「課題を一掃できれば、どれだけ気が楽になることか」。こう思うのも無理はない。

　プロジェクトの課題や問題は、消えたと思うと別の場所に現れる。あぶくのようなものだ。プロジェクトの「マイナス」の状況を「ゼロ」に戻すための課題をクリアできたとしても、「ゼロ」を「プラス」に転じて、より高みを目指すために新たな課題が生じる。

　こうした課題や問題に常に振り回されるようでは、マネジャーは務まらない。暗闇プロジェクトではなおさらのことだ。

　マネジャーは**問題を「解決」するよりも、いかに「やり繰り」するかを考える**のが得策である。これがセオリーの五つめだ。

トレードオフやジレンマが立ちふさがる

　問題のやり繰りをなぜ考えたほうがいいのか。解決が難しい問題のほとんどは、論理的な解決法が役に立たないからである。

　実際のところ、問題を解決しようとするとトレードオフ（こちらを立てると、あちらが立たない）やジレンマ（こうすると解決できるのは分かっているが、政治的な理由などでできない）といった壁が立ちふさがる。これでは論理的な解決手段は通用しない。

　こうした場合は、問題をやり繰りする感覚で対応するしかない。例え

ば、こんな具合だ。

- 行き当たりばったりで、とりあえず対応する
- 時間をかけた対応を通じて、感情面での許しを請う
- とっさに思いついた言い訳で急場をしのぐ

どれも格好のいい対応とは言えないが、これこそがマネジャーの仕事である。問題は無くならないという前提で、気楽にやりくりする感覚でちょうどよい。

図4-3 「暗闇」でのマネジャーの仕事

エンジニアの仕事

一応、先を見通せる

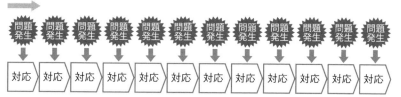

基本設計 → 詳細設計 → 開発 → 単体テスト → 結合テスト → システムテスト

計画通りに進むかはともかく、エンジニアの仕事は先まで見通せる。
通常プロジェクトのマネジャーは、
各フェーズで起こりがちな問題であれば、ある程度見えている

「暗闇」でのマネジャーの仕事

少し先でさえも見通せない

問題発生 → 対応（繰り返し）

四苦八苦しながら問題に対応するのが常態だと捉え、
都度対応していくのが、暗闇プロジェクトでのマネジャーの仕事

4.2 問題解決の無駄な労力を減らす

暗闇プロジェクトで生じる問題を解決しようと、いくら労力をかけても奏功しないケースが多々ある。論理的な解決法を適用しようと試みても、「暗闇」では無駄骨に終わる。無駄な労力をできるだけ減らして問題を解決に導くためのセオリーを見ていく。

昨日の問題が今日も同じだと考えるのは大間違い

　システムインテグレータR社に所属するGマネジャーと開発メンバーは、ふだんは顧客企業のプロジェクトルームに常駐している。そこに顧客の課長がやってくる。上から目線の言動がやや目立つ人物だ。
　その日はたまたま、真面目な若手エンジニアしかいない。課長は若手に対して、こう要求する。「○○の機能を急きょ追加してほしい。やってくれるよな？」
　若手は顧客の課長に対して「残念ながら、それはできません」と答える。課長が「当然、こちらの要求を飲んでくれる」との態度で聞いてくるので、つい否定的な返事が口に出た。
　若手は続けて、「なぜなら…だからです」と理由を説明する。だが、顧客の課長の頭に残ったのは「できない」という回答だけだ。これが顧客企業の中で伝言ゲームで伝わり、顧客企業はR社に対して「会社の態度が変わった。どんな条件をつけてもやってくれなくなった」というイメージを抱くようになる。

この一件をGマネジャーは把握していない。本来なら客先の課長とのやり取りをすぐに報告すべきだったが、若手はすっかり忘れている。

「課長からは御社に要求を拒否されたと聞いています」

　顧客企業のシステム構築プロジェクトは、もうすぐ完了する。その後、関連機能を開発する次期プロジェクトを始める計画だと、Gマネジャーは顧客から聞いている。

　これまでの流れから、Gマネジャーは「次期プロジェクトも随意契約で当社に発注してくれる」と信じている。ところが顧客の担当者から「次期プロジェクトの開発ベンダーは、コンペティションで決める」との情報が入ってくる。

　Gマネジャーにしてみれば寝耳に水。あせったGマネジャーは情報収集に走り、ようやく若手メンバーと顧客の課長とのやり取りを知る。

　すぐに顧客の担当者に会い、若手メンバーの発言を取り消した。「うちの若手が間違った情報をお伝えして、大変申し訳ありません。先日ご依頼のあった新規機能の追加はもちろん可能です。すぐに対応させていただきます」

　顧客の担当者はGマネジャーの説明に対し、「本当にできるのですか？　でも、課長からは御社に要求を拒否されたと聞いています。周囲にもそう言っていますよ」と答える。Gマネジャーが即座に顧客の課長の元を訪れて説明したのは言うまでもない。

　どうやら課長には理解してもらえたようだ。何が何でもコンペをやるという考えではなかったらしい。「随意契約の方向で考える」との回答をもらい、Gマネジャーは上司の部長に「コンペはなくなりました」と報告した。

「コンペの流れは私では止めようがない」

　Gマネジャーがほっとしたのもつかの間、部長から電話が来る。「お

い、先方の部長はコンペをやるって言ってるぞ」

あわててGマネジャーが顧客の課長に確認すると、確かにコンペの方向で話が進んでいるという。「随意契約で考えるって言われたではないですか」と確認すると、「連絡が遅れて悪かった。コンペの流れは私には止めようがない」とのことだ。

部長からは「話が違うじゃないか」とどやされる。Gマネジャーは仕方ないと思いつつ、「こうなったら、コンペの勝率を100％近くまで高めるしかない」と考える。

さっそく顧客の課長に、コンペの実施要領や業務委託仕様書について尋ねると、「これから作成する」という。Gマネジャーはこれを聞いて、「だったら、仕様書のひな型をこちらで作成させてください」と課長に申し出た。

もともと顧客とR社の間では、随意契約で進めることで内々の合意は取れている。しかもR社に対して、随意契約ではなくなったのに連絡が遅れたという負い目がある。顧客の課長は、Gマネジャーの申し出を了承した。

「R社に勝たせようとする意図が丸見えだ」

Gマネジャーは数日で仕様書のひな型を作り、顧客の課長に渡す。当然、R社に有利な内容だ。

「これでコンペでウチが勝つのは間違いない」。Gマネジャーが安心していると、数日して顧客の課長から連絡が来る。今度は何だろうと、身構えつつ電話に出ると、仕様書でR社に有利な記述のほとんどがカットされそうだという。

課長の説明によれば、顧客の社内で「これではR社に勝たせようとする意図が丸見えで、どこもコンペに応募してこないぞ」との声が上がり、その意見が多数を占めているそうだ。

顧客の課長自身、社内のルールや社風を理解しているR社に随意契約

で発注するのがベストだと考えている。しかし、コンペの実施は既に決まっており、「今さらどうしようもない」と話す。

さっそくコンペの噂を聞きつけて、他社が顧客企業に連絡してくる。出来レースかそうでないかの確認らしい。R社はハンディなしでコンペに臨まざるを得なくなった。

「できる」と答えるべきか、「できない」と答えるべきか

プロジェクトマネジャーは「問題が解決した」と思って、手放しに喜んだり安心したりするのは厳禁だ。**昨日の問題が今日は別の問題に変わっている可能性は十分ある。**この点を踏まえるのがセオリーの一つめだ。

顧客や自社を含めて、プロジェクトを取り巻く環境は静的（スタティック）ではなく、常に動的（ダイナミック）である。計画もプロジェクトのルールも変化するのが当たり前。暗闇プロジェクトは特に変

図4-4　問題は時間と共に変化する

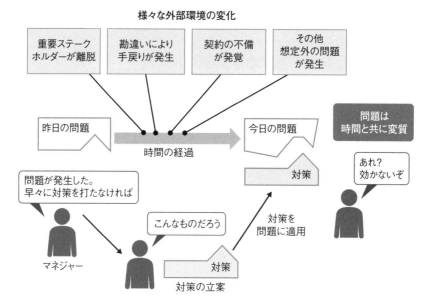

化の度合いが大きい。

　前言撤回も朝令暮改もいとわない。これが暗闇プロジェクトで問題に向かう際にマネジャーが取るべき姿勢となる。

　Gマネジャーの例のように、顧客が「できるのか」「できないのか」という明確な答えを求めてくるケースは多い。しかし、きちんと答えようとすればするほど、単純な回答にはならなくなる。「できる」と答えられるとしても、多くの場合は複数の条件が付くものだ。

　だからといって、条件を含めて丁寧に「○○で、かつ△△が…だったら、ご要望に応えられます」などと答えると、短気な顧客に「できるのか、できないのかで答えてほしい」と言われてしまう。

　こういうときは相手のタイプに応じて、まず「できる」と答えるべきか、「できない」と答えるべきかを判断するしかない。R社の若手メンバーは、顧客にまず「できる」と答えるべきところ、「できない」と言ってしまった。このため、そのあとに条件を説明しても先方には「できない」という回答だけが伝わってしまったのである。

ケアレスミスの原因を真面目に追究しても無駄

　S社は最先端のテクノロジーとサービスで知られる、業界の寵児ともいうべきベンチャー企業である。最新ITを駆使したシステム構築は、得意中の得意だ。

　そんなS社があまり得意でない業務分野がある。その一つが顧客対応窓口。人間系が多く関わり、ITによる自動化が困難だからだ。

　実際、S社の顧客対応窓口では以下のようなミスが相次いでいる。

<顧客対応>
- クレームの電話を担当部署ではなく、違う部署につないでしまう
- マニュアルが分かりにくく、回答処理に手間取る。該当箇所とは異なる部分を見て、適切でない回答を返すこともある

<社内対応>
- アラートの発生時刻を間違えて報告。対応の優先順位が不正確になる
- アラート内容によってエスカレーション先（対応部署）は異なるが、そのエスカレーション先を間違える
- アラートの記録方法を間違える

　S社は顧客対応のミスを重要な課題として認識しているが、自社で解決するのは難しい。そこで外部コンサルタントに協力を依頼する。
　コンサルタントはS社で生じたミスの種類を分類し、原因を分析しようと試みる。
　一次原因として、ケアレスミスや知識不足、コミュニケーションに関するミス、確認不足などが挙がる。コンサルタントは、そこから二次原因、三次原因と、ロジックツリー（問題解決手法の一つ）に基づいて分析しようとしたが、教科書のようにうまくはいかない。
　マニュアルの修正や手順の見直しといった改善策を考えて実践したものの、ミスは一向に減らない。
　コンサルタントは、さらにスキル要因、心理的要因、プロセス要因など、要因別に問題を細分化して分析したが、目に見える効果は表れない。業界の最先端をいくS社だが、顧客対応の品質は低いままである。

表4-1 コンサルタントが実行した原因分析

ミスの種類	原因1（表面的な原因）	原因2（原因1の原因）	原因3（原因2の原因）
認識ミス	ケアレスミス		
	コミュニケーションミス		
判断ミス	ケアレスミス		
	知識不足・間違った業務知識		
	作業ルール違反	間違ったルール知識	
		意識的なルール違反	モラルの問題
			ノルマとルール順守のジレンマ
動作ミス	ケアレスミス		
	知識不足・間違った業務知識		
	ルールの不備		
	作業ルール違反	間違ったルール知識	
		意識的なルール違反	モラルの問題
			ノルマとルール順守のジレンマ

対策は実績作りの儀式にしかならない

　S社の事例のコンサルタントは、**ケアレスミスの原因を真面目に追究しようと試み、うまくいかなかった。こうした行為は暗闇プロジェクトでは無駄**と言わざるを得ない。これがセオリーの二つめである。

　コンサルタントは、S社でケアレスミスが生じた原因として、以下が挙げられると分析した。

- 疲れていて注意散漫になり、書き間違えた
- 数分前の対応に引きずられて、マニュアルを読み間違えた
- 担当者が大雑把な性格で、マニュアルの記述を勝手に拡大解釈した

　ここで重要なのは、ここで挙げている原因は憶測にすぎないというこ

とである。注意散漫の原因は、本当に疲労なのか。注意散漫で書き間違えたのは確かか。説明に納得感があったとしても、あくまで推測であり、原因と呼べるものではない。

ケアレスミスは、人間の行動に起因するミスの中で最も多く発生すると言える。しかし、人の脳の中の出来事が分からない以上、真の原因は分からない。対策を打ったとしても、多くの場合は実績作りの儀式にしかならない。

暗闇プロジェクトで問題が生じたときに、報告書のたぐいを書かざるを得ないケースもある。その際に、ケアレスミスの原因を真剣に追究するような行為は避けたい。徒労に終わるからだ。問題をかわしたり方便を駆使したりしつつ、試行錯誤を繰り返しながらプロジェクトを前に進めていく姿勢が肝要である。

昨今では、CRM（顧客関係管理）やMA（マーケティングオートメーション）といった顧客対応を効率化・自動化するITシステムの利用が進んでいる。それでもシステムが出した数字を解釈し、それを後ろ盾にして主張を押し通す、あるいは引っ込める。数字を公表するタイミングを決める——などは全て人間が行う。

少しでも人間が関与する余地が残っている限り、ケアレスミスは起こり得る。これは顧客対応システムに限らず、全てのシステムに当てはまる。

「ロジカル問題解決」では問題を解決できない

ある業界に、業界向けパッケージ製品を提供する大手ITベンダー2社ががっちり食い込んでいる。大手企業のほとんどは2社のうち、どちらかの製品を利用しており、新規参入の余地はないように思える。

そんな状況で、ベンチャー企業T社がこの業界への参入を狙っている。大手ベンダーにはない先端的な技術と充実した機能が売り物だ。
　「話を聞いてもらえさえすれば、絶対に興味を持ってもらえる」。T社のHマネジャーは自社製品に自信を持って、営業活動を進めている。
　しかし、業界では無名の存在である。先方に話を聞いてもらうことすらできず、門前払いを食らう日々が続く。
　そんなとき、社内の一人が業界大手の1社の担当者とつながりがあることをHマネジャーは知る。そのつてを頼り、「話だけなら」と、担当者に時間を取ってもらうことに成功した。
　この会社は、業界でも特に名が通った法人グループである。奇跡的に、2強ベンダーは入り込めていないという。商談がうまくいけば、小さいながらも寡占状態に風穴を開けられそうだ。Hマネジャーは期待に胸を膨らませる。

「会えば、きっと何とかなる」

　プレゼン当日。Hマネジャーの予想通り、担当者はT社の製品に興味を示し、「もっと詳しく説明してほしい」と希望してくる。
　その後、担当者と3回面談し、製品に関して詳細に説明する。その結果、担当者の上司に当たる部長へのアポを取り付けることができた。部長が、システム導入に関する事実上の意思決定権を持つ。
　部長は当初、Hマネジャーとの面談に消極的だった。「特に興味はない」というのが理由だ。Hマネジャーは様々な資料を担当者に渡し、「御社の部長様にもぜひご覧いただければと思います。できれば、直接ご説明する機会を作っていただけると助かります」と依頼。ようやく会うことを許された。
　会えば、きっと何とかなる。Hマネジャーには自信がある。もともと人当たりが良く、好印象を与えるタイプで、対人営業は得意だ。初対面の人でも、大抵は気に入られる。

いざ、部長との面談。最初から話ははずみ、「相性は悪くない」とHマネジャーは感じる。

T社の製品を導入すると、経営そのものや管理の進め方、現場業務はどう変わるか。どんな投資対効果が得られ、どのようなメリットやデメリットがあるのか。これらを図を使いつつ、説明していく。ロジック（論理）の根拠を事実に基づくデータで示すよう意識しつつ、簡潔で分かりやすい説明を心がける。

ひと通りプレゼンが終わると、部長はHマネジャーに対して様々な質問をしてくる。入念に準備したかいあって、製品に興味を持ってもらえたようだ。「これで次の面談のアポを取れるかもしれない」とHマネジャーと期待を寄せる。

「どのようなメリットが得られようが、導入する気はない」

ところが次回の面談について打診すると、部長は「それは結構です」ときっぱり断る。「他の分野はともかく、この業務ではシステムを使わない方針です。大手ベンダーの営業担当者からも同じ話を頂くのですが、全てお断りしています」とのことだ。

一瞬、言葉を失ったHマネジャーはすぐ気を取り直して、再度システム導入のメリットや投資の正当性を訴えた。顧客や従業員の満足度向上にも寄与する点も強調する。しかし、部長の考えは変わらない。

打ち手が無くなったHマネジャーは、部長に正面から尋ねる。「どのようなメリットがあれば、製品の導入を検討していただけるのでしょうか」。部長はこう答える。「どんなメリットが得られようが、導入する気はありません」

「お言葉ですが、この業界の多くの企業は既にシステムを導入しています。利用しないと、経営が危うくなる可能性があるかもしれません。それでもいいということでしょうか？」とHマネジャーが尋ねると、「そのリスクが本当に顕在化するのであれば、考えるかもしれません。

でも今はその状況にはなっていない」とのことである。

どうも納得がいかない。もしかすると、セキュリティ面の懸念など、他に要因があるのではないか。Hマネジャーはこう考えて、様々な方向から質問を投げてみるが、部長は「そういう理由ではありません」と否定する。

結局、Hマネジャーは同じ質問に戻った。「つまり、どのようなメリットがあれば、システムの導入を検討していただけるのでしょうか」

ここに来て、ようやく部長の本音が出る。「メリットがあろうがなかろうが、導入する気はありません。他の業務はともかく、この業務をコンピュータに任せるのは気が進まない。そうするのは間違っていると感じるんです」

Hマネジャーはようやく理解した。部長がシステム導入を拒むロジカルな理由があるわけではない。おそらく経験に基づく自分の感覚で、「システムは使わない」という固い信念を抱いているのだ。

問題には人の信念や価値観が深く関わる

論理的な思考・やり方で問題を解決することを「ロジカル問題解決」などと呼ぶ。暗闇プロジェクトでは、**ロジカル問題解決はほぼ役に立たない**。これがセオリーの三つめである。

プロジェクトで生じる問題には、人の信念や価値観が深く関わっているケースが珍しくない。この種の問題をロジカルに解決するのはまず不可能だ。問題の原因を作っている人が、物事をロジカルに捉えているわけではないからである。

Hマネジャーの例で取り上げたシステム商談も同じだ。信念あるいは価値観に基づいて「システムを使わない」と決めている部長にどれだけメリットを説明しても、相手の心は変えられない。ロジカルな手段は相手に通じないのである。

一方で、ロジカル問題解決のような論理的な考え方やプロセスを身に

図4-5　ロジカルな説明が通用しない

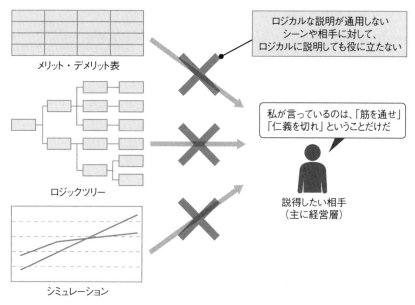

付けておくことは非常に大切だ。自分の意図的な意見を、あたかも客観的で意図的ではないかのように印象づける際に役立つからである。

　プロジェクトでロジカル問題解決はほぼ役に立たないというのは、やや言い過ぎかもしれない。ただ、そのくらいの意識を持つほうが、実際に裏切られたときの傷が小さくて済む。

「正しい情報が得られれば意思決定の精度は上がる」は大きな誤解

　正しい情報が得られれば、意思決定の精度は上がる。多くの人は、こう考えているのではないか。

しかし実際には、**情報の正しさが意思決定の正しさにつながらないケースが多い**。暗闇プロジェクトでは特にそれが言える。これが四つめのセオリーだ。

情報と意思決定の関係を示す三つのエピソードを紹介しよう。

エピソード1 コンペで圧勝、だがその結末は…

あるユーザー企業が業務システムの刷新を決めた。同社の基幹システムは全て、ベンダーのU社が手がけている。既存の基幹システムとのデータ連携も発生する。U社は当然、「今回も当社に発注してくれる」と考えていた。

ところがユーザー企業は、システム開発を依頼するベンダーをコンペで選ぶ方針を取る。U社との関係が必ずしも良好ではないことが理由である。U社の担当者は、この決定にショックを受けた様子だ。

コンペに応じたのは、U社を含むベンダー5社。RFP（提案依頼書）を見ると、各社の意気込みが伝わってくる。特にU社以外の4社は「ユーザーに食い込む絶好のチャンス」と力を入れたようだ。

コンペに応じた5社の中で、B社は有利な立場にある。ユーザー企業の部長から、RFPの内容や評価ポイントに関する情報を事前に得ていたのである。「プロジェクトをB社に任せたい」と考えていた部長が、自分の判断で情報を流していたのだ。

結局、コンペに勝ったのはB社だった。他社が得ていないRFPの内容や配点を事前に知って対策を立てたのだから、当然の結果である。ユーザー企業の部長は「希望通りの結果となった」と満足そうだ。

ここから思いもよらない方向に話が進む。コンペのやり直しが突然決まったのだ。B社と2位の会社との点差があまりに大きく、不自然だったからだという。確かに部長は情報を流しすぎたし、B社は情報に基づく提案を頑張りすぎた。

「誰かがコンペの情報を事前に漏らしたのではないか」。こうした疑い

がユーザー企業の内部で持ちあがり、犯人捜しもされた。ただ、今回は通り一遍の調査で、部長は疑われずに済んだ。

　B社に勝たせたい気持ちは今でもある。だが、コンペで再度同じ結果になったら、間違いなく部長が疑われる。再コンペに当たり、部長はB社に最低限の情報しか提供せず、B社も提案内容を抑え気味にする。それでも部長とB社は勝てる見込みが十分あると踏んでいた。

　予想に反し、再コンペでB社は勝てなかった。部長やB社の予想よりも点数が低く抑えられてしまったのだ。審査担当者に「B社はまた情報を入手しているのではないか」との疑いを持たれたのが、マイナスに作用したようだ。

エピソード2　出来レースと踏んでいたら、さにあらず

　別のユーザー企業が、システム開発のコンペを実施した。手を挙げたベンダーの1社であるV社の役員は、ユーザー企業の理事長と長年、懇意にしている。この情報をつかんだベンダーW社の役員は「コンペと言いながら、出来レースではないか。発注先はV社に決めているに違いない」とにらむ。

　RFPを見て、W社の役員は「やはり」と確信する。V社に勝ってほしい、と言わんばかりの内容だったからだ。

　ちょうどこの時期、W社はプロジェクトが重なり、人がひっ迫している状態にあった。いつもなら「案件を取ってから、やり繰りを考えればよい」という姿勢で臨むが、今回は結果が見えているも同然だ。W社はコンペからの撤退を決める。

　あとでコンペの結果を聞いて、W社の役員は仰天する。V社はコンペに勝てず、勝利したのはG社だった。

　G社は、ユーザー企業の理事長とV社との関係は全く知らず、本気でコンペに臨んでいた。実際、コンペは出来レースではなく、公平に行われたそうだ。

「G社が相手だったら、十分に勝機があったのに…」。W社の役員は悔やんだが、後の祭りである。

エピソード3 ステークホルダーの意見が合わない

　場面変わって、ある官公庁でのシステム開発プロジェクト。次年度が始まる4月早々にベンダーを調達する必要があり、今年度が終わる3月末までに要件を固めなければならない。

　官公庁だけに、システムの要件を決めるプロセスはやや複雑だ。前もってシンクタンクにアンケートを依頼したほか、現場に対してヒアリング調査を実施。これらの結果を基に識者を集めて検討会議を複数回開き、要件に至るプロセスやエビデンス（事実データに基づく根拠）を明確にしつつ作業を進める。

　年度末の最後の会議が近づく。会議メンバー全員から要件に対する承認を得るために、議論をどのような方向に導いていけばいいか。どこを落としどころにするか——。官公庁のプロジェクト担当者は、議論のシナリオ作りを進めている。

　悩みの種は、検討会議に参加する先生方だ。みな豊富な知識と経験の持ち主だが、物の見方やスタンスが異なるので、意見が合わずに対立する場面がたびたび出てくる。みな口が立つので、議論を収拾させるのは容易でない。

　そこに担当者をより困らせる情報が入ってくる。検討会議メンバーの中に、最重要のステークホルダーが二人いる。両氏が、それぞれ異なる案を推しているというのだ。

　両氏に近い関係者に尋ねてみると、どうも情報は正しいようだ。だからと言って、議論を落としどころに持っていくための意思決定が容易になるわけではない。担当者の悩みは続く。

正しい情報が正しい意思決定を導くとは限らない

　エピソード1で、B社は正しい情報を得て、その情報に基づいて提案を頑張って作ったものの、その頑張りがアダとなった。エピソード2では、ユーザー企業の理事長とV社との関係に関する正しい情報を持っていたが、「コンペは公平に行われる」との情報が得られなかったために失敗した。エピソード3でもステークホルダーに関する正しい情報を得ていたが、意思決定に役立たなかった。

　三つのエピソードは、正しい情報が正しい意思決定を導くとは限らないことを示している。エピソード1の結果は、何か追加情報を得ていれば避けられたわけではない。エピソード2は「コンペの公平さ」の情報を得ていれば回避できた可能性もあるが、その情報をW社の役員が受け入れたかどうかは別の話だ。エピソード3は、どれだけ正しい情報を得ても正しい意思決定にはつながらないことを示している。状況を打開するには、正しい情報以外の何かが必要だろう。

　マネジャーが「意思決定に情報が必要」という考えに固執するのは禁物だ。特に暗闇プロジェクトでは、「情報が不十分」との理由で意思決定のタイミングが遅れると、取り返しがつかなくなる可能性が高い。

　「暗闇」では、全ての情報が見当違いである場合だってあり得る。それでも意思決定しなければならない、という覚悟を持つことが肝要だ。

　情報の正しさだけでなく、量についても注意したい。情報を集めれば集めるほど、正確に判断できるとは限らない。情報過多がかえって判断の誤りにつながる場合もある。

第4章　問題は無くすのではなく「やり繰り」する

問題の収束を阻むのは「主導権争い」

　J部長は悩んでいる。新規プロジェクトのリーダー候補としてA氏とB氏の二人がいて、甲乙つけがたいのだ。
　年次や職位が異なるのであれば、高いほうをリーダーにすればうまく収まる。ところが二人は新卒の同期入社で、現在の職位も同じ。どちらかを別のプロジェクトに割り当てれば済む話だが、そういうわけにはいかない。
　プロジェクトの規模や必要なスキルを考えると、A氏やB氏のようなレベルの人材が少なくとも二人は必要だ。その条件に該当する別の人材は他のプロジェクトに参加している。このためA氏、B氏ともに今回のプロジェクトに参加してもらう必要がある。
　A氏とB氏の仲が良ければ、まだ何とかなる。困ったことに、二人は仲がよくないとの噂である。二人とも自己主張が強いタイプで、はたから見ても性格が合わないという印象を受ける。どちらかを上にして、どちらかが下になれば、何が起こるかは火を見るより明らかだ。

一人をプロジェクトマネジャー、もう一人をPMOに

　J部長は苦肉の策を取る。A氏をプロジェクトマネジャーに、B氏をPMO（プロジェクト・マネジメント・オフィス）に据えたのである。プロジェクトのマネジメントはA氏が担う。B氏はPMOとして、プロジェクトを成功させるための様々な助言や支援、時には管理を行う。
　この体制は指示命令系統が分かりにくい。プロジェクトマネジャーとPMOのどちらが上なのか。マネジャーはPMOに従う必要があるのか。PMOの助言や管理に従う必要があるのか──。
　こうした曖昧な体制こそ、J部長が狙ったものだ。どちらかを上にし

て指示命令系統を明確にすると、すぐケンカになるのは目に見えている。

A氏とB氏は、この体制の意味をうすうす勘づいており、J部長に「指示命令系統を明確にしてほしい」とは特に要求しなかった。両者とも、プロジェクトの成功が自分のためになるのは百も承知している。互いに自分の仕事を頑張ってプロジェクトが成功すれば、両者とも同じような評価がつくことも予想できた。

プロジェクトは、うまく回っているように見える。A氏はマネジャーとしてチーム内のタスクを回す一方、B氏は契約や納品、成果物の品質管理など、主に顧客対応に関連するタスクを担当している。誰に言われるわけでもなく、役割分担が自然とできてきたようだ。

3カ月が過ぎても大きな衝突はなく、プロジェクトは順調に進んでいる。当初は心配していたJ部長も「二人とも大人なので大丈夫だろう」と胸をなで下ろしている。

「部長の指示に従えないというのか」

そんな矢先、顧客から大きな計画変更を伴うリクエストが出てくる。当初計画にある機能は後回しでいいので、これまでの予定にはない機能を先に開発してほしいという内容だ。

主に顧客対応のタスクを担当するB氏は、顧客に対して「前向きに検討します」と回答し、社内に持ち帰って調整会議を開く。

ここで二人の対立が一気に表面化する。現場の作業を担当するA氏は「そんなことは聞いていない」「勝手に約束してもらっては困る」と、B氏に激しく反発した。

当人同士による解決はもはや不可能だ。プロジェクトマネジャーとPMOのどちらが上かを明確にせざるを得ない。通常は、プロジェクトの結果に責任を持つマネジャーの意見が最終的に通る。だが、この場合は顧客との関係を築いているB氏のほうが優勢だった。

「作業を代替可能か」という観点で見ても、分があるのはB氏のほう

だ。J部長はPMOの権限をプロジェクトマネジャーの上位に置くことに決める。

　決定にA氏は当然、反発する。「理屈から言ってもプロジェクトマネジャーであり、結果責任を負う自分の意見が尊重されるべきだ」と主張する。

　J部長は様々な手を尽くして説得を試みるが、A氏は自らの主張を引っ込めようとしない。次第にJ部長は、A氏の態度を腹立たしく感じるようになる。顧客からのリクエストをどうこうするよりも、「部長の指示に従おうとしない」ことへの怒りのほうが大きくなったのである。結局、J部長は鶴の一声でA氏を押さえ込む。

権力争いの道具と化す

　プロジェクトでは様々な問題が生じるが、「問題を解決する解にどうすればたどり着くか」は多くの場合自明であり、意見が割れるケースはめったにない。意見が割れてもたいていの場合、双方が正確な事実基盤を共有することで収束していく。

　ただ、客観的な事実の調査が困難だったり、問題の背景に個人的な価値観や哲学が絡んでいたりすると、意見の収束が難しくなる。暗闇プロジェクトではこれが顕著だ。

　最も問題の収束を阻むのは「主導権争い」だ。これが五つめのセオリーである。

　主導権争いとはすなわち権力争いを指す。誰が誰に従うのかを争うわけだ。事実のねじ曲げや言行不一致といった醜い争いに発展するケースも珍しくない。きれいごとだけでは権力争いに勝てないのである。

　こうなると「問題をいかに解決するか」は本題でなくなる。問題の解決策は、主導権を奪うため、あるいは権力者が現在の立場を維持するための道具や手段と化す。どのように問題を解決するかは、ロジックや事実よりも「力の大きさ」で決まることになる。

事例で挙げたような意思決定を巡る争いでは通常、意思決定の内容そのものではなく「誰の意思か」が争点となる。問題の解決よりも、誰が力を獲得するかに関心が移るわけだ。そうなるとエンジニアリング領域の問題が、いつの間にか政治的な問題にすり替わることになるので注意しなければならない。

マネジャーはとにかく謙虚であれ

　マネジャーはとにかく謙虚であれ。天狗になるのは危険である。これがセオリーの六つめだ。
　「驕れる人も久しからず」という平家物語の冒頭の一節をご存知の方も多いだろう。これは21世紀の現代でも真実である。
　驕れる人とはすなわち天狗だ。自意識過剰で、軽蔑とまでは言わないが人を見下す態度を取る。ドラえもんのジャイアンは自己中心的だが、驕れる人ではない。
　マネジャーが天狗になるのは危険である。筆者の経験や、これまで出会ってきた様々な人たちを観察してきた結果から、こう言い切れる。
　天狗になってはいけない。相手が誰であれ、人を見下した発言をするのは厳禁だ。傲慢な態度を取るのはくれぐれも避けたい。
　筆者は、天狗になった人が見事に鼻っ柱を折られる事態に陥ったさまを何回も見ている。明確な理由は分からないが、これが「やってはいけないことだ」と理屈抜きで確信している。

4.3 問題解決のカギを握る事前対策

先が見えない暗闇プロジェクトで発生する新たな問題をうまく解決できるかどうかは、事前の想定や準備がどれだけできているかにかかっている。問題解決に向けた事前対策に関するセオリーを取り上げる。

抜本的な対策の効果は長続きしない

　A社全体が重苦しい空気に包まれている。特別な出来事が起きたり、業績が大きく落ち込んでいたりするわけではない。社員評価のやり方が原因だと考えられる。

　評価シートは存在するし、各人がどれだけ成果を上げたかも明らかになっている。ところがどれだけ仕事をしたか、成果を上げたかが評価に直結していない。年功序列で評価しているわけでもない。評価者を務めるP取締役と相性が良いかどうか。これで評価が決まるのである。

改革の取り組みは奏功せず

　P取締役と相性が良い社員であれば、成果をあまり上げていなくても「あれは顧客が悪い」「誰がやっても失敗する」「運が悪いプロジェクトだった」などと理由を付けて評価される。成果に責任を負う立場の部長や課長でさえ、そう評価される。結果的に、P取締役に気に入れられている幹部や社員に悪い評価が付くことはない。

大変なのはP取締役と相性が悪く、気に入られていない幹部や社員だ。成果をいくら上げても「あれは簡単なプロジェクトだった」「誰がやってもうまくいく」と難癖をつけられる。結果に直結するパフォーマンス評価も低い。

　こうした評価のやり方は表には出ていないが、時間がたつにつれてA社の誰もが知るところとなる。社内は徐々に沈滞ムードに包まれていく。P取締役に気に入られた人はのうのうと安住し、気に入られない人はやる気を失っていくのだから当然だろう。このような状況が何年も続いている。

　P取締役は、A社の沈滞ムードの原因が自分にあるとは気づいていない。ただ、組織を立て直すために何らかの策を講じる必要があると考えている。業績が大きく落ち込んでいるわけではないが、好調とは言えない。社員数も漸減しており、プロジェクトはよく火を噴く。営業担当者は深夜まで提案書を書いているが、疲弊するだけで努力に見合う成果を上げていない。

　そこで組織改編を実施する、評価指標を一新するといった改革の取り組みを2年ほど続けたが、会社の業績は横ばいで、相変わらず沈滞ムードが漂う。P取締役は相性による評価を変えようとせず、指標は悪い評価をつけた社員に説明する際の道具の役割しか果たしていない。

組織を一新、状況は改善したかに見えたが…

　A社に転機が訪れた。紆余曲折を経て、ある企業グループの連結子会社となったのである。親会社は役員のS氏をA社に送り込む。

　S氏はA社における社員の評価の実態を把握し、評価方法を含めて抜本的な組織改革を指示する。P取締役が反対したのは言うまでもない。だがS氏はその意見を押し切って改革を断行する。

　結果的にメンバーが複数人、マネジャーに抜てきされる。実力があってもP取締役に気に入られなかったために、悪い評価がついていた幹部

や社員だ。逆に、P取締役に気に入られていたが実力は乏しいマネジャーは、降格はまぬがれたものの、部下がゼロの担当マネジャーになった。

一部の社員からは不満の声が上がったが、A社全体を見ると明らかに雰囲気は明るくなり、社員のモチベーションも上がったようだ。状況は好転したように感じられる。

ところが数カ月もたつと、A社に再び沈滞ムードが漂うようになる。今度は評価への不満が原因ではない。抜てきされたマネジャー、つまり本当に優秀な人材が次々とA社を辞めていくからだ。

彼らは正当に評価されるようになったのだから、社内改革に反抗したわけではない。優秀だが長年評価されずにいた社員は既に転職に向けて活動しており、それが決まったタイミングと組織改革がたまたま重なったというのが理由である。

「いつもの状態であり続けようとする力の作用」を前提に臨む

抜本的な対策を施しても、効果は長続きしない。むしろ揺り戻しに注意が必要だ。これがセオリーの一つめである。

ホメオスタシス（恒常性）という言葉がある。ウィキペディアには「生物および鉱物において、その内部環境を一定の状態に保ちつづけようとする傾向のこと」とあり、気温や湿度などの外部の環境が変わっても体内を一定の状態に保つ仕組みを指す。より一般的に「いつもの状態であり続けようとする力の作用」の意味で使うことも多い。

A社のように抜本的な対策を施しても結局、元の状態に戻ってしまうのはホメオスタシス、すなわち「いつもの状態であり続けようとする力の作用」が働くからだ。この現象はロジカルなものではなく、因果関係は存在しないように見える。

慣れない貯金を始めたら想定外の出費が発生する、禁酒を宣言したとたんに断れない酒の席が設けられる、社内の「問題児」がようやくいな

図4-6 組織文化の変革はじっくり取り組む

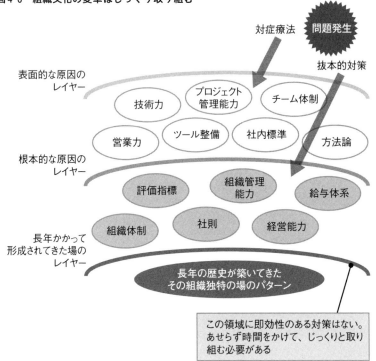

くなったら新たな問題児が社外からやってくる——。科学的な説明は難しいが、こうした現象は身の回りでもよく起こる。

　非論理的かもしれないが、こうした自然の仕組みは確かに存在する。特に「長年の問題」を解決する際には、このように捉える姿勢が大切になる。

　抜本的な対策を打つと、何らかの形で揺り戻しがあることを覚悟する。そのうえで、解決策をゆっくりと進めるのが有効だ。問題児を排除して即戦力の中途社員を入れるのと並行して新人をじっくりと育てる、といった具合である。

第4章　問題は無くすのではなく「やり繰り」する

問題に対する最初の打ち手は必ず失敗する

　経験豊富なマネジャーであるW氏が、コンサルティング会社のB社に中途入社した。B社にとって、W氏はまさに期待の星である。
　B社は規模も大きく、業界で知らない人はいない存在だ。だが実態を見ると、現場のスキルを蓄積しておらず、いわば空洞化の状態にある。作業のほとんどを外注や下請けの企業に依存しているからだ。
　プロジェクト管理に特化する、というのがB社の基本方針である。だが、そのスキルだけでプロジェクトを成功に導くのは難しい。B社が手がけるプロジェクトは、ことごとく火を噴くありさまだった。
　危機感を覚えたB社の上層部は「管理」だけでなく、現場のスキルを持つ重要さに気づく。しかし、社内にそんなスキルを持つ人材はいない。そこで、豊富な現場の経験とスキルを持つ人材を外部から招へいすることに決めた。それがW氏である。
　B社は要求定義から始まる大型案件を受注したばかりだ。言うまでもなく、システム開発では上流工程の作業品質がプロジェクトの成否を左右する。このため、案件を引っ張っていける経験豊富なマネジャーを求めていた事情もあった。

「事前に聞いていたとおりだ」
　プロジェクトが始まり、Wマネジャーは要求定義のチームリーダーとしてQ氏をアサインする。Q氏はB社の中で若手の有望株と目されている。Q氏の実力を知る意味もあり、Wマネジャーは要件定義の計画を策定するよう指示する。
　結果を見て、「事前に聞いていたとおりだ」とWマネジャーは感じる。Q氏が提出したのは、明らかに他のプロジェクトから流用した計画であ

る。流用に必ずしも問題があるわけではないが、単にフォーマットをコピーしただけなのが丸分かりだ。

　試しに計画に記載している「現場調査」について、「誰に対して、どんなことをどのような目的で調査するのか、具体的に教えてほしい」と尋ねてみる。Q氏は即答できず、どこかで聞いたような教科書的な言葉を並べるだけだ。

　Wマネジャーは面接官を務めた部長から、B社にいるメンバーのスキルレベルについて事前に聞いていた。Q氏とのやり取りで、それが事実だったと改めて認識する。

　Q氏はリーダーとして頑張ろうという自覚はある。だが教科書レベルの知識しかないので、どうしても詰めが甘くなる。Q氏が整理した「要求一覧」をWマネジャーは逐一チェックし、足りない部分について確認すると、Q氏は決まって答える。「その視点では考えていませんでした」

　Q氏の頭の中にあるが一覧に記述していない、あるいは追加調査の必要があると自覚しているようなら、まだ安心できる。しかし、Q氏はWマネジャーが指摘した点を全く考慮していなかった様子だ。

次々と打ち手を変える

　Q氏の状況を見て、Wマネジャーは打ち手を変えていく。まず報告の頻度と粒度を見直す。当初は週報を提出させていたが、日報も提出するよう指示する。

　日報には作業内容や課題、見通しを書かせる。重荷にならないよう「要点だけでいいので、毎日メールで報告してほしい」と指示を出す。自分が今、どのような作業を何のためにしているのかを意識させ、現場の具体的なアクションにつなげるのが狙いだ。

　だが、Wマネジャーが期待する効果はまだ得られない。Q氏がまとめた要件を見ると、相変わらず詳細の詰めが甘く、設計者やプログラマがあとあと迷いそうな出来だ。

この状況を予期していたWマネジャーは、すぐに次の手を打つ。Q氏に対し、要件をユーザーからヒアリングする際に使うヒアリングシートの標準化を指示する。

　B社ではそれまで標準のヒアリングシートはなく、担当者がそれぞれ自分の流儀でヒアリングを進めていた。Wマネジャーはそこに問題があると思いつつ、「外様のマネジャーがいきなりあれこれ指示すると、メンバーの反感を買うおそれがある」と考え、これまで口を出さずにいた。だが、ここまでの過程で問題が解決しなかったので、常識的な手段としてシートの標準化を指示したわけだ。

　Q氏が出してきたヒアリングシートはどの業界でも使えそうな、粒度の粗い項目が並んでいる。これでは要件の詰めが甘いという問題を解決できない。Wマネジャーは、今回対象となる業界に特化したシートを作り、職種別・利用シーン別に項目を作るよう指示する。

　シートを標準化できたとしても、要求定義の品質問題はまだ解決しないだろう。Wマネジャーはこう踏んでいる。次に実行したのは自分の経験の棚卸しだ。例えば以下の内容に関して、要求定義フェーズで自分が経験した問題と、その際に実施した対策を整理し、いつでも使えるよう準備した。

- スコープと言葉の定義、顧客との認識合わせ
- 領域別・分野別の専任担当とレビュアーの設置
- 顧客レビューのフレームワークの策定（レビューの項目や粒度などの認識合わせ）
- 業務フローの記述ルール・記述粒度の統一
- 社内PMO（プロジェクト・マネジメント・オフィス）の設置
- 担当の配置替え

どのプロジェクトであれ、問題を解決するために講じた手段が1回でうまくいくことはめったにない。**最初の打ち手は必ず失敗する**と捉え、二の矢、三の矢の対策を準備しておく姿勢が大切になる。これがセオリーの二つめだ。

多くの人は問題に対応する際に、最初に考えた解決策を実行すると安心し、それ以上先に進もうとしない。特に暗闇プロジェクトでは、この姿勢が致命傷となる可能性が極めて高い。一つめの策を考えたら、すぐさま次の策を考えるべきである。

暗闇プロジェクトでは「人への対応」が重要な鍵を握るケースが多い。この意味でも、一つの対応策だけを用意するのは危険だ。何らかの説明や説得をしたり、相手の怒りに対処したりする際に、シナリオ通りに事が進むことはまずあり得ない。

最初に思いついたやり方で問題が解決できるほど、プロジェクトは単純なものではない。B社の例で紹介したWマネジャーのように、ある策が奏功しない場合に備えて、バックアップの策を複数準備しておく姿勢が欠かせない。

ちなみにWマネジャーが様々な策を打てたのは、要求定義フェーズで「社内教育」の名目で、通常のプロジェクトよりも多くの工数を割くことが許されていたという事情もあった。プロジェクトは社員教育の面でも期待されていたようだ。

問題発生前に
解の在庫を蓄えておく

プロジェクトで遅延が発生。上司から「早々に対策を打つように」との指示を受ける。さて、どんな策を打つべきか。

教科書を見ても、役立ちそうな対策は載っていない。特にアカデミックな色合いが濃い書籍は、非論理的な奇策・妙案のたぐいは載せられないので、結果的に「毒にも薬にもならない策」しか紹介していない。

　頼りになるのは現場のノウハウだ。本来なら、組織単位でノウハウを収集・管理したいところだが、そうすると教科書的な対策しか集まらない可能性が高い。「偉い人」がノウハウの確からしさをチェックし、実証できないものを取り除いてしまうからだ。

　現場に役立つノウハウは自分で記録しておくしかない。プロジェクト管理の教科書に自分でノウハウを追記し、プロジェクトで遭遇した問題に対する解を蓄積していくのだ。**問題発生前に解の在庫を蓄えておく、**というのが三つめのセオリーである。

　通常のプロジェクトで遭遇した問題の解決法が、暗闇プロジェクトで通用するとは限らない。それでも解の在庫は有用だ。「暗闇」では、通常のプロジェクトで発生する問題の解決に頭を悩ませる余裕はない。

　現場の実例を基にしたプロジェクト遅延対策をいくつか紹介する。

心構え

　遅延を挽回するための「銀の弾丸」は存在せず、当たり前の方法を実行するしかない。すなわち、1. 機能の削減、2. 要員の投入（量が必要な作業でのみ有効）、3. 工期の延期、の三つである。

対応策の検討前

●ステークホルダーそれぞれの立場を考慮する

　ユーザーと開発側それぞれの重要なステークホルダー（利害関係者）にとって、プロジェクトの遅延がどのような影響を与えるのかを調べる。特に立場上、どのような困りごとが生じ得るかを考慮する。

そのうえで、プロジェクトの遅延を思うように挽回できない場合、困りごとを回避する他の手段があるかどうかを検討する。
　プロジェクトマネジャーを務めるあなたに、その手段を実行できる権限や能力があるかどうかは問題でない。主要なステークホルダーの立場を真剣に考えることが重要である。

●遅延を挽回する必要性について検討する

　「プロジェクトが計画通りに進んでいない」からといって、即座に策を打たなければならないとは限らない。実は上層部が大した問題だと捉えていないケースも往々にしてある。
　そんな状態なのに、現場が慌てて徹夜を続けて作業しても骨折り損に終わってしまう。プロジェクトの遅延を本当に挽回する必要があるのかどうか、よく検討する必要がある。

●遅延挽回策の制約条件を検討する

　遅延を挽回すべきと判断した場合、取ろうとしている挽回策の制約条件を検討しなければならない。

1. コストの制約

　遅延挽回策の投資対効果を見極めることが重要である。3カ月の遅延が3000万円の利益喪失を招くのであれば、遅延対策にどれだけ追加のコストをかけられるかは計算できる。コストに関しては、計画に固執せず合理的に判断すべきだ。

2. 物理的な制約

　コストの制約をクリアできても、物理的な制約がネックになる可能性がある。その挽回策を実行できるスキルを持つメンバーが一人しかいない、といったケースだ。

その一人が別の作業にかかりきりであれば、挽回策は実行できない。こうした物理的な制約も確認する必要がある。

対応策の検討時

　制約条件もクリアでき、本格的にプロジェクトの挽回策を検討することになった。挽回のための10のテクニックを紹介しよう。

●非生産的な活動を発見する

　筆者にも経験があるが、残業が月に200時間を超えるほど多忙な状況でも、どこかに空き時間はある。システム開発では確認や承認などのための「待ち時間」が発生するものだ。

　プロジェクトが効率よく進んでいる場合も、どこかにボトルネックになり得る「待ち時間」が発生している可能性が高い。こうした空きの時間を減らすことが遅延の挽回につながる。

●ファストトラッキングを実行する

　ファストトラッキングとは、順次実行する予定の作業を並行して実行することをいう。これによってスケジュールの短縮を図れる。

　このやり方は効果が得られる半面、副作用に注意が必要だ。例えば、作業の手戻りが発生するリスクがある。スケジュール表の上でタスクをあれこれ動かし、うまく収められたとしても、実際にうまくいくとは限らない点にも注意したほうがよい。

●クラッシングを実行する

　遅延の直接の原因となるクリティカルパス上のタスクに対して、メンバーを追加投入する、メンバーに時間外作業を課すといった手段を講じて、スケジュールの短縮を図る手法をクラッシングと呼ぶ。新しいツー

ルや機器を導入するのもその一つだ。

　クラッシングを実行する前に、リソースの追加投入や新たなツールの購入にかかるコストと、得られる効果（短縮される時間）とのトレードオフを考える必要がある。

　場合によっては、不具合（バグ）の修正を見送る判断を下すこともあり得る。不具合の修正にかかるコストとシステムへの影響度合い、スケジュール短縮のメリットを勘案すると、得られる効果に見合わないような場合だ。

●負荷バランスを調整する

　以下の順序で進める。

1. チームごと、要員ごとの負荷状況を確認する
2. チームや要員の負荷バランスが偏っている場合、その原因を調べる
3. クリティカルパス上のタスクの割り当て状況を確認する
4. 負荷バランスを平準化すべきかどうかを検討する（負荷バランスを平準化すると、かえってプロジェクトの進捗に悪影響を及ぼす場合もある。プロジェクトの個別要因を検討し、慎重に決定する必要がある）
5. どのチーム、要員のタスクを調整できるかを検討する
6. 負荷の調整方法を検討する（タスクを丸ごと移管する、一部のタスクを兼務させる、ドキュメントやテストデータの作成といった単純作業だけを移管する、など）

●新規要員を追加する

　要員の追加は、遅延したプロジェクトを挽回するための常とう手段である。ただ、ブルックスの法則（遅延プロジェクトへの要員を追加する

と、プロジェクトはより遅れる）にあるように、要員を追加するコストに対して、得られる成果が著しく小さいケースも珍しくない。

下記の現場の法則を踏まえたうえで、要員を追加すべきかどうかを検討するとよい。

- 人月工数に換算できる機能と、換算できない機能が存在する
- スケジュールを25％短縮するために、要員を75％増加する必要がある
- 人海戦術で対応できるのは量的作業の遅れ。質的作業の遅れは挽回できない

● 要員を交代する

要員の交代もよく対応策として挙がるが、安易に実行するのは禁物だ。作業途中のタスクを引き継ぐのは厄介な仕事であり、優秀なメンバーでも実力をフルに発揮できる状態になるまでに相応の時間がかかる。

とはいえ、タスクを一から任せられるのであれば、優秀なメンバーへの交代は成果を最も確実視できる方法である。

● 中間成果物を削減する

最終成果物を作る過程で作成する中間生成物（主にドキュメント）を減らし、人的リソースをそのぶん確保することを指す。

特にCMMI（能力成熟度モデル統合）のような重量級のプロセスを採用する場合、中間生成物の作成に多大な手間を要する。しかも、分厚いわりに内容に乏しく、作成することが自己目的化しているケースも少なくない。

このようなドキュメントが最終成果物の価値を高めるわけでもなく、はっきり言って無意味である。実際、こうしたドキュメントの作成作業

がなければ遅延しなかったとみられるプロジェクトは無数にある。

●開発規模を縮小する

　書籍『ラピッドデベロップメント』(スティーブ・マコネル著)に以下の一節がある。「製品から機能を完全に削除することは、つまりその機能に関連する仕様作成、設計、テスト、ドキュメンテーションなどのすべての作業の必要をなくすことになるので、ソフトウェアスケジュールを短縮する最も強力な方法の一つとなる」

　プロジェクトの遅延を挽回するのが難しいのであれば、開発規模の縮小について顧客と交渉するのも一つの手だ。

　請負契約を顧客と結んでいる場合、開発規模の縮小は契約違反となる。しかし遅延のリスクや顧客の業務への影響を考えると、それが最も現実的で顧客志向の解になるケースもあり得る。条件は厳しくなるだろうが、顧客との交渉を試みる価値はある。

●段階的納入を検討する

　開発する全ての機能を納期までに完成させるのが難しい場合は、重要度や緊急度に応じて、機能の段階的なリリースを検討するのも有用だ。ここも顧客との交渉ごととなる。

●要員を残業させる

　遅延しているプロジェクトでは、要員が残業を重ねて対応に当たるケースが大半である。ここまで紹介した策を実施しても思うようにスケジュールの遅れを挽回できない場合、さらなる残業を要求せざるを得なくなることもある。

　ここで納期をどれだけ重視すべきかを、考慮する必要がある。納期の重要性はプロジェクトによって異なる。法改正やオリンピックへの対応、社運をかけた新製品の発売といった大きなイベントに対応するプロ

ジェクトでは、納期を死守すべきなのは言うまでもない。一方で、納期を守れなくても致命的なダメージにはならないプロジェクトもある。

　要員のさらなる残業はできる限り避けるべきである。どうしても必要かどうか、必要だとしても最低限の期間ですむよう、十分検討することが大切だ。

●**再スケジューリング（納期延長）を顧客に申し入れる**

　プロジェクトの再スケジューリングすなわち納期の延期を顧客に申し入れるというのも選択肢の一つだ。当然、開発側の都合だけでは納期を延期できない。原因と対策を明確にしたうえで顧客と交渉し、相手を納得させなければならない。

　ちなみに原因の究明が遅延の回復に役立つとは限らない。だが、説明を受ける側は原因に関する説明を求めるのが普通である。

　ここまで紹介したプロジェクト遅延の挽回策は、どのプロジェクトにも適用できるわけではない。「暗闇」では適用が困難なものもあるだろう。

　それでも問題の発生前に、解決策の在庫を豊富に持つことが大切だ。それによって、心の余裕を持ちながら対応できるからである。「この問題には、こんな解決策が考えられます」などと発言力を高める効果も期待できる。

「それは無理」と言われる案が本当の解決策

　システム開発案件をコンペではなく、ベンダーがトップセールスで勝ち取る。相手が一般企業の場合、こうしたケースが珍しくない。

　システムインテグレータで、パッケージソフトウエアを開発・販売しているC社は、ユーザー企業のD社に製品を売り込むことに成功する。C社の役員がパッケージの売り物である機能をD社の役員に見せたところ、役員がすっかり気に入り、受注につながった。

　ところがパッケージの機能と業務との差を調べるフィットギャップ分析の段階で、問題が持ち上がる。売り物の機能は確かに便利だが、データ入力の手間が非常にかかることが判明したのだ。

　D社の役員は機能の良さだけを見て、活用の手間は考慮しなかったようだ。現場が何を必要としているのかを理解していない可能性もある。現場はこの機能に関して「ただでさえ忙しいのに、さらに手間をかけてまで使いたくはない」との評価を下す。

現場が推す機能を採用せず

　フィットギャップの作業が進み、機能の取捨選択が議論に上るようになる。C社のパッケージはモジュール型で、使う機能に応じて料金が変わる。要求定義ではよくある話だが、現場が出してきた要望全てに対応すると予算を軽くオーバーすることが判明した。

　どの機能をはずすべきか。真っ先に挙がったのはD社の役員が気に入っている、売り物の機能だ。IT部門や業務部門の担当者の間では「この機能は不要」と意見が一致している。

　しかし、各部門のマネジャーはこの意見に同意しない。どのような経緯でこのパッケージが選ばれたのかを知っているからだ。マネジャーは

チーム内のミーティングで、売り物の機能をはずさないよう話を持っていき、この案はいつしか立ち消えになる。

マネジャーたちは結局、売り物の機能を採用し、別の機能を削ってコストを抑える案を経営層に提案、承諾を得た。

この決定に現場の担当者は猛反発する。削られた機能は「必要なのでぜひ入れてほしい」と彼らが強く望んだものだ。「経営層の決定なのだから受け入れて、運用でカバーしてほしい」とマネジャーが言っても納得せず、現場は混乱した。

程なく、この話がD社役員の耳に入る。混乱の原因が売り物の機能にあると知ると、役員は激怒し、「そもそもの前提条件をひっくり返すつもりか」とマネジャーを一喝する。

事を無難に収めようと考えていたマネジャーは、新たな解を模索せざるを得なくなる。予算内で、最大限のメリットが見込める機能を選択するにはどうすればいいか。だが最も有効な解決策は、売り物の機能を排除することだ――。

「またベンダーにぼったくられるのではないか」

別のユーザー企業であるE社の話である。E社は部門システムの統合を計画している。各部門が独自に構築したシステムで、請け負ったベンダーはそれぞれ異なる。

E社は以前もシステム統合を試みたが、プロジェクトは頓挫した。統合を担当するベンダーが、部門システムの開発ベンダーに対してデータ連携の仕様開示やカスタマイズを要求したところ、法外な費用を要求してきたからだ。

統合を担当するベンダーと、部門システムの開発ベンダーとは競合関係にある。要は、統合の案件を取れなかったベンダーが相手に嫌がらせをしたということだ。

E社が今回相談したのは、ITコンサルティング会社のF社である。以

前のシステム統合について話を聞いていたF社は「難しいプロジェクトになる」と考え、慎重に臨んだ。

システムを統合するとなると、各部門システムのベンダーに協力を仰がざるを得ない。F社はベンダーの協力を得るための案を複数作成し、E社に示す。しかし、E社はどの案にも同意しない。「またベンダーにぼったくられるのではないか」との思いが頭から離れないのだ。

F社はこの態度に困惑する。「ベンダーに協力を仰がなければ、システムを統合できるわけがない」と文句を言うメンバーも出てくる。

ではどうすべきか。対応策を検討する会議で、ある若手がこう発言した。「どのシステムも、CSV（カンマ区切り）形式でデータを出力する機能を備えています。各システムから出力したデータをもらい、あとはこちらで項目を対応づけていくのはどうでしょう？」

この意見に対して、先輩のメンバーは「バカなことを言うな。それができるくらいなら、とっくにやっている。そもそも設計書もコード体系も分からないのに、どう対応づけるんだ」と反論する。

しかし紆余曲折をへて、若手メンバーの意見が通る。部門システムを担当したベンダーの協力を得ずに統合を進めるには、そのやり方しかなかったのだ。

システムごとに画面からの入力とCSV形式の出力を逐一、突き合わせて確認するのは気の遠くなる作業である。だが苦労のかいあって、E社が満足できるレベルのデータ連携が可能になる。工数はそれなりにかかったものの、各ベンダーに協力を依頼した場合と比べれば、はるかに安価で済んだ。

本当の解決策には強硬な反対が付きもの

二つのエピソードは状況が異なるが、あるアイデアに対して「それはできない」との反論があった点で共通している。一つめの事例ではパッケージの機能を削ってほしいという現場の声を役員が突っぱねた。二つ

図4-7　全員の賛同を得た案は本当の解決策ではない

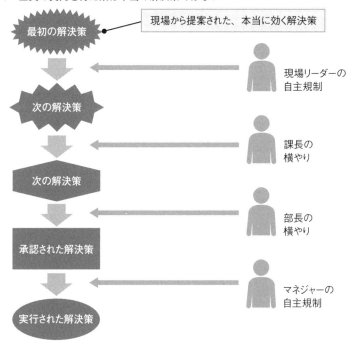

めの事例では若手の提案に対して、先輩が反論した。どちらの例も、反論を受けたアイデアが最も有効な解決策だった。

このように「**それは無理**」と言われるような案が、**本当の解決策**であることが多々ある。これがセオリーの四つめだ。

本当に有効な解決策には「できるわけがない」という声が上がるのが普通だ。理由は政治的なものだったり、技術的なものだったりする。一つめの事例のように、偉い人の反対があるケースも珍しくない。

全員が「できる」という策で難問を解決できると考えるのは禁物だ。そのような策で解決できるのであれば、とっくに事は片付いている。

本当の解決策には強硬な反対が付きもの。特に暗闇プロジェクトではこの点を頭に入れておく必要がある。

トラブルの原因分析は時間の無駄

　プロジェクトで問題が発生。調査した結果、チーム編成に問題があり、顧客側のメンバーと開発会社のメンバーとのスキルマッチングにミスが生じていることが分かる。プロジェクト計画あるいは顧客が承認する際のルール設定に誤りがあった可能性が高い。

　上司に調査結果を報告し、内容に関して同意を得た。問題はこのあとだ。原因が分かれば、今後の予防策には生かせるだろうが、いま起こっている問題の解決にはつながらない。

　問題が生じた際に、原因の分析をコンサルタントに依頼するケースもよくある。コンサルタントは手順に沿って分析を進め、顧客を「なるほど」とうならせる結果を出してくる。だが、中身をよく見るとほとんどが再発防止策ばかりだ。「こうすればこうなる」と定量的に説明しているが、「こうすれば」の状態に持っていくのが容易ではない。

　目の前の問題を即座に解決していく必要がある暗闇プロジェクトでは、原因に関する情報はそれほど重要ではない。むしろ**原因分析は時間の無駄**と割り切るべきだ。これがセオリーの五つめである。

　極論を言えば、問題にぶち当たったときに原因を特定してはいけない。どうして起こったのかを追究しても意味はないからだ。それは、ただ起こったのであり、現状回復のための対策を粛々と考えるしかない。

　原因分析を飛ばしてすぐに問題を解決するために、どんなアクションを起こせばいいのか。いくつか例を挙げよう。

■ **作業量を増やす**
　・増員
　・残業
　・休日出勤　など

■ **作業の質を改善する**
　・組織体制や役割分担の見直し
　・負荷バランスの調整
　・要員の交代　など

■ **作業内容を最適化する**
　・間接作業の削減
　・プロセスや規約への準拠度合いの緩和
　・ドキュメント記述レベルの簡略化
　・中間成果物の削減
　・中間成果物の品質基準の緩和
　・レビューの最適化（回数、方法、範囲、基準）　など

「作業内容の最適化」は再発防止策に近いが、特にプロジェクトの序盤から中盤で奏功する可能性が高い。この策を実施すると工期を短縮できるタスクが多く残っているからだ。

■ **作業効率を改善する**
　・会議の最適化

- コミュニケーション環境の改善
- コミュニケーションルールの変更　など

「作業内容の最適化」と同様、特にプロジェクトの序盤から中盤で奏功する可能性が高い。

■再スケジュール
- タスクの並列化
- タスクの期間短縮　など

確保していたバッファーを消化する、当初の計画の誤りを修正する、といった内容の再スケジュールであれば問題はない。そうでない場合は開発を担当するベンダー側が身を削らない限り、進捗や品質のリスクを高めかねないので、上記の策のいずれかを実施する必要がある。

上層部が決定した「大々的」な解決策では問題は解決しない

顧客からの問い合わせやクレームへの対応をはじめとする人間が関わる業務は、どうしても自動化がしにくい。CRM（顧客関係管理）システムで顧客対応の品質を向上できても、業務は労働集約的になりがちで人件費がかさむ。

G社は社内の各部署でコスト削減目標を設定し、業務効率化を進めている。ところが顧客対応の部署は目標の達成に程遠い状況だ。経営会議では都度、この部署の担当部長がやり玉に挙げられる。

　業務に精通している担当部長は「自動化しろ」といくら言われても、ITを導入するだけでは省力化・効率化に限界があることを知っている。しかし、数字しか見えない経営層は「人件費がかかっている」「その割にミスの発生率が高い」「ミスの防止に向けてダブルチェックの要員を追加したので、人件費がより増えている」点に強く不満を抱いている。

　担当部長がいくら事情を説明しても、現場を知らない経営層にはピンと来ない。逆に「言い訳ばかりする」との烙印を押されてしまう。

「監視ツールを入れれば、一発で解決しますよ」

　ちょうどそのタイミングで、コンサルティング会社のH社がG社経営層のもとを訪れた。話を聞いたコンサルタントは「今どき、まだ人海戦術でやっているのですか。監視ツールを入れれば、問題は一発で解決しますよ」と売り込みをかける。

　担当部長の言い訳にうんざりしていた経営層にとって、H社の提案は渡りに船だ。「他社でも実績を上げています」と数字で説明されて、すっかりその気になり、ツールの導入を即決。H社が主導して業務改善とツールの導入を進めることになった。

　H社はマネジャーと担当者二人の体制で、業務調査を開始する。ツールの仕様に合うよう業務を変えれば、そのぶん自動化できる範囲が広がり、品質向上やコスト削減につながるはずだと見込んでいる。

　1週間後、H社のマネジャーは担当者から調査結果の報告を受け取る。内容にマネジャーは満足していない。ツールで自動化できる業務は全体の3割にも満たないとあるからだ。

　今回の対象である顧客対応部門の業務は、以下の通り。

- バッチプログラムの動作状況と処理時間のチェック
- システムのリソースとキャパシティのチェック
- アラート内容の分析、対応不要なものの切り分け
- メールチェックとエスカレーション先別のメールの切り分けと転送
- 引き継ぎ要員に対する要件別・重要度別の情報整理
- 日次報告書作成のためのデータ整理とグラフの作成・分析
- 日次報告書の作成
- 他部署との調整
- アルバイトの教育
- 月次報告書作成のためのデータ整理とグラフの作成・分析
- 月次報告書の作成

　H社の担当者はツールで自動化できる業務を頑張って探したが、手離れよく自動化できる作業はわずかしかない。費用をシミュレーションしたところ、ツールの導入費用の回収に8年かかることが判明する。ツールを入れるメリットは小さいということだ。

　そうなると、ツールに合うよう業務を変えるしかない。だが、業務改善に向けて検討したものの、うまくいかない。現場の業務を変えようとすると「上司に求められている成果物が作成できない」と言われ、担当部長に確認すると「顧客との契約に関わるので絶対に必要」と言われる。

　「次年度以降、顧客との契約内容を変更できる可能性はありますか？」と担当部長に尋ねると、「できるわけないだろう！ 他社との重要な差異化ポイントなのだから」とけんもほろろに断られる。現行業務の作業内容も成果物も一切変更できないということだ。

　G社の経営層にどう説明したものか。H社のマネジャーは困惑した。「御社の業務はツールを導入してもほとんど効率化できないことが分か

りました」という報告だけでコンサルティング料を請求するのは、さすがに気がとがめる——。

複雑な方程式は考えるだけでうんざり

　企業の上層部は往々にして忙しく、時間がない。「答えを出すための詳細な情報」などは必要としておらず、ズバリ解決策を求めるものだ。しかし、**「大々的」な解決策は問題解決にはつながらない**。これがセオリーの六つめだ。

　なぜ大々的な解決策では問題を解決できないのか。技術や業務、組織など、一つの側面に過度に偏っているからだ。事例でG社の経営層が採用した「ツールの導入」はその一例である。

　直接的な解決策を求める経営層にとって、大々的な解決策は非常に理解しやすい。だが、問題の原因は一つとは限らない。むしろ複雑で、様々な要素が絡み合っているのが普通だ。問題を解決しようとすると、技術や業務、組織だけでなく、戦略、文化、歴史なども考慮しなければならない。

図4-8　一つの側面に偏った解決策を示す

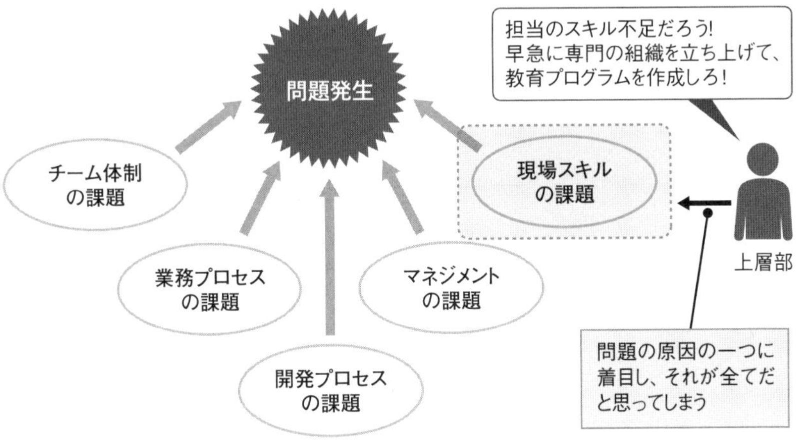

このような複雑な方程式は考えるだけでもうんざりする。経営層が一つの大々的な解決策に頼ろうとするのは、到し方ないことなのかもしれない。
　現場の現実解としては「効果を上げるのは難しい」という前提のもとで、まずは上層部が決定した大々的な解決策を実行する必要がある。その際にプロジェクトを成功させる策や、チームあるいは自分自身の保身のための策といった、事前・事後の対策を十分検討しておかなければならない。

4.4 一筋縄でいかない問題にどう立ち向かうか

暗闇プロジェクトでは絶えず問題が発生するだけでなく、解決が容易でない問題が多いのがマネジャーの悩みの種だ。正攻法で立ち向かおうとすると、かえって収拾がつかなくなる。こうした問題への「暗闇」ならではの対処法を紹介しよう。

セオリー1 「問題である」と軽々しくラベリングするのは厳禁

　「このままではやばい」。マネジャーのA氏が率いるプロジェクトチーム内に緊迫したムードが漂う。
　顧客企業から納品物の検収を受けるためには先方の理事会での承認が必要であり、その前に理事会が依頼した外部の監査機関の監査に合格しなければならない。検収予定日や理事会の日程、監査に要する期間を考えるとプロジェクトの進行状況は芳しいとは言えない。監査人の質問への対応や納品物の修正などを考慮すると、既に赤信号が灯っており、このままでは予定日に検収印をもらえない可能性がある。

「今回は切り抜けられる」

　Aマネジャーはチームメンバーに焦っている様子を見せているが、実はそれほど慌てていない。状況は厳しいが、「今回は切り抜けられる」と踏んでいるのだ。
　顧客企業の社風や、課長、主任、担当者それぞれの能力や性格、気に

するポイント、指摘しがちな項目。彼らとのこれまでのコミュニケーションの内容と今の状況。誰が何を気にするか、何を黙認するかといった監査人の性格や指摘のクセ——。これらを踏まえて、「納品物が間に合わない」「監査が通らない」といった状況に陥った場合に切り抜けるシナリオをシミュレーションしていたのだ。

その結果、Aマネジャーはこの問題を切り抜けられるとの確信を抱いている。明確な理由や理屈はないが、100％に近い自信がある。心配するメンバーは何度も「大丈夫でしょうか？」と尋ねてくるが、Aマネジャーは「いいから自分の仕事を頑張れ」と答える。

Aマネジャーはあえてこの問題を課題一覧に載せていない。メンバーには「問題が大きすぎて、課題一覧に記述する問題の粒度に合わない」と説明している。実際には、切り抜けられるとの勘を説明するのが難しいので、あえて公にしていないのだ。

ところがそんな思惑を知らないある若手メンバーが休憩スペースで、プロジェクトの状況について部長に「大きな問題」と説明してしまう。部長はすぐにAマネジャーを呼び、対策会議を開く。

問題は部長の管理下に入り、管理や報告に取られる時間は一気に3倍に増える。「自分に任せてくれれば大丈夫だったのに、これでは本当にやばくなるぞ」。シナリオを崩されたAマネジャーは地団太を踏むが、あとの祭りだ。

「問題である」とラベリングするから問題になる

ある事象に対して「問題である」と軽々しくラベリングするのは**厳禁**だ。これがセオリーの一つめである。

「問題である」とラベリングすると、個人で収拾できるはずの事象がオフィシャルな問題となり、放置できなくなる。ルールに従うよう強いられ、官僚的で無意味な作業が発生する。

例えば課題一覧に記載され、上司が理解できる対策を記述するよう求

図 4-9　安易に「問題がある」とラベリングするのは禁物

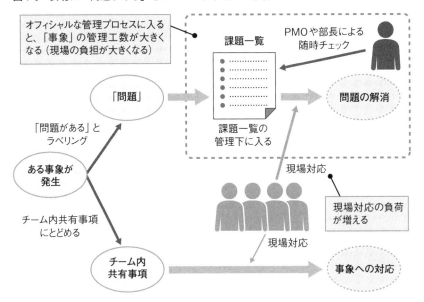

められる。その実績も管理され、報告のために時間が取られる。しまいには現場を知らない上層部から思いつきの策を指示され、机上の論理ばかりが幅を利かせるようになる。担当者には「最終目標」に全く貢献しない対応策と期限が割り当てられ、管理工数も増える。

　「問題である」とラベリングするから問題となるのであり、ラベリングするまで問題ではない。マネジャーが自身で解決できる自信があるのなら、「問題である」とラベリングすることを極力避けるべきだ。

扱えない問題を「できない」とするのは御法度

　ユーザー企業のIT部門マネジャーは慌てている。ある業務部門向け次期システム開発の企画を急きょ、本部長に報告しなければならなくなったのである。

　業務部門の担当者は当初、「次期システムの企画が必要になるのは2カ月以上先でしょう」と話していたので、マネジャーは「時間の余裕はある」と安心していた。それが突然、「2週間後に企画を出してほしい、と本部長に言われました」との連絡を受ける。「話が違うじゃないか」と担当者に文句を言ったが、予定は変わらない。

　2週間のうちに次期システムの計画を立てると同時に、業務部門の担当者へのヒアリングを実施しなければならない。計画に対するエビデンスが必要になるからだ。ヒアリングの数をこなして、結果を分析し、次期システムの基本コンセプトをまとめなければならない。

　マネジャーは計画策定もそこそこに、メンバーたちを現場に送り出す。しかし、多忙な担当者のアポを取るのは容易でない。無理を言って、30分確保してもらうのがやっとだ。

　ヒアリングリストは事前に準備していたが、2時間のヒアリングを想定しており、30分では時間が足りない。ヒアリング結果はやたらと穴が目立ち、その箇所はメンバーによって異なる。

　マネジャーは、この状況を上司である開発部長に報告したところ、雷が落ちる。「何だ、このヒアリング結果は。穴だらけじゃないか！」

　部長に対し、30分しか時間をもらえなかったからだと理由を説明し、「この状況でヒアリングリストを埋めるのは不可能です」と言う。すると、一段と大きな雷が落ちる。「できないわけないだろう！　何ならオレが代わりにやろうか？」。マネジャーは「やってみます」と言うのが精

いっぱいだ。

結果オーライなら十分

　暗闇プロジェクトでは、**扱えない問題を「できない」とするのは御法度**である。これがセオリーの二つめだ。

　理由は「できない」「非常に困難」というのが最初から分かっているからである。正当な理由があったとしても、結果を出せない理由としては認められず、「何を今さら言っているんだ」で終わりである。

　「できない」と言ってしまうと、暗闇プロジェクトは前に進まない。問題にぶち当たったらストレートに解を考えるだけではなく、非論理的な問題の解き方があることを思い出す。扱えない問題を扱えるよう作り変える意識が必要だ。

　経験を積んだマネジャーであれば、物理的なリソースや期間に問題がある場合に「物理的に不可能」と捉えず、仕様の削減や実現時期の延長

図4-10　扱えない問題は扱えるよう作り変える

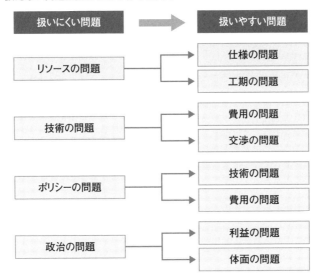

などを交渉で乗り切ることを考えるだろう。技術の問題を契約や交渉の問題に置き換えられるケースは少なくない。

「あいつがいるから協力できない」といった政治的な問題であれば、「利益の問題」にすり替えて、「あいつ」の存在が関係なくなるよう仕向ける。経済的なメリットが小さくてプロジェクトが前に進まないようなら、「社会貢献の問題」など利益以外の目的を掲げるのも一つの手である。

顧客から承認が出ないが、もう始めないと間に合わない、といったケースはどうか。これは、こちらが制御できない「相手の問題」であり、着手の条件をクリアしていなくてもプロジェクトを開始できるよう、先方の社内調整の問題にしていけばよい。

プロジェクトに対して、数学の問題を回答する気持ちで臨んではならない。結論が曖昧であっても、結果オーライなら十分である。そのようなシーンは少なくない。

タイミングをずらして危機をスルーする

同じ事象でもタイミングによって、危機となったりならなかったりする。顧客や上司に時間の余裕があれば「危機」とラベリングされる事象も、忙しければ無視されたり放置されたりする。同じ報告内容でも、顧客や上司に問題視される場合もあれば、スルーされる場合もある。

タイミングをずらせば、危機を危機でなくすことができるわけだ。これがセオリーの三つめである。このことを示す二つのエピソードを見ていく。

エピソード1　課題への対応をあえて延ばす

「早く対応しないと大変なことになります」。慌てた様子で部下がマネジャーに進言する。マネジャーは冷静に「準備だけをしておけ。実行するのはまだだ」と答える。「1週間前まで、マネジャーのほうが焦っていたのに」と部下は不思議に思う。

定例報告の場では案の定、課題への対応がほとんど進んでいないと顧客の担当課長に責められる。マネジャーは恐縮した様子を見せつつ、やり過ごしに徹する。部下はその様子をひやひやしながら眺めている。

会議の終了後、部下は心配して聞いた。「あれでよかったのですか。顧客は相当不信感を持っているようですが」。マネジャーは平然と答える。「あれでいいんだ。ここで正式に約束すると、会社と会社の間の契約問題になってしまうからな」。部下にはマネジャーの言葉の意味が今一つ理解できない。

その意味は1週間後に明らかになる。顧客企業の組織が改編され、先方の担当課長が異動になったのだ。マネジャーは課長が異動になることを知っていた。当然、顧客側は引き継ぎを行い、課題を共有するだろう。それでも窓口となる担当者が変われば、ゼロからとは言わないまでも、それに近い再スタートが可能になる。このタイミングをマネジャーは待っていたのである。

エピソード2　主要メンバーを病欠扱いに

四半期ごとに開催する、役員向けのプロジェクト状況報告会。プロジェクトの進捗は思わしくなく、役員にどやされるのが間違いない状況だ。

マネジャーは急きょ主要メンバーを病欠扱いにし、「報告を2週間待ってほしい」と依頼する。役員は「主要メンバーが病気になったからといって報告が遅れるのはマネジメント失格だ」と厳しく叱責したが、それも予想の範囲内である。

2週間たったからといって、プロジェクトの状況が改善されるわけで

はない。にもかかわらず時期をずらしたのは、同時に進行している別の重要なプロジェクトが、この2週間以内に火を噴きそうだとの情報をつかんでいたからだ。

案の定、役員の関心は重要プロジェクトの危機に移った。マネジャーが自分のプロジェクトについて役員に報告しようとすると、「そんなのはあとだ。いまどんな状況か分かっているだろう」とキレられ、報告会はさらに延期された。

共有したくない情報こそ共有すべき

　M部長は情報を抱え込むタイプだ。伝達する目的が明確な情報しか、部下に伝えようとしない。顧客に関する情報などは本来、積極的にチームメンバーに伝えて、プロジェクトの肌感覚を共有していくべきだが、M部長にそのような意識はない。

　普通なら課長に情報を伝えて動いてもらう仕事も、情報を開示せずに自らこなす。新規案件につながる可能性がある面談であれば、普通は課長を同席させて、重要な幹の部分の調整や合意を先導し、そこから先の細かな調整や手作業は課長に任せるものだ。しかし、M部長はギリギリまで自分が手綱を握っている。

　特に重要な情報について、自分が持つ情報と課長が持つ情報の量が等しくなる状況を作りたくなかったのだ。自分がもう一段階上の情報を入手して初めて、課長に情報を伝えている。

「提案書を作ってくれ」と突然の指示

　その結果、いつもギリギリになって課長に指示が下りてくる。案件の

存在すら知らなかったのに突然、「1週間以内に提案書を作ってくれ」と指示を受ける。新規案件の芽が大きくなり、相手から「提案してほしい」と具体的な依頼が来て初めて、M部長は情報を課長に伝えていたからだ。

課長はM部長に対し、「もっと早く情報を知らせてくれませんか」と何度も依頼する。M部長は笑って「分かった、分かった」と言うだけで、決して態度を改めようとしない。

実は、M部長は課長を脅威に感じているのだ。課長がM部長と同じ情報量を持つと、M部長と同じ精度で判断を下せるようになる。しかも、課長はM部長にはできない手作業もこなせる。課長がM部長と同じ情報を有すると、M部長がいなくてもプロジェクトは完全に回る状態になるわけだ。

図4-11　共有したくない情報こそ共有すべき

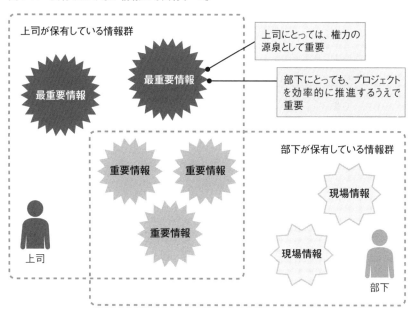

課長にあれこれと指示ができる「権力の源」は情報量の差にある。この点を自覚しているM部長は、自分しか知らない情報を常に必要としているのだ。

「権力の魔力」にどう抗うか

権威を保つために人脈と情報を独り占めする。暗闇プロジェクトでM部長のようなことをやっていたら、うまくいくものもいかなくなる。**むしろ共有したくない情報こそ共有すべき**だ。これがセオリーの四つめである。

ここで問題になるのは「権力の魔力」だ。「権力なんて別に欲しくない」と思っている人でも一度手にすると、とりこになってしまう。そして自分の権力を脅かしそうな存在に対して非常に敏感になる。

権力の源泉は人脈と情報にある。M部長が情報を手放そうとしないのはその表れだ。プロジェクトのために早期の情報共有が有効であると頭では分かっていても、「情報漏洩のリスク」といった建前の理由をつけて情報を共有しようとしない人が少なくない。

権力の魔力に対する特効薬はない。プロジェクトに悪影響を及ぼすのであれば、トップダウンで改善策を進めていくといった方法が考えられる。

「何でも反対」屋には問題解決の権限を与える

年功序列の時代は、上司が部下よりも年上なのが当たり前だったが、今は年長の部下を持つマネジャーも珍しくない。R氏はそんな一人だ。

チームの中に、Rマネジャーが苦手なメンバーがいる。中途入社のS氏だ。Rマネジャーの部下に当たるが、年齢は上。一流大学を出て、一

流企業に勤めていた。

どれだけ輝かしい過去があるにしても、現職には関係がないはずだ。ところがS氏はRマネジャーに対して、何かと見下したような態度を取る。

日を追うにつれ、S氏の態度はエスカレートする一方だ。敬語さえ使わないこともある。RマネジャーはS氏を呼んで注意したが、「ああ、すみませんでした」の一言で終わり。さらに注意しようとすると、「それはそうと、あの問題は大丈夫ですか」などとマネジメントの手腕に疑問を呈すような質問をしてくる。

詳細はメンバーに伝えていないが、その時点での全ての問題について、Rマネジャーには解決の糸口が見えている。油断されると困るので、あえて伝えていないだけだ。なのにマネジャーとしての力量を疑問視するかのようなS氏の口ぶりに、Rマネジャーは腹を立てている。

「課題の解決の一切を任せたいと考えています」

プロジェクトでは月に1回、役員への報告会を開いている。Rマネジャーはいつものようにプロジェクトの状況を説明する。すると役員から「メンバーの声も聞きたい」との声が上がる。

ここで発言したのがS氏だ。例の問題について、とうとうと語った。プロジェクトにとって非常に重要であり、解決できないと致命的な影響を与えかねない。現在は、解決の糸口が見えていない——。役員の顔が次第に曇り始める。

役員がRマネジャーのほうを向く。Rマネジャーは努めて冷静に「この問題解決の一切をSに任せたいと考えています」と語る。想定外の発言にS氏は戸惑い、「しかし私には権限が…」と言いかけたが、即座にR氏がさえぎる。「問題解決の権限はSに委譲します。権限の境界があいまいな場合は、随時相談してもらえれば問題ありません」

Rマネジャーは事態の収拾に向けたシナリオを描いており、解決できる自信もある。しかし、S氏に対してさすがに腹に据えかねたRマネ

ジャーは、S氏に権限を与え、責任を持って問題を解決させることに決めた。当然、Rマネジャーが持っている問題解決のネタやシナリオを教えるつもりはない。

反対するだけで、解決にコミットしない

　問題を挙げたり反対したりするだけで、その解決に全くコミットしようとしない人がいる。面倒な意見を言ってくるが、発言は不満や犯人捜しに関するものばかりで、建設的なアクションに全くつながらない。

　そんな「何でも反対」屋に対しては、**解決の権限もろとも渡してしまう**ことだ。これが五つめのセオリーである。

　権力志向のマネジャーには難しいように思えるかもしれないが、安心してよい。「何でも反対」屋に権限を委譲したからといって、あなたの権力基盤が脅かされる事態はまず生じない。

意思決定者のために根拠と理由づけを用意する

　ある業界に特化したパッケージソフトウエアを開発しているＣ社は新機能を引っさげて、多方面への売り込みをかけている。業界には多くの競合会社が存在するが、まだ他のメーカーが実現していない機能なので導入事例はなく、顧客に一から説明しなければならない。「本当にそんなことができるのですか」などと懐疑的な反応を示す顧客もいる。それでも丁寧に説明していくと、多くが新機能の有効性に理解を示して「欲しい」と言ってくる。

　「これはいける」。新機能の競争力を営業担当者は確信する。

　問題は顧客から常に聞かれる質問にどう答えるかだ。「上層部に提案

したいのですが、必ず投資対効果を求められます。何か良いデータはありませんか？」

　何しろ業界初の機能なので、C社はもちろん他のメーカーにも導入実績はなく、投資対効果のシミュレーションは推測レベルにとどまる。「絶対に効果があります」といった売り込み文句だけで経営層が納得するはずがない。現場での感触は非常にいいものの、C社は先に進めずにいる。

「君たちは製品を売る気がないのか」

　新機能の開発には、あるパイロットユーザーが協力した。本業務で使っているわけではないが、現場の実績があると言っても嘘ではない。このデータを、客先の経営層に説明する際のエビデンスにするしかない。

　C社の営業部長はさっそく、このデータを使って顧客の経営層が納得する投資対効果の資料をまとめるように若手の部下に指示を出す。しかし部下はこの指示に対して、「投資対効果を証明するだけのデータを集めるのは難しいと思います」と答える。

　新機能の利用実績はまだ少なく、取得できる定量データは限られている。導入効果を示すデータはないに等しい。数字が変化していたとしても、新機能との因果関係があるのかどうかは全く分からない。

　部長は「君たちは製品を売る気がないのか」と激怒する。若手の一人が「でもデータが存在していない以上、事実に基づく投資対効果など出せません」と正論を述べて食い下がったが、これが火に油を注ぐ。

　　部長「そのデータを探すのが君らの仕事だろう。どんなにいい機能でも、データがないとアピールできないのは分かっているはずだ。製品が売れなくてもいいと思っているのか」
　　若手「そういうわけではありません。事実を言っているだけです」
　　部長「じゃあ、どうしろというのだ。君は評論家か？」

若手「…」
部長「君の仕事は評論ではない。投資対効果を示すことだ」

若手は完全に納得したわけではないが、「分かりました」と答えた。

「数字」を用意できれば問題解決の道が開ける

　プロジェクトの成果として、定量的な効果を期待するのは当然である。特に経営層に対しては効果を表す数字に加えて、なぜその効果が得られるのかに関するエビデンスや理由づけを説明する必要がある。

　これがない限り、製品や機能がどれだけ良さそうに見えてもユーザー企業の経営層が導入の決断を下すのは難しい。**意思決定者のために根拠と理由づけを用意する**というのがセオリーの六つめである。

　現場レベルで解決困難な問題が、トップレベルで容易に解決する場合がある。そこで必要になるのは数字だ。きちんと説明がつく「これまで」と「これから」の数字とロジック、その根拠が必要になる。経営会議や株主会議で説明がつくエビデンスを用意できれば、問題が問題でなくなる道が開けてくる。

4.5 危機的状況の やり過ごし方・生かし方

事前に発生し得る問題を想定して準備し、実際に問題が発生した際に対応を進めたとしても、暗闇プロジェクトでは危機的な状況に陥るケースは多々ある。そうした場合にどう対処すればいいのか。セオリーを紹介しよう。

会議で「もめそうな議題」を最初に持ってくるのは厳禁

　会議の議題が複数ある場合、どのような順番で進めていくべきかは非常に大切だ。それぞれの議題が関連していて、流れを作っているのであれば、その順番通りに進めていけばよい。

　議題の間に明確な関連がない場合は、軽い議題から進めていく。軽い議題とは一定の結論や合意に至るのが簡単なものを指す。これを先に片付けていくと、会議のテンポも良くなる。

　重い課題であっても、会議の時間が限られており、早々に方向性を出さないとプロジェクトの進捗に影響するような場合は、会議の最初に議論せざるを得なくなるかもしれない。一般的には重い議題は後回しにしたほうがよい。

　最も注意が必要なのは「もめそうな議題」だ。これを会議の最初に持ってくるのは極力避けたい。これがセオリーの一つめである。

あえて最初に持ってくる手も

　議題がもめる理由は多くの場合、「役職が高い出席者が個人的にこだわりを持っている」といった、プロジェクトの本質とは異なるものだ。こうした議題を最初に持ってくると、本質でない議論に大半の時間が費やされてしまい、得るものが少なくなってしまう。

　ただ、もめる議題をあえて最初に持ってくるほうが望ましいケースもある。何らかの理由で、今回の会議で触れてほしくない議題があるような場合だ。その議題を後ろに持っていき、代わりにもめる議題を冒頭に置いて、触れてほしくない議題に行く前に時間切れにしてしまうのである。

　会議の終了時間を設けない会議であっても、この方法は有効だ。皆が元気なうちに議論する場合と、体力が消耗した時点で議論する場合で、同じ議題でも結果は異なるものだ。どんな人でも、重い議題の会議が延々と続くと注意力や集中力、執着力が落ちてくる。これを狙うのである。

　議題の選び方にも注意したい。反対者が多数出席しているのであれば重要な問題を議題として出さず、賛成者の出席者が多いときを選んで議題として出すのも手だ。反対者の都合が悪い日程を意図的に選んで、会議を開催することもある。

　重要な議題となると、会議参加者の目は自然と厳しくなる。どうしても通したい議題は注目を集めそうなものでも、なるべく注目を集めないよう工夫したほうがよい。こちらにとっては重要な議題でも、会議の場ではあえて色を薄め、他の軽い案件と同じように扱うのだ。

多忙な時こそ会議を増やす

　メインフレームで構築した基幹システムの維持コストに頭を悩ませていたA社。ついにシステムのオープン化に踏み切る。
　しかしシステムは巨大であり、フィージビリティ（実行可能性）の調査と概算見積もりだけで1年という期間と数億円のコストがかかる見込みだ。
　大規模プロジェクトでは、マネジャークラスは往々にして会議に忙殺される。A社のプロジェクトも例外ではない。プロジェクトの統括マネジャーから現場の担当者まで、体制図上は7～8階層にもなる。
　縦の情報連携のための会議と、横の情報連携のための会議、チーム内の会議とチーム間の会議、品質基準や標準ルールに関するプロジェクト横断の会議など、正式な会議体だけで28に上る。これ以外に、随時打ち合わせが入る。マネジャーは時間の半分以上を会議に費やしており、自分の仕事などしている暇もないほどだ。

「会議体を新たに設置せよ」

　これだけ大きなプロジェクトになると、深刻な問題が常に片手くらいは生じている。通常規模の開発では、プロジェクト期間中にせいぜい一つか二つ発生する程度だろう。
　メンバーは毎日のように残業しているが、仕事が終わる気配を見せない。デスマーチ（炎上プロジェクト）のような絶望感はないにしても、出口が見えないという点では似たようなものだ。しかもプロジェクトが進むにつれて、深刻な問題が増えている。
　ただ、よく調べてみると、互いにコミュニケーションをきちんと取っていれば防げる問題ばかりである。マネジャーとメンバーが共に落ち着

表4-1 A社のプロジェクトにおける会議体

1	ステアリングコミッティ	・最終意思決定機関 ・重要課題と解決方針の決定 ・最終的な成果物の承認 ・最終的な本番稼働の承認
2	変更審査委員会（プロジェクト内）	・変更要求の審査と承認
3	変更審査委員会（管理者レベル）	・変更要求の審査と承認
4	プロジェクト運営委員会	・プロジェクト状況の確認 ・プロジェクト計画変更の確認 ・課題と対策の確認
5	全体定例	・作業進捗状況の確認 ・課題と対策の確認
6	課題調整会議	・重要な課題の確認と解決策の調整
7	品質評価報告	・成果物の品質状況の確認 ・次フェーズの開始可否判定
8	成果物承認会議	・重要な成果物の内容確認と承認
9	チェックポイント会議	・開発計画におけるチェックポイントの確認
10	部門会議	・プロジェクト作業と各部門の調整
11	ソフトウエア情報交換会議	・パッケージソフトウエアに関する情報交換
12	他システム情報交換会議	・自社の他システム担当者との情報交換
13	ベンダーコンソーシアム会議	・各ベンダーとの情報交換
14	アプリケーションチーム定例	・アプリケーションチームの進捗確認、課題確認、遅延対策確認
15	インフラチーム定例	・インフラチームの進捗確認、課題確認、遅延対策確認
16	標準化チーム定例	・標準化チームの進捗確認、課題確認、遅延対策確認
17	プロジェクト統制チーム定例	・プロジェクト統制チームの進捗確認、課題確認、遅延対策確認
18	（事前）アプリケーションチーム定例	・ベンダー内進捗確認、課題確認
19	（事前）インフラチームベンダー定例	・ベンダー内進捗確認、課題確認
20	（事前）標準化チームベンダー定例	・ベンダー内進捗確認、課題確認
21	（事前）プロジェクト統制チームベンダー定例	・ベンダー内進捗確認、課題確認
22	IT推進室定例	・ユーザー内IT推進室とシステム開発部門の情報共有
23	共通基盤定例	・共通基盤と接続するシステム主管部門の情報共有
24	品質監査定例	・品質監査室との情報共有
25	運用受入審査会議	・運用受け入れ審査に関する情報共有
26	（ベンダー内）ToDo確認	・ToDoのステータスの確認
27	チーム定例	・各チームの進捗確認、課題確認、対策案の共有
28	チーム内個人週報	・個人単位の作業の確認

いて仕事をし、きめ細かく情報を連携していれば、こうした問題は発生しない。

　この状況を見て、A社の統括マネジャーは各チームマネジャーに指示を出す。「情報連携のために会議体を新たに設置せよ」という内容だ。

　既に1日の大半が会議で埋まっている。これ以上増やしてどうするのか。さらなる品質低下を招くだけだ──。チームマネジャーやサブマネジャーからは反対意見が相次ぐ。統括マネジャーはこうした意見に耳を貸さず、情報連携会議の開催を定例化した。

　始めた当初、マネジャーの負荷は大きく高まる。ダウン寸前になる人もいた。しかし3カ月もすると、深刻な課題に取られる時間が目に見えて減ったと実感できるようになる。臨時の対策会議や報告書の作成に取られる時間が減り、全体としての生産性が向上したのである。

「やらされ会議」にしてはならない

　多忙な時こそ会議をあえて増やす。これがセオリーの二つめだ。

　実際のところ、無駄な会議は少なくない。単価の高い人たちが集まって、建設的な方針を打ち出すこともなく、時間ばかりを浪費する。しかも、参加してもしなくても会議の結論やプロジェクトの行方に全く影響を与えない人が複数参加している。呼ばれてもいないのに会議に顔を出す「偉い人」もいる（偉い人なので、むげに参加を断れない）。これらはよくある光景だ。

　一方で、いくら忙しくても実施すべき会議がある。A社の統括マネジャーが実施した情報連携の会議はその典型だ。忙しい原因を把握して問題を解決し、再発を防止するために、こうした会議は有用である。

　ただし条件がある。「やらされ会議」にしてはならない。アウトプットの目標を明確に決め、参加者が皆、会議の目的を理解し、積極的な意志を持って会議に参加する必要がある。やらされ会議は、どれだけ増やしても時間の無駄である。

会議のムダをいかに排除するか

　もちろん会議を増やせば問題を解決できるわけではない。貴重な時間を食いつぶすといった、弊害のほうがむしろ大きくなるのが通常の姿だ。
　会議を増やして効果を上げるには、会議の最適化を実践する必要がある。会議のムダを排除する施策の例を紹介しよう。

●会議のない日を設定する

　会議を設定する日と設定しない日を明確に分ける。設定しない日に会議を開催してはならない。まとまった作業時間を確保でき、特に考える作業がはかどる。

●会議の時短を図る

　会議の時間を無条件で一定割合に短縮する。例えば、会議の時間をそれぞれ一律で4分の3に削減する。2時間の会議は1時間半、1時間の会議は45分にする、といった具合だ。
　これによって、本筋と無関係な議論を抑制できる。会議を現状でもギリギリの時間で実施している場合は、内容の変更などが必要になる。

●会議の頻度を減らす

　会議の頻度を減らすのも手だ。毎月開催している会議を隔週開催にしても実質的な影響が少ないのであれば、隔週にする。
　報告の意味合いが強い会議では、頻度の削減が効率化につながる。現場の管理の意味合いが強い会議の場合、頻度を減らすと管理品質の低下につながったり対応が遅れたりするリスクが生じるので注意したい。

●途中退席を許可する

　会議での役割を終えた参加者は、途中退席できるとする。例えば、報告会議で自分が担当する箇所の説明を終えたら、自由に退席できる。これ

によって会議参加者の時間の有効活用や、会議のコスト削減につながる。

● 参加者を絞り込む

会議の目的を明確にし、その目的に貢献しない参加者は参加不要あるいは禁止とする。座っているだけで発言が少ない参加者や、「いたほうがいいかも」くらいの理由で参加している参加者も対象にする。

● 会議を統廃合する

似たような目的や参加者の会議を、可能な限り統合する。例えば「成果物承認会議」と「最終担当レビュー会議」は統合の検討対象となるだろう。これによって、会議参加者の時間の有効活用や、会議のコスト削減を図れる。

報告せずに事後承諾で進める

ベンダーのマネジャーB氏とユーザー企業のマネジャーU氏は強い信頼関係を築きつつ、プロジェクトを進めている。プロジェクトが始まってからの9カ月の付き合いだが、相性が良かったのか、互いに信頼し合っていることをどちらも分かっているようだ。

B氏の上司であるD部長は、B氏とU氏の関係をほとんど知らない。ユーザー企業との関係がうまくいっていることは報告で把握しているが、「顧客リスクは大きくない」程度にしか見ていない。

外注管理につまずき、納品が絶望的に

そんななか、一つの問題が生じた。契約では、ユーザー企業に対して

成果物を半期ごとに段階的に納品していくことになっている。ところが成果物を全て契約通りに納品するのが絶望的な状況に陥っているのだ。

外注管理につまずいたのが原因である。ある機能の開発を任せている外注会社のプロジェクトマネジャーが素人同然で、納期まであと少しというタイミングで「間に合いそうにない」と連絡してきた。進捗報告では「問題ない」としており、B氏はその報告を信じ切っていた。納期遅延の責任を外注会社には押しつけられない。

B氏は外注会社に対し、「とにかく納期に間に合わせるように」と指示を出す。だが、納期に間に合わせるのはまず不可能だと分かっている。チームメンバーと深夜までミーティングを続けたが、妙案は出ない。

納期までに契約通りの成果物を納品できないと、検収をもらえない。そうなると請求ができず、売上計画に影響が出る。B氏としては非常にまずい状況である。

B氏はU氏に対して、状況を正直に説明する。本来は対策についても説明すべきだが、まだ対策を立てるまで至っていない。ユーザー企業も管理責任を問われる可能性があっただけに、いち早くU氏に状況を理解してもらうことを優先させた。

B氏の話を聞きながら、U氏の表情は曇っていく。しかし、B氏を責めることはせず、問題の解決策を冷静に考えている。

U氏が着目したのは、プロジェクトの「浮いたタスク」だ。契約書にある作業だけを遂行するだけでは、プロジェクトは回らない。契約書から浮いたタスク、すなわち想定外の作業が発生するのが常であり、こうしたタスクをユーザーとベンダーがこなしていくことで、プロジェクトは進むものだ。

U氏は浮いたタスクについて、B氏側とバーターする案を出す。B氏に依頼してきた契約外の作業は、U氏側で引き受ける。そのぶんの労力を成果物の作成に充ててもらう、というものだ。

同じ案をB氏も考えており、問題への対応方針が即座に決まる。さっ

そく成果物の作成に必要な工数を計算し、B氏側が担当していた契約外作業のうち、どれをU氏側に引き渡すかを決めていく。それでも必要な工数を確保できない場合、両チームのメンバーを動員して穴埋めする方針を取った。

「何を勝手なことをやっているんだ」

　U氏はこの状況をユーザー企業の内部で了承を得ながら進めた。一方、ベンダー側のB氏はこの問題についてD部長には一切報告していない。心配性のD部長に相談すると何が起こるかが明白であり、事後承諾で進めることにしたのだ。

　B氏とU氏の間で決めたバーターの作業は口約束に過ぎず、文書にはしていない。あとで覚書を交わすつもりだったが、作業の棚卸しをしている状態で正式な文書を作成できるわけがなく、作業は口約束ベースで進めていく。

　B氏とU氏の信頼関係を把握していないD部長が、口約束による作業を許可するはずがない。この状況を聞いたら、状況を分かっていないPMO（プロジェクト・マネジメント・オフィス）の担当者を連れてくる、問題対策会議を開く、時間ばかり食って意味のない報告書を作成する、といった策を打つのが目に見えている。現場からすると、単なる邪魔にしかならない。

　B氏は勝機があると確信している。理由を明確に説明できるわけではないが、お互い信頼関係には絶対の自信があり、それが本人たちにとって立派な根拠になっている。

　U氏との間で全てがまとまり、ユーザー企業内で方針が了承され、覚書のドラフトについても合意した。この段階で初めて、B氏はD部長に報告する。

　D部長は「何を勝手なことをやっているんだ」と、当然激怒する。しかし、顧客との定例報告会議が無事に完了し、先方の部長から「これか

らもよろしくお願いします」と言われたあとは、B氏に対して怒りをぶつけることはなかった。

報告して、やぶへびになるケースも

　プロジェクトの混乱を避けて進めるために、時には**上長への報告なしに事後承諾で進めなければならない**。暗闇プロジェクトであればなおさらである。これがセオリーの三つめだ。

　上長に対して何でも報告しているのであれば、プロジェクトで生じた問題は「上長が全てを知っているなかで生じた」ものであり、現場のマネジャーは責任を問われにくい。報告もせずに勝手に判断し、失敗したとしたら、雷を落とされるだけでは済まされないだろう。

　一方で、上長に全てを報告するデメリットもある。現場をよく知らない上長にあれもこれもと報告した結果、やぶへびになるケースが数多くあるのだ。

　例えて言うなら、現場は「ノギスで測ってカミソリで切る」くらいの細かさで様々な判断をしたり悩んだりしている。これに対し、現場を知らない上長は得てして「チョークで印をつけて鉈で割る」くらいにざっくりとした指示を出す。その指示が現場の負荷を高めるだけで終わってしまうこともよくある。

　もちろん、事後承諾で進めるという判断は大きな危険を伴う。それくらいの覚悟がないと、暗闇プロジェクトを自らリードしていくことはできないということだ。事例で見たように、答えを知らない上長に判断を求めるよりも、根拠のない勘や感情や信頼関係を信じたほうがよいケースは少なくない。

第4章 問題は無くすのではなく「やり繰り」する

「最適化作業」を目指さず全力で当たる

　ベンダーD社はユーザー企業の非常に重要な人物との面談が控えている。プロジェクトの体制図には名前がなく、聞くと相談役だという。先方のマネジャーに「資料を準備しておいてください」と要請されたが、内容に関する具体的な指示はない。どのような資料を準備すればいいのか、マネジャーも分からないらしい。

　いったい、どんな資料を用意すべきか。D社内では侃々諤々の議論となる。最も大変なのは、実際に資料を作成する担当者である。大まかなストーリーが決まったあとに、たたき台を作成した。

　担当者はリーダーによるレビュー、マネジャーによるレビュー、部長によるレビューなど、何回も内部レビューを受ける。指摘される内容はそれぞれ異なり、指摘事項に矛盾があることもたびたびだ。リーダーレビューで却下された内容がマネジャーレビューで復活し、部長レビューで再び却下されることもある。

質問はなく、あっさりとゴーサインが出る

　D社の担当者は徹夜して、何とか資料を仕上げる。どの観点から突っ込まれても大丈夫なよう、死角は無くしたはずである。

　概要が手早く分かるエグゼクティブサマリーはもちろん、実際の資料も結論重視の構成、プロセス重視の構成という異なる目次構成のものを準備した。個別のテーマに関する議論に備えて、配布はしないもののテーマごとの詳細な資料も用意している。ユーザー企業側のマネジャーが「ここまで用意していただいて恐縮です」と担当者に言うほどだ。

　面談の日が来た。ここで最終的にプロジェクトのゴーサインが出る。D社側は専務まで同席している。担当者の上司であるマネジャーも緊張

355

の面持ちだ。

　結果的に、面談はつつがなく終わる。1時間のうち95％は世間話で、最後にプロジェクトの話題を出したが特に質問はなく、あっさりとゴーサインが出た。

　担当者が作成した資料は一顧だにされなかった。1ページたりとも開かれずに終わったのである。気落ちした様子の担当者に対し、上司のマネジャーは「努力は無駄ではない。あとできっと役に立つ」と声をかける。単なる励ましではなく、これだけ死角なく整理したデータとロジックは、今後のプロジェクトを進めていくうえで強力な武器となると確信していたのである。

　プロジェクトではその後、多くの重要なステークホルダーに説明したり報告したりする場面があった。そのときに役立ったのが、苦労して作成した資料だ。これがあったため、それほど苦労せずに説明や報告をこなすことができた。

何が報われる仕事になるのかは分からない

　暗闇プロジェクトでは何が報われ、何が報われない仕事になるのかは分からない。一生懸命に作った資料が全く役立たずに終わることもあるし、当初の目的とは異なる場面で重宝されることもある。必死のアプローチが無駄に終わったと思っていても、その姿勢が新たな道を開く場合だってある。

　捨てる神あれば拾う神あり。**最初から「最適化作業」などを目指さず、まずは全力で当たる。**これがセオリーの四つめだ。

図 4-12　効率や最適化を気にせず全力で当たる

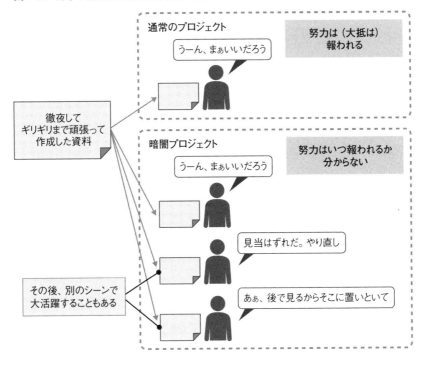

おわりに

「わたしがここに書く目的が、このようなことに関心をもち理解したいと思う人にとって、実際に役立つものを書くことにある以上、想像の世界のことよりも現実に存在する事柄を論ずるほうが、断じて有益であると信ずる」

『君主論』などで知られるイタリアルネサンス期の思想家、マキャヴェッリの言葉です。本書を執筆している間、筆者の頭の中には常にこの言葉がありました。

ここまでお読みいただいてお分かりのように、現実は不条理で矛盾に満ちています。プロジェクトマネジメントを語るうえで、物事を形式化・定式化した「べき論」は、もはや想像の世界のことです。そうではなく現実に正面から向き合おう。プロジェクトでありがちな「困難な一場面」を切り出し、そこで使えそうな（かつアカデミックな教科書や参考書に決して載らないような）ノウハウを、たとえ矛盾が含まれていようがセオリー（定石）として紹介しよう。こうした思いで、本書を書きました。

本書で説明した内容が常に正解であったり、常に正しかったりするわけではありません。時と場合、使い方によってはむしろ逆効果になるような劇薬、もしくは諸刃の剣のようなセオリーも含まれています。セオリー同士で互いに矛盾する内容のものが含まれているかもしれません。

本書では、それらの矛盾を排したり、内容の整合性を取るようなことはあえてしていません。現実に存在する事柄を論じる以上、セオリーに矛盾が含まれているのは当然のことだからです。そのような相互矛盾したセオリーに価値を認め、そうしたセオリーを必要とする現場の方々のために書きました。

皆さまが関わる暗闇プロジェクトの成功に、本書が少しでも役に立つことができれば、これ以上うれしいことはありません。

初出
「脱出！暗闇プロジェクト」、ITpro 2015年6月1日〜2017年6月1日（不定期連載、各記事は大幅に加筆修正）。4.3 セオリー6、4.4、4.5は書き下ろし

本園 明史
ITコンサルタント

1991年法政大学経済学部卒業。同年、三菱電機東部コンピュータシステム（現：三菱電機インフォメーションシステムズ）入社。数多くのシステム開発、パッケージソフトウエア開発、エンドユーザーコンピューティングの支援活動に携わる。以降、契約エンジニア、オープンストリーム、ウルシステムズ、バーチャレクス・コンサルティングなどを経て、某メーカーのITコンサルタントとして活動中。

べき論ばかりで何か起こったらシステム屋に責任を押しつける「口だけコンサル」や、システムを構築するだけで現場での効果や有効活用には関心がない「業者ベンダー」に泣かされているユーザーのために、一貫して「現場に張りつきながら」日々奮闘している。

末端の派遣プログラマー時代に「虫の目」を、2ケタ億円プロジェクトのプロマネ時代に「人の目」を、3ケタ億円プロジェクトのコンサルタント時代に「鳥の目」を養う。並行して、プロジェクトの様々な失敗事例やその要因を現場の肌感覚に基づいて収集・分析し、建前論や理想論を完全に排除した現実的な事前防止策と事後対応策を日々研究。その成果を本書にまとめた。

主な著書に『要求定義のチェックポイント427』（翔泳社）、『10の症状に学ぶ要求定義のエクササイズ136』（同）、『顧客対応の掟と極意153』（同）、『よくわかる最新要求定義実践のポイント』（秀和システム）がある。　toshifumi.motozono@gmail.com

PMBOKが教えない成功の法則

2017年7月25日　第1版第1刷発行

著　者	本園 明史
発行人	吉田 琢也
編　集	田中 淳（日経BP社）
発　行	日経BP社
発　売	日経BPマーケティング
	〒108-8646　東京都港区白金1-17-3
装丁・制作	松川 直也（日経BPコンサルティング）
印刷・製本	図書印刷株式会社

Ⓒ Toshifumi Motozono 2017
ISBN978-4-8222-5930-3 Printed in Japan

本書の無断複写・複製（コピー等）は著作権法上の例外を除き、禁じられています。購入者以外の第三者による電子データ化及び電子書籍化は、私的使用を含め一切認められておりません。
本書籍に関するお問い合わせ、ご連絡は下記にて承ります。
http://nkbp.jp/booksQA